普通高等教育计算机系列教材

计算机应用基础教程

（Windows 7+Office 2010）

（第4版）

郭麦成　汪利琴　主　编

张　佳　杜松江　李　鹏　副主编

电子工业出版社

Publishing House of Electronics Industry

北京·BEIJING

内 容 简 介

本书由浅入深、循序渐进地介绍了计算机应用基础的相关知识。本书内容丰富、知识新颖、论述清晰、案例充足，便于自学。本书主要介绍了计算机基础知识、微型计算机系统的基本组成、Windows 7 操作系统、Word 2010 文档的编辑与排版、Excel 2010 电子表格数据处理、PowerPoint 2010 演示文稿制作、Access 2010 的使用、常用工具软件的使用、计算机网络与信息安全及常用办公设备的使用与维护等。本书配有《计算机应用基础实践教程》，包括上机操作和综合应用、习题及其参考答案等。本书还配有电子教案，便于教师组织教学与学生自学。

本书可以作为高等院校、高职高专院校计算机应用基础课程的教材，也适合计算机培训班和一般计算机用户使用。由于本书按照全国计算机等级考试一级 MS Office 考试大纲编写，所以可以作为应试者的参考书。

未经许可，不得以任何方式复制或抄袭本书之部分或全部内容。

版权所有，侵权必究。

图书在版编目（CIP）数据

计算机应用基础教程：Windows 7+Office 2010/郭麦成，汪利琴主编. —4 版. —北京：电子工业出版社，2017.9
普通高等教育计算机系列规划教材
ISBN 978-7-121-32317-1

Ⅰ. ①计… Ⅱ. ①郭… ②汪… Ⅲ. ①Windows 操作系统—高等学校—教材②办公自动化—应用软件—高等学校—教材③Office 2010 Ⅳ. ①TP316.7②TP317.1

中国版本图书馆 CIP 数据核字（2017）第 182525 号

策划编辑：徐建军（xujj@phei.com.cn）
责任编辑：张　京
印　　刷：天津画中画印刷有限公司
装　　订：天津画中画印刷有限公司
出版发行：电子工业出版社
　　　　　北京市海淀区万寿路 173 信箱　邮编 100036
开　　本：787×1 092　1/16　印张：17.75　字数：454.4 千字
版　　次：2008 年 8 月第 1 版
　　　　　2017 年 9 月第 4 版
印　　次：2022 年 7 月第 11 次印刷
定　　价：42.00 元

凡所购买电子工业出版社图书有缺损问题，请向购买书店调换。若书店售缺，请与本社发行部联系，联系及邮购电话：（010）88254888，88258888。

质量投诉请发邮件至 zlts@phei.com.cn，盗版侵权举报请发邮件至 dbqq@phei.com.cn。

本书咨询联系方式：（010）88254570。

前言 Preface

根据教育部考试中心下发的《关于做好 2017 年全国计算机等级考试工作的通知》要求，自 2017 年 3 月起，除二级 Access 数据库程序设计（科目代码 29）将使用新版考试大纲（2016 年版）外，其他考试科目继续使用 2013 年版考试体系，包括"一级计算机基础及 MS Office 应用"考试大纲（2013 年版）。本书第 3 版于 2014 年 9 月修订，当时根据全国计算机等级考试（NCRE）新大纲（2013 年版）的内容进行了调整。本次修订保留了第 3 版的主体内容，操作系统一章仍然是 Windows 7，MS Office 版本仍然为 MS Office 2010。

本书以全国计算机等级考试（NCRE）新大纲（2013 年版）为基准，在以下几个方面提供了较多的练习题及参考答案，以便读者复习。

本书主要内容包括：计算机的发展、类型及其应用领域；计算机软、硬件系统的组成及主要技术指标；计算机中数据的表示、存储与处理；多媒体技术的概念与应用；计算机病毒的概念、特征、分类与防治；计算机网络的概念、组成和分类；计算机与网络信息安全的概念和防控等。

本书除了包含全国计算机等级考试的内容外，还从培养应用型人才的目的出发，注重实践与能力的培养，介绍了 5 种常用办公设备的使用与维护，还介绍了当前典型微机主板的结构等。

全书内容共分为 10 章。

第 1 章介绍了计算机基础知识，包括计算机的发展、类型、主要技术指标、应用领域、计算机中信息的表示、存储与处理，以及常用的信息编码及多核处理器等。

第 2 章根据微机的发展现状，介绍了微型计算机系统的基本组成，包括硬件系统及微机的典型主板结构、系统软件和应用软件的概念、多媒体与多媒体技术及多媒体计算机的概念与应用等。

第 3 章详细介绍了 Windows 7 操作系统桌面的组成、桌面小工具的操作、屏幕设置、文件和文件夹的管理及控制面板的设置与应用等。

第 4 章介绍了 Office 2010 的安装，Word 2010 的工作界面及基本操作、使用 Word 2010 编辑文本的方法、文本格式的设置、表格的应用、图文的混排、文档的保护及打印等。

第 5 章介绍了中文版 Excel 2010 电子表格数据处理的基本知识，包括数据输入与编辑、工作表的格式设置、公式和函数的应用、数据分析与管理及图表的操作等。

第 6 章介绍了演示文稿软件 PowerPoint 2010 的基本使用方法，主要包括幻灯片的插入及其版式设置、文本编辑、插入表格、插入图片、插入视频与声音及幻灯片放映及打印等。

第 7 章是 Access 2010 的使用，主要介绍了数据库基础知识，Access 2010 的基本操作、数据表的基本操作、查询及窗体的创建等一系列使用方法。

第 8 章是常用工具软件的使用，重点介绍了最新的几类工具软件的基本功能及使用方法，包括病毒安全软件、应用工具软件及网络工具软件等。

第 9 章是计算机网络与信息安全，较系统地介绍了计算机网络的基本概念、网络系统的组成与体系结构、Internet 基础及应用、网络安全等。

第 10 章介绍了常用办公设备的使用与维护，包括打印机、扫描仪、刻录机、传真机和投影仪等。

本书由郭麦成和汪利琴担任主编，负责大纲的制定与统稿。李鹏编写第 1、2 章，卢东方编写第 3 章，汪利琴编写第 4 章，杜松江编写第 5、6、8 章，张佳编写第 7 章，陈娟编写第 9 章，郭麦成编写第 10 章。李华贵教授担任本书主审。

为了方便教师教学，本书配有电子教学课件及相关资源，请有此需要的教师登录华信教育资源网（www.hxedu.com.cn）注册后免费下载，如有问题可在网站留言板留言，或与电子工业出版社联系（E-mail:hxedu@phei.com.cn）。

由于时间仓促，且编者的学识、水平有限，疏漏和不当之处在所难免，敬请读者不吝指正，以便在今后的修订中加以改善。

编　者

目录 Contents

第 1 章 计算机基础知识 ··· (1)
  1.1 计算机的发展与多核处理器 ··· (1)
      1.1.1 计算机的发展概况 ·· (1)
      1.1.2 多核处理器 ·· (3)
  1.2 计算机的类型及应用领域 ·· (5)
      1.2.1 计算机的类型 ·· (5)
      1.2.2 计算机的应用领域 ··· (6)
  1.3 微型计算机系统的主要技术指标 ··· (8)
  1.4 计算机中信息的表示 ·· (9)
      1.4.1 几种进位计数制 ··· (10)
      1.4.2 进位计数制之间的相互转换 ·· (11)
      1.4.3 计算机中数的表示方法 ·· (13)
      1.4.4 计算机中常用的字符编码与汉字编码 ··· (16)
  习题一 ·· (22)

第 2 章 微型计算机系统的基本组成 ··· (27)
  2.1 微型计算机硬件系统 ·· (27)
      2.1.1 微型计算机硬件系统的基本组成 ··· (27)
      2.1.2 微型计算机系统的主板 ·· (29)
  2.2 微型计算机软件系统 ·· (34)
      2.2.1 系统软件和应用软件 ·· (34)
      2.2.2 程序设计语言 ·· (36)
      2.2.3 微型计算机的系统结构 ·· (37)
  2.3 多媒体计算机系统的初步知识 ··· (37)
      2.3.1 多媒体与多媒体技术 ·· (37)
      2.3.2 多媒体计算技术 ··· (38)
      2.3.3 多媒体计算机系统的层次结构 ··· (39)
      2.3.4 多媒体计算机的硬件系统 ·· (39)

		2.3.5	多媒体计算机的软件系统	(42)

    2.3.5　多媒体计算机的软件系统……………………………………………………（42）
    2.3.6　多媒体播放软件………………………………………………………………（42）
  习题二……………………………………………………………………………………（44）

第 3 章　Windows 7 操作系统……………………………………………………………（48）

3.1　操作系统概述………………………………………………………………………（48）
    3.1.1　操作系统的定义………………………………………………………………（48）
    3.1.2　操作系统的功能………………………………………………………………（49）
3.2　Windows 7 操作系统的桌面………………………………………………………（50）
    3.2.1　桌面背景………………………………………………………………………（50）
    3.2.2　图标……………………………………………………………………………（50）
    3.2.3　"开始"按钮……………………………………………………………………（51）
    3.2.4　任务栏…………………………………………………………………………（54）
3.3　桌面小工具…………………………………………………………………………（58）
    3.3.1　添加桌面小工具………………………………………………………………（58）
    3.3.2　删除桌面小工具………………………………………………………………（58）
    3.3.3　设置桌面小工具………………………………………………………………（59）
    3.3.4　获取更多小工具………………………………………………………………（60）
3.4　屏幕设置……………………………………………………………………………（60）
    3.4.1　设置桌面背景…………………………………………………………………（60）
    3.4.2　设置屏幕分辨率………………………………………………………………（62）
    3.4.3　设置屏幕保护程序……………………………………………………………（63）
3.5　文件和文件夹………………………………………………………………………（63）
    3.5.1　文件……………………………………………………………………………（64）
    3.5.2　文件夹…………………………………………………………………………（64）
    3.5.3　资源管理器……………………………………………………………………（65）
    3.5.4　管理文件和文件夹……………………………………………………………（66）
3.6　控制面板……………………………………………………………………………（72）
    3.6.1　设置日期和时间………………………………………………………………（73）
    3.6.2　账户设置………………………………………………………………………（74）
    3.6.3　鼠标和键盘设置………………………………………………………………（76）
    3.6.4　卸载程序………………………………………………………………………（77）
    3.6.5　附件……………………………………………………………………………（78）
  习题三……………………………………………………………………………………（78）

第 4 章　Word 2010 文档的编辑与排版…………………………………………………（80）

4.1　Office 2010 系列办公软件简介……………………………………………………（80）
4.2　Office 2010 的安装…………………………………………………………………（81）
    4.2.1　Office 2010 对计算机配置的要求……………………………………………（81）
    4.2.2　Office 2010 的安装步骤………………………………………………………（81）
4.3　Word 2010 的工作界面及基本操作………………………………………………（85）
    4.3.1　启动和退出 Word 2010………………………………………………………（86）

		4.3.2 Word 2010 的工作界面	(86)
		4.3.3 创建新文档	(88)
		4.3.4 保存文档	(89)
		4.3.5 打开文档	(90)
	4.4 使用 Word 2010 编辑文本		(91)
		4.4.1 文本输入	(91)
		4.4.2 选择文本	(92)
		4.4.3 复制、移动和删除文本	(92)
		4.4.4 查找和替换文本	(93)
		4.4.5 撤销和恢复	(94)
	4.5 设置文本格式		(95)
		4.5.1 设置字体格式	(95)
		4.5.2 设置段落格式	(96)
		4.5.3 设置边框和底纹	(98)
		4.5.4 设置项目符号和编号	(98)
		4.5.5 复制和清除格式	(99)
	4.6 表格的应用		(99)
		4.6.1 创建表格	(100)
		4.6.2 编辑表格	(101)
		4.6.3 在表格中输入数据	(103)
		4.6.4 表格数据的计算与排序	(103)
		4.6.5 美化表格	(105)
	4.7 图文混排		(107)
		4.7.1 插入图片和剪贴画	(107)
		4.7.2 编辑图片和剪贴画	(108)
		4.7.3 插入形状	(109)
		4.7.4 插入艺术字	(109)
		4.7.5 插入数学公式	(110)
		4.7.6 形状、图片或其他对象的组合	(111)
	4.8 页面设置与文档打印		(113)
		4.8.1 设置页边距	(113)
		4.8.2 设置纸张的方向和大小	(113)
		4.8.3 设置分栏和首字下沉	(114)
		4.8.4 设置页眉和页脚	(115)
		4.8.5 设置分隔符	(116)
		4.8.6 设置页码	(117)
		4.8.7 打印预览与打印设置	(117)
	4.9 文档的保护		(118)
		4.9.1 设置文档保护	(118)
		4.9.2 取消文档保护	(119)

4.10　Word 2010 中的超链接……………………………………………………………（119）
习题四…………………………………………………………………………………………（120）

第 5 章　Excel 2010 电子表格数据处理………………………………………………（125）

5.1　Excel 2010 的基本知识……………………………………………………………（125）
　　5.1.1　启动和退出 Excel 2010……………………………………………………（125）
　　5.1.2　Excel 2010 窗口的组成……………………………………………………（126）
　　5.1.3　工作簿的创建和管理………………………………………………………（127）
　　5.1.4　工作表的创建和管理………………………………………………………（128）
5.2　数据输入与编辑……………………………………………………………………（129）
　　5.2.1　选择单元格和区域…………………………………………………………（129）
　　5.2.2　在单元格中输入数据………………………………………………………（129）
　　5.2.3　在单元格中自动填充数据…………………………………………………（130）
　　5.2.4　移动与复制单元格数据……………………………………………………（130）
　　5.2.5　清除与删除单元格…………………………………………………………（130）
　　5.2.6　查找与替换数据……………………………………………………………（131）
　　5.2.7　合并与拆分单元格…………………………………………………………（131）
5.3　工作表的格式设置…………………………………………………………………（132）
　　5.3.1　设置单元格格式……………………………………………………………（132）
　　5.3.2　设置行和列…………………………………………………………………（135）
　　5.3.3　套用单元格样式……………………………………………………………（135）
　　5.3.4　套用表格格式………………………………………………………………（136）
　　5.3.5　条件格式……………………………………………………………………（136）
　　5.3.6　添加批注……………………………………………………………………（137）
5.4　公式和函数…………………………………………………………………………（137）
　　5.4.1　引用单元格…………………………………………………………………（137）
　　5.4.2　使用公式……………………………………………………………………（138）
　　5.4.3　使用函数……………………………………………………………………（139）
5.5　数据分析与管理……………………………………………………………………（142）
　　5.5.1　排序…………………………………………………………………………（142）
　　5.5.2　筛选…………………………………………………………………………（143）
　　5.5.3　分类汇总……………………………………………………………………（145）
　　5.5.4　数据透视表…………………………………………………………………（145）
5.6　图表…………………………………………………………………………………（146）
　　5.6.1　创建图表……………………………………………………………………（147）
　　5.6.2　图表工具……………………………………………………………………（148）
5.7　打印工作表…………………………………………………………………………（148）
　　5.7.1　页面设置……………………………………………………………………（148）
　　5.7.2　打印预览与打印……………………………………………………………（149）
习题五…………………………………………………………………………………………（150）

第 6 章　PowerPoint 2010 演示文稿制作 (155)

6.1　幻灯片的插入及其版式设置 (155)
- 6.1.1　新建演示文稿与 PowerPoint 视图 (155)
- 6.1.2　幻灯片的版式与插入新的幻灯片 (157)
- 6.1.3　幻灯片主题、背景与母版 (158)

6.2　文本编辑方法 (160)
- 6.2.1　输入文字 (160)
- 6.2.2　简单的文字编辑 (161)
- 6.2.3　项目符号与段落格式的设置 (161)

6.3　插入图片与绘制图形 (162)
- 6.3.1　插入图片 (162)
- 6.3.2　绘制自选图形 (162)

6.4　插入表格 (163)

6.5　添加 SmartArt 图形 (164)

6.6　为内容增添动画效果 (166)

6.7　插入视频与声音 (168)
- 6.7.1　插入视频 (168)
- 6.7.2　插入声音 (168)

6.8　幻灯片切换与顺序调整 (168)
- 6.8.1　幻灯片切换 (168)
- 6.8.2　超链接与动作按钮 (169)

6.9　幻灯片的放映与打印 (170)
- 6.9.1　幻灯片放映 (170)
- 6.9.2　幻灯片放映方式的设置 (171)
- 6.9.3　打印幻灯片 (172)

6.10　保存与退出 (173)

习题六 (174)

第 7 章　Access 2010 的使用 (176)

7.1　数据库基础 (176)
- 7.1.1　数据库简介 (176)
- 7.1.2　数据库系统 (178)
- 7.1.3　关系数据库的基本概念 (178)
- 7.1.4　数据库的设计 (179)

7.2　Access 2010 的基本操作 (179)
- 7.2.1　启动数据库 (179)
- 7.2.2　创建数据库 (180)
- 7.2.3　备份数据库 (180)
- 7.2.4　打开与关闭数据库 (181)

7.3　数据表的基本操作 (182)
- 7.3.1　数据表的视图 (182)

		7.3.2	数据表的创建	（183）
		7.3.3	Access 2010 中的数据类型	（185）
		7.3.4	数据表主键	（185）
		7.3.5	定义数据表的关系	（186）
	7.4	查询		（189）
		7.4.1	查询的创建	（189）
		7.4.2	交叉表查询	（190）
		7.4.3	查找重复项的查询	（192）
		7.4.4	查找不匹配项的查询	（194）
		7.4.5	查询设计器	（194）
	7.5	窗体的创建		（197）
		7.5.1	自动创建窗体	（197）
		7.5.2	保存窗体设计	（198）
		7.5.3	窗体视图	（198）
	7.6	报表的使用		（198）
		7.6.1	自动创建报表	（199）
		7.6.2	使用报表向导创建报表	（199）
	习题七			（201）
第8章	常用工具软件的使用			（203）
	8.1	病毒安全软件		（203）
		8.1.1	杀毒软件——瑞星	（203）
		8.1.2	系统安全——360 安全卫士	（206）
	8.2	应用工具软件		（208）
		8.2.1	文件压缩——WinRAR	（208）
		8.2.2	虚拟光驱——Daemon Tools	（209）
		8.2.3	PDF 阅读——Adobe Reader	（211）
	8.3	网络工具软件		（212）
		8.3.1	下载工具——迅雷	（212）
		8.3.2	网络存储——百度网盘	（212）
	习题八			（214）
第9章	计算机网络与信息安全			（216）
	9.1	计算机网络概述		（216）
		9.1.1	计算机网络的定义	（216）
		9.1.2	计算机网络的产生与发展	（216）
		9.1.3	计算机网络的基本功能	（218）
		9.1.4	计算机网络的分类	（218）
	9.2	计算机网络系统的组成		（221）
		9.2.1	计算机网络的硬件系统	（221）
		9.2.2	计算机网络的软件系统	（223）
	9.3	计算机网络的体系结构		（223）

9.3.1 计算机网络常用协议 …………………………………………………………（224）
9.3.2 开放系统互连基本参考模型 OSI/RM …………………………………………（224）
9.3.3 TCP/IP 模型 ……………………………………………………………………（226）
9.4 Internet 基础及应用 ………………………………………………………………………（227）
9.4.1 Internet 概述 ……………………………………………………………………（227）
9.4.2 Internet 的基本服务 ……………………………………………………………（228）
9.4.3 IP 地址和域名 …………………………………………………………………（228）
9.4.4 Internet 接入 ……………………………………………………………………（231）
9.4.5 浏览器 …………………………………………………………………………（232）
9.4.6 搜索引擎 ………………………………………………………………………（237）
9.5 网络安全 …………………………………………………………………………………（238）
9.5.1 网络安全概述 …………………………………………………………………（238）
9.5.2 计算机网络安全措施与防范 …………………………………………………（239）
9.5.3 计算机病毒 ……………………………………………………………………（241）
习题九 …………………………………………………………………………………………（242）

第 10 章 常用办公设备的使用与维护 …………………………………………………………（245）
10.1 打印机的使用与维护 ……………………………………………………………………（245）
10.1.1 打印机的基础知识 ……………………………………………………………（245）
10.1.2 打印机的使用 …………………………………………………………………（246）
10.1.3 打印机的维护 …………………………………………………………………（248）
10.2 扫描仪的使用与维护 ……………………………………………………………………（249）
10.2.1 扫描仪的基础知识与使用 ……………………………………………………（249）
10.2.2 扫描仪的日常维护与保养 ……………………………………………………（251）
10.2.3 扫描仪的常见故障及其排除 …………………………………………………（252）
10.3 刻录机的使用与维护 ……………………………………………………………………（252）
10.3.1 刻录机简介 ……………………………………………………………………（252）
10.3.2 刻录机的使用 …………………………………………………………………（253）
10.3.3 刻录机的维护 …………………………………………………………………（255）
10.4 传真机的使用与维护 ……………………………………………………………………（255）
10.4.1 传真机的基础知识 ……………………………………………………………（255）
10.4.2 传真机的常见故障及其排除 …………………………………………………（258）
10.5 投影仪的使用与维护 ……………………………………………………………………（260）
10.5.1 投影仪的基础知识 ……………………………………………………………（260）
10.5.2 投影仪的使用与维护方法 ……………………………………………………（264）
习题十 …………………………………………………………………………………………（267）

附录 A 部分习题参考答案 ………………………………………………………………………（268）

第1章 计算机基础知识

本章主要内容
- 计算机的发展与多核处理器。
- 计算机的类型及应用领域。
- 微型计算机系统的主要技术指标。
- 进位计数制的概念及几种进位计数制之间的转换。
- 数据的存储单位（位、字节、字）。
- ASCII 字符集及其编码，汉字及其编码（国标码）的基本概念，包括 GB2312 编码、BIG5 编码等。

1.1 计算机的发展与多核处理器

1.1.1 计算机的发展概况

1. 计算机发展的几个阶段

（1）第一代计算机（1946—1957 年）——电子管数字计算机时代

世界上第一台计算机于 1946 年 2 月 15 日在美国诞生，命名为电子数字积分计算机（Electronic Number Integrator And Calculator，ENIAC）。ENIAC 采用的电子元件是电子管（真空管），并使用机器语言编程，主要应用于军事目的和科学研究。

（2）第二代计算机（1958—1964 年）——晶体管数字计算机时代

随着晶体管的发明，用晶体管取代电子管作为计算机的逻辑元件，使得计算机进入了第二代，即晶体管数字计算机时代。第二代计算机和第一代计算机相比，具有体积小、重量轻、耗电少、运算速度快等特点。由于使用了操作系统，采用高级语言编程，应用领域广泛。

（3）第三代计算机（1965—1970 年）——中、小规模集成电路数字计算机时代

第三代计算机的电子元件采用了中、小规模的集成电路（MSI、SSI），用半导体存储器取

代磁芯储存器,计算机的体积更小、耗电更少、可靠性更高、功能更强、运算速度更快。

(4)第四代计算机(1971年至今)——大规模、超大规模集成电路数字计算机时代

随着大规模集成(LSI)和超大规模集成(VLSI)技术的发展,在一块半导体芯片上可以集成几千个甚至数十亿个晶体管,产生了微处理器及微型计算机,产生了当代的超级计算机。

2. 微处理器及微机的发展阶段

1971年Intel公司推出了由大规模集成电路组成的具有控制器和运算器功能的中央处理器(Central Processor Unit,CPU),通常称为微处理器(Microprocessor,MP)。以微处理器为核心,配上由大规模集成电路制作的存储器、输入/输出接口电路及系统总线等所组成的计算机,称为微型计算机(Microcomputer),简称微机。

微机的发展取决于微处理器的发展,发展先后大体上分为如下五代。

(1)第一代微型计算机(1971—1973年)

美国Intel公司于1971年推出了以Intel 4004为微处理器的型号为MCS-4的计算机,它是世界上第一台微型计算机。

(2)第二代微型计算机(1974—1978年)

1974年,Intel公司推出了第二代微处理器Intel 8080,1975—1976年相继出现了集成度更高、功能更强的微处理器,如Motorola公司的6800和Zilog公司的Z80等处理器芯片。

(3)第三代微型计算机(1978—1984年)

Intel公司于1978年推出了16位的8086微处理器,它属于第三代微处理器,1981年,以8088微处理器为核心首次组成了IBM微型计算机,开创了微型计算机的新时代。IBM是国际商业机器公司(International Business Machines Corporation)的简称。

(4)第四代微型计算机(1985—1992年)

随着超大规模集成技术的发展,出现了32位微处理器,即第四代微处理器,相应地有386微机和486微机。

1985年Intel公司推出了80386微处理器后,确定了80386芯片的指令集结构(Instruction Set Architecture)作为以后开发80X86系列处理器的标准,称其为Intel 32位结构(Intel Architecture-32,IA-32),后来的80486、Pentium等微处理器统称为IA-32处理器,或称32位80X86处理器。

(5)第五代微型计算机(1993—1995年)

1993年3月,Intel公司推出了第五代微处理器Pentium(译名为"奔腾")586,简称P5,相应推出了Pentium系列微机。

3. 中国计算机发展简况

1958年,我国成功研制第一台小型电子管通用计算机103机。

1974年,清华大学等单位采用集成电路联合研制成功DJS-130小型计算机。

1983年,研制成功运算速度每秒上亿次的银河-I巨型机,并于1997年由国防科技大学成功研制银河-III百亿次并行巨型计算机系统。

2001年,中科院计算机所研制成功我国第一款通用CPU——"龙芯"芯片,2002年,曙光公司推出了采用"龙芯—1"CPU设计制造的"龙腾"服务器。

2003年12月9日,联想承担的国家网格主节点"深腾6800"超级计算机正式研制成功,其实际运算速度达到每秒4.183万亿次,全球排名第14位。

2005年5月1日,联想完成并购IBM PC。联想正式宣布完成对IBM PC全球业务的收购,

联想以合并后年收入约 130 亿美元、个人计算机年销售量约 1400 万台的成绩，一跃成为全球第三大 PC 制造商。

2010 年，我国"天河 1 号"落户天津滨海新区的国家超级计算天津中心。2010 年 11 月 17 日，国际超级计算机 TOP500 组织正式发布第 36 届世界超级计算机 500 强排名榜，安装在国家超级计算天津中心的"天河 1 号"超级计算机系统，以峰值速度 4700 万亿次、持续速度 2566 万亿次每秒浮点运算的优异性能位居世界第一，实现了中国自主研制超级计算机综合技术水平进入世界领先行列的历史性突破。

2013 年下半年，TOP500 组织公布了的全球计算机 TOP500 排名，上半年我国研制的"天河 2 号"成功卫冕，蝉联第一。

2016 年 6 月 20 日德国法兰克福国际超级计算机大会（ISC）公布了新一期世界计算机 500 强榜单，我国最新的超级计算机"神威·太湖之光"登顶。"神威·太湖之光"击败的是霸占世界榜首 3 年的"天河 2 号"。

"天河 2 号"采用的核处理器是英特尔 Xeon E5-2692 v2 12，"神威·太湖之光"实现了核心处理器的全国产化。首次采用国产核心处理器"申威 26010"，"申威 26010"大小约 25 平方厘米，集成了 260 个运算核心，内置数十亿个晶体管。每块"申威 26010"运算能力为每秒 3 万多亿次。"神威·太湖之光"运算速度达到 93Petaflop（每秒运算一千万亿次），约为"天河 2 号"的两倍多。

"神威·太湖之光"由 40 个运算机柜和 8 个网络机柜组成，每个柜门内有 4 块超节点，每块超节点由 32 块运算插件组成，每个插件由 4 个运算节点板组成，每个运算节点板又含两块"申威 26010"处理器，整台"神威·太湖之光"共有 40960 块"申威 26010"处理器，叠加之下，"神威·太湖之光"一分钟的计算能力相当于全球 72 亿人口用计算器不间断计算 32 年。

"神威·太湖之光"超级计算机由国家并行计算机工程技术研究中心研制，安装在国家超级计算无锡中心，如图 1-1 所示。

图 1-1　"神威·太湖之光"计算机

1.1.2　多核处理器

多核（Multi-core）技术是将多个处理器核心集成在一个半导体芯片上，各处理器核心耦合紧密，构成一个多处理器（Multiprocessor）系统。换言之，多核处理器就是在单个半导体的一个处理器上拥有多个功能相同的处理器核心，这一多处理器系统中的多个处理器核心能够有效地并行执行多个进程或线程，可以同时共享系统总线、内存等资源。

1. 两种主流多核处理器

2005年4月，Intel仓促推出简单封装双核的奔腾D和奔腾四至尊版840。AMD在之后也发布了双核皓龙（Opteron）和速龙（Athlon）64 X2处理器，但真正的"双核元年"则被认为是2006年。

现在，微机（包括笔记本电脑）中的微处理器一般是多核处理器。多核处理器是在一个集成电路芯片上制作了两个或多个处理器执行核心的芯片，其特点是提升了IA-32处理器硬件的多线程能力。市场上流行的多核处理器主要有AMD羿龙系列和Intel公司的Core i3、Core i5、Core i7系列，如图1-2和图1-3所示。

图1-2　AMD羿龙微处理器

图1-3　Core i7微处理器

2. 微结构

Intel基于微结构实现了多核技术，具有两个物理处理器核心的Intel Pentium至尊版处理器是第一个引入多核技术的IA-32系列处理器，每个处理器核心都包含超线程技术，共计支持4个逻辑处理器。在图1-4中，可以看到四个核心的Nehalem基本构成，它有超大容量的L3高速缓存、输入/输出（I/O）控制单元、Intel的快速通道互联QPI（Quick Path Interconnect）总线及内存控制器电路（Memory Controller）。不同级别的Nehalem处理器将会有不同条数的QPI连接，普通桌面处理器通常只有一条QPI连接，工作站以上级别的多核处理器将会有多条QPI连接。

3. Inte 酷睿（Core）i3、i5、i7处理器

自从Intel推出酷睿系列处理器以来，Core i3、Core i5、Core i7系列处理器成为家喻户晓的品牌，如图1-5所示。

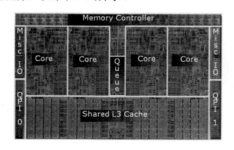
图1-4　4个核心的Nehalem基本构成

图1-5　Core i3、Core i5、Core i7处理器

（1）Intel 酷睿 i3 处理器

Intel 酷睿 i3 是一款基于 Nehalem 架构的双核处理器，其依旧采用整合内存控制器，核心线程数是2核心4线程数，二级缓存L2容量是2×256KB，三级缓存L3的容量达到8MB，功耗65W。

酷睿 i3 可看作酷睿 i5 的精简版，Core i3 最大的特点是整合 GPU（图形处理器），也就是说 Core i3 将由 CPU+GPU（图形处理器）两个核心封装而成。由于整合的 GPU 性能有限，用户想获得更好的 3D 性能，可以外加显卡。

（2）Intel 酷睿 i5 处理器

Intel 酷睿 i5 核心线程数是 4 核心 4 线程数，二级缓存 L2 容量是 4×256KB，三级缓存 L3 容量达到 8MB，功耗 95W。

Core i3 和 Core i5 的最大区别是，Core i5 支持睿频，Core i3 不支持睿频；Core i3 只有双核，而 Core i5 有双核和 4 核两种。

（3）Intel 酷睿 i7 处理器

Intel 酷睿 i7 核心线程数是 4 核心 8 线程数，功耗大，性能强。

Core i5 和 Core i3 的性能差距比较小，而 Core i7 和 Core i5 的性能差距则比较大。

Core i5 是一款基于 Nehalem 架构的四核处理器，采用整合内存控制器，三级缓存模式，L3 达到 8MB，支持 Turbo Boost 等技术的新处理器。它和 Core i7 的主要区别在于总线不采用 QPI，采用的是成熟的 DMI（Direct Media Interface），并且只支持双通道的 DDR3 内存。结构上它用的是 LGA1156 接口，Core i7 用的是 LGA1366 接口。

（4）Intel 酷睿 i3 系列、i5 系列、i7 系列处理器的型号

随着处理器芯片的发展，其种类繁多，系列处理器还有台式机应用和笔记本电脑应用之分。酷睿的 i 系列处理器分为几代产品，这与发布时间的先后有关系，这一系列的处理器采用一种流行的级别定位命名方式，即数字越大，代表相应产品价格越贵、性能越好。

例如：

i5-3xxx 属于酷睿 i5 系列三代产品，i5-4xxx 属于酷睿 i5 系列四代产品。

i7-4xxx 属于酷睿 i7 系列四代产品，i7-5xxx 属于酷睿 i7 系列五代产品。

第一代 i3 处理器，型号三位数字，如 i3 380、i3 M380 等。

第二代 i3 处理器，型号为 i3 2XXX 这类，如 i3 2130、i3 2330M 等。

第三代 i3 处理器，型号为 i3 3XXX 这类，如 i3 3330、i3 3340M 等。

第四代 i3 处理器，型号为 i3 4XXX 这类，如 i3 4150、i3 4010U 等。

第五代 i3 处理器，型号为 i3 5XXX 这类，如 i3 5130 等。

i3 后面加三位数字是第一代产品，如 i3 380，这是台式机用的，i3 M380，这是笔记本用的；二代 i3 的命名是 i3 加上 2 开头的四位数字，末尾带 M 的属于笔记本电脑使用的，第三代 i3 与二代 i3 一样，也是 4 位数，只不过是以 3 开头的 4 位数字，如 i3 3340M，最后带 M，属于笔记本电脑使用的，目前市场上已经在销售第六代和第七代 Intel 酷睿微处理器。

1.2 计算机的类型及应用领域

1.2.1 计算机的类型

计算机及相关技术的迅速发展带动了计算机类型的不断分化，形成了各种不同种类的计算机。

按用途分，计算机可分为专用计算机和通用计算机。

按字长分，计算机可以分为 8 位机、16 位机、32 位机和 64 位机。

通常按照计算机的运算速度、字长、存储容量等综合性能指标，可将计算机分为超级计算机、大型计算机、小型计算机、微型计算机和工作站。随着技术的进步，各种型号的计算机性能指标都在不断改进和提高，以致过去一台大型机的性能可能还比不上今天的一台微型计算机。

按照巨型、大型、小型、微型及工作站的标准来划分计算机的类型也有其时间的局限性，因此计算机的类别划分很难有一个精确的标准。可以根据计算机的综合性能指标，结合计算机应用领域的分布将其分为5大类。

1. 高性能计算机

高性能计算机也就是俗称的超级计算机，或者称巨型机，堪称一流的计算机。例如我国生产的"天河2号"和"神威·太湖之光"是世界上顶级的超级计算机。

2. 微型计算机

大规模及超大规模集成电路的发展是微型计算机得以产生的前提。微处理器是微型计算机的核心部件。我们日常使用的台式计算机、笔记本电脑、超薄型笔记本电脑（超级本）等都称为微型计算机。

3. 工作站

工作站是一种高档的微型计算机，通常配有高分辨率的大屏幕显示器及容量很大的内存储器和外部存储器，主要面向专业应用领域，具备强大的数据运算与图形、图像处理能力。工作站是为满足工程设计、动画制作、科学研究、软件开发、金融管理、信息服务、模拟仿真等专业领域而设计开发的同性能微型计算机。

工作站不同于计算机网络系统中工作站的概念，计算机网络系统中的工作站仅是网络中的任何一台普通微型机或终端，只是网络中的任一用户节点。

4. 服务器

服务器是指在网络环境中为网上多个用户提供共享信息资源和各种服务的一种高性能计算机，在服务器上需要安装网络操作系统、网络协议和各种网络服务软件。服务器主要为网络用户提供文件、数据库、应用及通信等方面的服务。

5. 嵌入式计算机

嵌入式计算机是指嵌入到对象体系中，实现对象体系智能化控制的专用计算机系统。嵌入式计算机系统以应用为中心，以计算机技术为基础，并且软/硬件可裁剪，适用于应用系统对功能、可靠性、成本、体积、功耗有严格要求的专用计算机系统。它一般由嵌入式微处理器、外围硬件设备、嵌入式操作系统及用户的应用程序4部分组成，用于实现对其他设备的控制、监视或管理等功能。例如，日常生活中使用的电冰箱、全自动洗衣机、空调、数码产品等都采用了嵌入式计算机技术。

1.2.2 计算机的应用领域

计算机主要有以下一些应用领域。

1. 科学计算

科学计算也称数值计算，是指利用计算机来完成科学研究和工程技术中提出的数学问题的计算。计算机最早的应用领域是科学计算，在现代科学技术工作中，仍然存在大量的和复杂的科学计算问题。利用计算机的高速计算、大存储容量和连续运算的能力，可以实现人工无法解决的各种科学计算问题。

2. 数据处理

数据处理也称信息处理，是对各种数据进行收集、存储、整理、分类、统计、加工、利用、传播等一系列活动的统称。据统计，80%以上的计算机主要用于数据处理，数据处理从简单到复杂已经历了三个发展阶段。

（1）电子数据处理（Electronic Data Processing，EDP），它以文件系统为手段，实现一个部门内的单项管理。

（2）管理信息系统（Management Information System，MIS），它以数据库技术为工具，实现一个部门的全面管理，可以大大提高工作效率。例如，办公自动化（OA）系统、人事档案管理、财务管理软件等都属于计算机信息处理软件。

计算机在管理中的应用首先开始于信息处理。

（3）决策支持系统（Decision Support System，DSS），它以数据库、模型库和方法库为基础，帮助管理决策者提高决策水平，改善运营策略的正确性与有效性。

目前，数据处理已广泛地应用于办公自动化、企事业计算机辅助管理与决策、情报检索、图书管理、电影电视动画设计、会计电算化等各行各业。

信息正在形成独立的产业，多媒体技术使信息展现在人们面前的不仅是数字和文字，也有声音和图像信息。

3. 辅助技术

计算机辅助技术包括计算机辅助设计（Computer Aided Design，CAD）、计算机辅助制造（Computer Aided Manufacturing，CAM）和计算机辅助教学（Computer Aided Instruction，CAI）等。

（1）计算机辅助设计

计算机辅助设计是利用计算机系统辅助设计人员进行工程或产品设计，以实现最佳设计效果的一种技术。它已广泛地应用于飞机、汽车、机械、电子、建筑和轻工等领域。

（2）计算机辅助制造

计算机辅助制造是利用计算机系统进行生产设备的管理、控制和操作的过程。例如，在产品的制造过程中，用计算机控制机器的运行，处理生产过程中所需的数据，控制和处理材料的流动及对产品进行检测等。

将 CAD 和 CAM 技术集成，实现设计生产自动化，实现无人化工厂，这种技术称为计算机集成制造系统（CIMS）。

4. 计算机辅助教学

计算机辅助教学就是利用计算机系统使用课件来进行教学。

5. 过程控制

过程控制也称实时控制，是利用计算机及时采集数据，按最优值迅速地对控制对象进行自动调节或自动控制。采用计算机进行生产过程控制，不仅可以大大提高控制的自动化水平，而且可以提高控制的及时性和准确性，从而改善劳动条件，提高产品质量及合格率。

6. 人工智能

人工智能（Artificial Intelligence）也称智能模拟，是指利用计算机模拟人类的智能活动，如感知、判断、理解、学习、问题求解和图像识别等。

7. 网络应用

目前，在计算机技术、现代通信技术及其他电子技术相结合的基础上，已经构建并进入了宽带、高速、综合、广域型数字化的网络时代，计算机网络的建立，不仅解决了一个单位、一个地区、一个国家中计算机与计算机之间的通信问题，各种软/硬件资源的共享也大大促进了国家间的文字、图像、视频和声音等各类数据的传输与处理。

从计算机的应用上看，计算机将向系统化、网络化和智能化的方向发展，它将更深入地渗透到社会的各行各业，推动社会的进一步发展。推动移动互联网、云计算、大数据、物联网等与现代制造业结合，促进电子商务、工业互联网和互联网金融健康发展。

1.3 微型计算机系统的主要技术指标

早期只用字长、运算速度和存储容量三大指标来衡量和评价计算机的性能，随着微机技术的不断发展，现在评价计算机性能的主要指标有下面几项。

1. 字长

字长是 CPU 内部一次能并行处理二进制数码的位数，字长取决于 CPU 内部寄存器、运算器和数据总线的位数。字长越长，一个字所能表示数据的精度就越高，处理速度也越快。为了更灵活地表达和处理信息，计算机通常以字节（Byte）为基本单位，用大写字母 B 表示，一个字节等于 8 个二进制位（bit）。一般机器的字长都是字节的 1 倍、2 倍、4 倍、8 倍等，目前微型计算机的机器字长有 8 位、16 位、32 位、64 位等几种。

2. 主频

主频即时钟频率，是指计算机的 CPU 在单位时间内发出的脉冲数目，它在很大程度上决定了计算机的运行速度。目前随着 CPU 主频的增加，常用单位由 GHz 取代了 MHz。

在微机的配置中常看到 P4 2.4G 字样，其中数字 2.4G 就表示处理器的时钟频率是 2.4GHz。

3. 主存容量

主存容量是指一个主存储器所能存储的全部信息量。通常，我们把以字节数来表示存储容量的计算机称为字节编址的计算机。也有一些计算机是以字为单位编址的，它们用字数乘以字长来表示容量。主存容量的基本单位是字节，还可用 KB、MB（兆字节）、GB（吉字节）、TB（太字节）和 PB（皮字节）来衡量主存容量。它们之间的关系如表 1-1 所示。

表 1-1 K、M、G、T、P 的定义

单 位	通 常 比 例	实 际 比 例
K（Kilo）	10^3	$2^{10}=1024B=1KB$
M（Mega，兆）	10^6	$2^{20}=1024KB=1MB$
G（Giga，吉）	10^9	$2^{30}=1024MB=1GB$
T（Tera，太）	10^{12}	$2^{40}=1024GB=1TB$
P（Peta，皮）	10^{15}	$2^{50}=1024TB=1PB$

4. 运算速度

运算速度是一项综合性指标，它与许多因素有关，如机器的主频、执行何种操作及主存本身的速度等。对运算速度的衡量有不同的方法，常用方法有以下几种。

（1）根据不同类型指令在计算过程中出现的频繁程度，乘上不同的系数，求出统计平均值，这时所指的运算速度是平均运算速度。

（2）以每条指令执行所需的时钟周期数（Cycles Per Instruction，CPI）来衡量。

（3）以 MIPS 作为计量单位来衡量运算速度。MIPS（Million Instruction Per Second）表示每秒执行几百万条指令。

5．外存储器容量

微型计算机一般配有硬盘驱动器和光盘驱动器，分别可以驱动硬盘和光盘；还配有 USB 接口，可以外接 U 盘。这些外存储器中，硬盘容量最大，决定了微机能存放系统软件和应用软件的多少。

6．处理器综合参数

微处理器（CPU）性能的高低是影响计算机系统的重要因素，微处理器档次越高，计算机系统的性能越好。例如 CPU 主频高，一般计算机运行速度就快，核心数量多、线程数多，计算机数据处理能力增强，运行速度加快。

例如，Intel 酷睿 i5 4690 采用 22 纳米（nm）工艺制程，采用了 LGA 1150 处理器插槽。i5 4690 原生内置四核心，四线程，处理器默认主频高达 3.5GHz，最高睿频可达 3.9GHz。二级缓存为 1MB，同时三级高速缓存容量高达 6MB，这就使得 CPU 在处理数据时提高了命中率，并且使软件加载时间大大缩短。

Intel 酷睿 i5 4690 处理器的综合参数如下。

包装形式：盒装。
CPU 主频：3.5GHz。
插槽类型：LGA 1150。
针脚数目：1150pin。
核心代号：Haswell。
CPU 架构：Haswell。
核心数量：四核心。
线程数：四线程。
制作工艺：22nm。
热设计功耗（TDP）：84W。
二级缓存：1MB。
三级缓存：6MB。
内存控制器：DDR3 1333/1600MHz。
虚拟化技术：Intel VT。
处理器字长：64 位。
集成显卡。
显卡基本频率：350～1100MHz。

1.4 计算机中信息的表示

在应用科学技术领域，计算机是处理信息的工具。各种形式的信息，如数字、文字、声音、图像、温度和压力等，都要转换成为计算机能识别的符号。信息的符号化就是数据，是计算机所能识别的数据。在现代计算机系统中，所指的数据都是二进制形式的。

二进制数只需要两个数字符号（0和1）来组成。在计算机的逻辑电路中，用两个不同的电信号，即低电平（代表逻辑0）和高电平（代表逻辑1），就可以方便地表示二进制数，只需要制造有两个状态的电子器件来表示二进制数中的两个数字符号即可，物理上容易实现，且简单可靠，十分方便。

1.4.1 几种进位计数制

由于阅读和书写二进制数很不方便，因此在书写（编程）和计算机输入、输出时通常使用十进制数十六进制数或八进制数。计算机通过软件及输入/输出接口可将十进制数、八进制数、十六进制数转换成计算机能够接受的二进制数，并且能将二进制数转换成八进制数、十进制数及十六进制数输出。

1. 十进制数

十进制计数有两个特点：第一，由十个数字符号（0、1、2、3、4、5、6、7、8、9）构成；第二，逢十进一。十进制数可以用位权来表示，位权就是在一个数中同一个数字在不同的位置上代表不同基数的次幂，任何一个十进制数都可以用它的按位权展开式来表示。

$$N=X_{n-1}\times 10^{n-1}+X_{n-2}\times 10^{n-2}+\cdots+X_0\times 10^0+X_{-1}\times 10^{-1}+\cdots+X_{-m}\times 10^{-m}$$

其中，X为一个10进制的数，基数是10，整数位有n（$n-1\sim 0$）位，小数位是m（$-1\sim -m$）位。例如：

$$(128.6)_{10}=1\times 10^2+2\times 10^1+8\times 10^0+6\times 10^{-1}$$

2. 二进制数

二进制计数也有两个特点：第一，由两个数字符号（0和1）构成；第二，逢二进一。二进制数也可以用位权来表示，任何一个二进制数都可以用它的按位权展开式来表示。

$$N=X_{n-1}\times 2^{n-1}+X_{n-2}\times 2^{n-2}+\cdots+X_0\times 2^0+X_{-1}\times 2^{-1}+\cdots+X_{-m}\times 2^{-m}$$

其中，X为一个二进制的数，基数是2，整数位有n（$n-1\sim 0$）位，小数位是m（$-1\sim -m$）位。例如：

$$(1011.101)_2=1\times 2^3+0\times 2^2+1\times 2^1+1\times 2^0+1\times 2^{-1}+0\times 2^{-2}+1\times 2^{-3}$$
$$=8+0+2+1+0.5+0.00+0.125=(11.625)_{10}$$

3. 八进制数

八进制数有0、1、2、3、4、5、6、7共计8个数字符号，逢八进一，八进制数也遵守按位权展开的原理，只不过其中的基数不是10，也不是2，而是8。例如：

$$(127.4)_8=1\times 8^2+2\times 8^1+7\times 8^0+4\times 8^{-1}=64+16+7+0.5=(87.5)_{10}$$

4. 十六进制数

十六进制数有0、1、2、3、4、5、6、7、8、9、A、B、C、D、E、F共计16个符号，逢十六进一，十六进制数也遵守按位权展开的原理，只不过其中的基数是16。例如：

$$(A2C.8)_8=10\times 16^2+2\times 16^1+12\times 16^0+8\times 16^{-1}=10\times 256+2\times 16+12+0.5=(2604.5)_{10}$$

四种进位制的对照表如表1-2所示。

表1-2 四种进位制的对照表

十 进 制	二 进 制	八 进 制	十 六 进 制
0	0	0	0
1	1	1	1

续表

十 进 制	二 进 制	八 进 制	十 六 进 制
2	10	2	2
3	11	3	3
4	100	4	4
5	101	5	5
6	110	6	6
7	111	7	7
8	1000	10	8
9	1001	11	9
10	1010	12	A
11	1011	13	B
12	1100	14	C
13	1101	15	D
14	1110	16	E
15	1111	17	F
16	10000	20	10

不同进位制的习惯书写单位如下。
- 二进制：Binary、Bin 或 B。
- 八进制：Octal、Oct 或 O。
- 十进制：Decimal、Dec 或 D。
- 十六进制：Hex、Hex 或 H。

在编辑环境下，向计算机输入不同进位制数时，可以分别使用简化符号表示，在十进制数、二进制数、八进制数及十六进制数的末尾分别输入一个大写字母 D、B、O 和 H。

1.4.2 进位计数制之间的相互转换

只要掌握了将十进制数转换成二进制数的方法，就可以按类似的方式将十进制数转换成其他进制数。

将十进制数转换成其他进制的数时，可以先将十进制数转换成二进制数，然后由二进制数转换为八进制数和十六进制数，这种方法经常使用。

将二进制数、八进制数及十六进制数转换成十进制数时，按照按位的权值展开并求和就可以了。

1. 十进制数转换成二进制数

十进制数转换成二进制数包括将十进制整数部分转换成二进制整数及将十进制小数部分转换成二进制小数。

可以采用"除 2 取余法"将十进制整数转换成二进制整数。

具体方法是：通过列竖式将十进制数连续除以 2，将每次除以 2 得到的商和余数分别记录下来，直到商等于 0 为止，所得的余数就是转换成的二进制数，最先得到的一位余数是转换成二进制数的最低位,按照顺序排列,最后得到的一位余数是转换成的二进制数的最高位。

【例 1-1】 用列竖式的方法把十进制整数 13 转换成二进制数。

解:转换过程如图 1-6 所示。

图 1-6 转换过程

转换结果:$(13)_{10}=(1101)_2$。

可以采用"乘 2 取整法"将十进制小数转换成二进制小数,具体过程为:用 2 乘以十进制小数,每次得到的一位整数就是转换成的一位二进制小数位,然后,再用 2 去乘以上次乘以 2 后所得结果的小数部分,又可以得到新的一位整数作为转换成的较低一位的二进制小数位。将每次得到的整数部分按先后顺序依次排列,就得到相对应的二进制小数。值得注意的是,先得到的是高位,后得到的是低位。

【例 1-2】 将十进制数 0.8125 转换成二进制小数。

解: 0.8125×2=1.625   1
　　　 0.625×2=1.25   1
　　　 0.25×2=0.5   0
　　　 0.5×2=1.0   1

转换结果:$(0.8125)_{10}=(0.1101)_2$。

以上例子正好转换完成,没有余数,如果不可能全部转换完成,只要保留二进制小数后面几位就可以了。

2. 二进制数转换成八进制数

将二进制数转换成八进制数时,将二进制整数转换成八进制整数并将二进制小数转换成八进制小数。

二进制整数转换成八进制整数的方法是:将二进制整数从右到左,每 3 位一组作为一位八进制数,如果最左边不足 3 位则补 0,同样构成 3 位一组,作为一位八进制数。

二进制小数转换成八进制小数的方法是:将二进制小数从左到右,每 3 位一组作为一位八进制数,如果最右边不足 3 位则补 0,同样构成 3 位一组,作为一位八进制数。

【例 1-3】 将二进制数 $(1110101001100.1100101)_2$ 转换成八进制数。

解:　　　　$(1110101001100.1100101)_2=(001\ 110\ 101\ 001\ 100.110\ 010\ 100)_2$
　　　　　　　　　　　　　　　　$=(16514.624)_8$

3. 八进制数转换成二进制数

八进制数转换成二进制数与二进制数转换成八进制数是互逆的过程,但是转换方法是一致的。具体方法是:不管是八进制数的整数位还是小数位,只需要将每一位八进制数用 3 位二进制数表示就可以了。

【例1-4】 将八进制数$(123.456)_8$转换成二进制数。

解： $(123.456)_8=(1010011.100101110)_2$

4. 二进制数转换成十六进制数

将二进制数转换成十六进制数时，将二进制整数转换成十六进制整数并将二进制小数转换成十六进制小数。

二进制整数转换成十六进制整数的方法是：将二进制整数从右到左，每4位为一组作为一位十六进制数，如果最左边不足4位则补0，同样构成4位一组，作为一位十六进制数。

二进制小数转换成十六进制小数的方法是：将二进制小数从左到右，每4位一组作为一位十六进制数，如果最右边不足4位则补0，同样构成4位一组，作为一位十六进制数。

【例1-5】 将二进制数$(1110101001100.1100101)_2$转换成十六进制数。

解： $(1110101001100.1100101)_2=(0001\ 1101\ 0100\ 1100.1100\ 1010)_2$
$=(1D4C.CA)_{16}$

5. 十六进制数转换成二进制数

十六进制数转换成二进制数与二进制数转换成十六进制数是互逆的过程，与八进制数转换成二进制数的方法是类似的。具体方法是：不管是十六进制数的整数位还是小数位，将每一位十六进制数用4位二进制数表示就可以了。

【例1-6】 将十六进制数$(B2A3.4D)_{16}$转换成二进制数。

解： $(B2A3.4D)_{16}=(1011001010100011.01001101)_2$

值得注意的有两点：第一，将二进制数、八进制数及十六进制数转换成十进制数的方法是：按位权展开的方法求其对应的十进制数。第二，八进制数和十六进制数之间的转换都可以先将其转换成二进制数，即借助二进制数再转换成需要的进制数。

1.4.3 计算机中数的表示方法

计算机中的数分为定点数和浮点数两种，相应地有定点运算部件和浮点运算部件，计算机中既可以实现定点数的运算，又可以实现浮点数的运算。

按二进制表示数的方式分，二进制数可分为无符号数与带符号数，带符号的数也称为机器数。

机器数可以区分正数和负数，常用的机器数有原码、反码及补码三种形式，微机中一般选用补码来进行运算和存储。

例如，8位无符号二进制数表示数的范围是00000000B～11111111B，即0～255。而8位带符号数表示数的范围则根据原码、反码及补码的不同，其数的范围也不同。

1. 定点数的表示法

在计算机中，约定数据小数点的位置固定在某一位的表示方法即为定点数表示法。原理上讲，小数点的位置固定在哪一位都行，但是通常有两种定点格式，一是将小数点固定在数的最左边（纯小数），二是固定在数的最右边（纯整数）。

假如用宽度为$n+1$位的字来表示定点数X，其中X_0表示数的符号，一般用1代表负数，0代表正数，其余位代表它的数位，对于任意定点数$X=X_0X_1X_2\cdots X_n$，在定点计算机中可表示为下列两种。

（1）如果 X 为纯小数，小数点固定在 X_0 与 X_1 之间，则数 X 的表示范围如下。

$$0 \leq |X| \leq 1-2^{-n} \tag{1-1}$$

例如，$X=0.1111111$，表示是一个正的纯小数，它是二进制形式的，其十进制数值可以写为 $X=1-2^{-7}$。

（2）如果 X 为纯整数，小数点固定在 X_n 的右边，数 X 的表示范围如下。

$$0 \leq |X| \leq 2^n-1 \tag{1-2}$$

例如，$X=01111111$，表示是一个正的纯整数，它是二进制形式的，其十进制数值可以写为 $X=2^7-1$。

2. 浮点数的表示法

任意一个十进制数 N 都可以写成：

$$N=10^E \times M \tag{1-3}$$

同样任意一个二进制数 N 可以写成：

$$N=2^e \times m \tag{1-4}$$

例如，$N=-101.1101=2^{0011} \times -0.1011101$，其中，$m$ 为浮点数的尾数，是一个纯小数；e 是比例因子的指数，称为浮点数的指数，是一个纯整数；比例因子的基数是一个常数，这里取值为 2。

可以看出，在计算机中存放一个完整的浮点数，应该包括阶码、阶符、尾数及尾数的符号（数符）共 4 部分，如表 1-3 所示。

表 1-3 完整的浮点数的组成

E_S	$E_1E_2 \cdots E_m$	M_S	$M_1M_2 \cdots M_n$
阶符（0）	阶码（011）	数符（1）	尾数（1011101）

一般阶符与数符位都只占一位，且 0 代表正数，1 代表负数。设阶码占 3 位，尾数占 7 位，根据表 1-3 中的数据，则数 $N=2^{0011} \times -0.1011101$。

值得注意的是，在计算机相同字长的条件下，浮点数所表示数的范围比定点数所表示数的范围大得多。

Pentium 系列微机的微处理器中包含了改进后的浮点运算部件，按照 IEEE 754 标准采用了 32 位浮点数和 64 位浮点数两种标准格式。

3. 机器数与真值

计算机中传输与加工处理的信息均为二进制数，二进制数的逻辑 1 和逻辑 0 分别用于代表高电平和低电平。计算机只能识别 1 和 0 两种状态，那么如何确定与识别正二进制数和负二进制数呢？解决的办法是将二进制数最高位作为符号位，例如，1 表示负数，0 表示正数。若字长取 8 位，10001111B 则可以代表-15，00001111B 则可以代表+15，这便构成了计算机能识别的数，因此，带符号的二进制数称为机器数，机器数所代表的值称为真值。在微机中，机器数有 3 种表示法，即原码表示法、反码表示法与补码表示法。

4. 原码表示法

若定点整数的原码形式为 $X_0X_1X_2 \cdots X_n$，则原码表示的定义如下。

$$[X]_{原} = \begin{cases} X & 2^n > X \geq 0 \\ 2^n - X = 2^n + |X| & 0 \geq X > -2^n \end{cases} \tag{1-5}$$

X_0 为符号位,若 $n=7$,即计算机的字长是 8 位,则:

(1) X 取值范围为 $-127 \sim +127$。

(2) $[+0]_原 = 00000000$。

(3) $[-0]_原 = 10000000$。

(4) 从原码的定义可以看出,一个正数的原码等于这个正数的表达形式,最高位的符号位为 0,表示正数;而一个负数的原码等于这个负数的绝对值,最高位的符号位为 1,表示负数。如果用得出的这个简便方法求原码,则十分方便。

例如: $X=01001111$ $[X]_原=01001111$

$Y=-01001111$ $[Y]_原=11001111$

采用原码表示法简单易懂,但它最大缺点是加法运算的电路复杂,不容易实现。

5. 反码表示法

对于定点整数,反码表示的定义如下。

$$[X]_反 = \begin{cases} X & 2^n > X \geq 0 \\ (2^n - 1)X & 0 \geq X > -2^n \end{cases} \quad (1\text{-}6)$$

同样 n 取 7,即字长 8 位,则:

(1) X 取值范围为 $-127 \sim +127$。

(2) $[+0]_反 = 00000000$。

(3) $[-0]_反 = 11111111$。

(4) 从反码的定义可以看出,一个正数的反码等于这个正数的表达形式,最高位的符号位为 0,表示正数;而一个负数的反码等于这个负数每位取反,最高位的符号位为 1,表示负数。

例如: $X=01001111$ $[X]_反=01001111$

$Y=-01001111$ $[Y]_反=10110000$

6. 补码表示法

对于定点整数,补码表示的定义如下。

$$[X]_补 = \begin{cases} X & 2^n > X \geq 0 \\ 2^{n+1} + X = 2^{n+1} - |X| & 0 \geq X > -2^n \end{cases} \quad (1\text{-}7)$$

同样如果 n 取 7,即字长 8 位,则:

(1) X 取值范围为 $-128 \sim +127$。

(2) $[+0]_补 = [-0]_补 = 00000000$。

(3) $[-10000000]_补 = 10000000$。

(4) 从补码的定义可以看出,一个正数的补码等于这个正数的表达形式,最高位的符号位为 0,表示正数;而一个负数的补码等于这个负数每位取反,最低位还要加上 1,最高位的符号位也为 1,表示负数。

例如: $X=01001111$ $[X]_补=01001111$

$Y=-01001111$ $[Y]_补=10110001$

综上所述,一个正数的原码、反码及补码与其真值的表达形式相同,只是最高位定义为符号位,用 0 表示;一个负数的原码、反码及补码的符号位均为 1,如果是原码,则其余的位与真值相同,如果是反码,则其余的位是真值各位求反所得,如果是补码,则在反码的基础上再加 1 便可求得。

【例 1-7】 设机器字长 8 位，X=00011111B，Y=-00011111，用上面总结的方法求 X 和 Y 的原码、反码及补码。

解： $[X]_原=[X]_反=[X]_补$=00011111B

$[Y]_原$=10011111B，$[Y]_反$=11100000B，$[Y]_补$=11100001B

1.4.4　计算机中常用的字符编码与汉字编码

计算机中存储的信息都是用二进制数表示的，而人们在屏幕上看到的英文、汉字等字符是由二进制数转换之后的结果。把不同字符按照一定编排规则编排之后存储在计算机中，称为"编码"；反之，将存储在计算机中的二进制数解析并显示出来，称为"解码"。

1. 字符集

字符是各种文字和符号的总称，包括许多国家的文字、标点符号、图形符号和数字等。字符集是指一个系统支持的所有抽象字符的集合。

常见的字符集有 ASCII 字符集、EASCII 字符集、GB 2312 字符集、BIG5 字符集、GB 18030 字符集、Unicode 字符集等。计算机要准确地处理各种字符集文字，需要进行字符编码，以便计算机能够识别和存储各种文字。

2. 字符编码

计算机中处理的信息不全是数值，有时还需要对各种字符或符号进行处理。例如从键盘输入信息或打印输出信息，这些都要使用字符方式进行输入/输出。因此计算机还必须能够表示字符和符号，这需要将自然语言的字符转换为计算机可以接受的数字信息，称为字符代码。各种字符和符号由于表示的内容不同，编码的规则和编码的长度也不尽相同。

不同的字符集有其相应的字符编码规则，常用的字符编码有以下 3 种：

- ASCII 码（包括 EASCII 码）；
- 汉字编码（GB 2312 编码、BIG5 编码）；
- Unicode 编码。

3. ASCII 字符集及其编码

ASCII（American Standard Code for Information Interchange，美国信息交换标准代码）是基于拉丁字母的一套计算机编码系统，它主要用于显示现代英语，是现今最通用的单字节编码系统。

（1）ASCII 字符集

ASCII 字符集主要包括控制字符和可显示字符（英文大小写字符、阿拉伯数字和西文符号）。

常用的字符包括以下一些。

字母：A、B、…、Z, a、b、…、z。

数字：0、1、2、3、4、5、6、7、8、9。

专用符号：+、-、*、/、_等。

控制字符（非打印字符）：BEL（响铃）、LF（换行）、CR（回车）等。

（2）ASCII 编码

ASCII 编码使用 7 位（bit）表示一个字符，即 ASCII 的范围是 00H～7FH，最高位为 0。7位编码的字符集只能支持 128 个字符，如表 1-4 所示。

ASCII 字符集包括 10 个十进制数码（0～9），其对应的 ASCII 码是 30H～39H（48～57）。

它还包括 26 个大写的英文字母，大写"A"的 ASCII 码是 41H（65），大写"B"的 ASCII 码是 42H（66），即从 41H 开始按英文字母的顺序递增。而小写 26 个英文字母的 ASCII 码则以 61H（"a"的 ASCII 码）开始，其余也按顺序递增，小写"z"的 ASCII 码是 7AH。

表 1-4　ASCII 码编码表

低位 LSB		高位 MSB							
		0	1	2	3	4	5	6	7
		000	001	010	011	100	101	110	111
0	0000	NUL	DLE	SP	0	@	P	`	p
1	0001	SOH	DC1	!	1	A	Q	a	q
2	0010	STX	DC2	"	2	B	R	b	r
3	0011	ETX	DC3	#	3	C	S	c	s
4	0100	EOT	DC4	$	4	D	T	d	t
5	0101	ENQ	NAK	%	5	E	U	e	u
6	0110	ACK	SYN	&	6	F	V	f	v
7	0111	BEL	ETB	,	7	G	W	g	w
8	1000	BS	CAN	(	8	H	X	h	x
9	1001	HT	EM	)	9	I	Y	i	y
A	1010	LF	SUB	*	:	J	Z	j	z
B	1011	VT	ESC	+	;	K	[	k	{
C	1100	FF	FS	,	<	L	\	l	|
D	1101	CR	GS	-	=	M	]	m	}
E	1110	SO	RS	.	>	N	↑	n	~
F	1111	SI	US	/	?	O	←	o	DEL

在 128 个 ASCII 编码中，有 32 个 ASCII 编码值为 0～31（00H～1FH），其不对应任何显示与打印实际字符，它们被用作控制码，控制计算机 I/O 设备的操作及计算机软件的执行，它们代表的含义如表 1-5 所示。

表 1-5　部分 ASCII 编码所代表的含义

编码	含义	编码	含义	编码	含义	编码	含义
NUL	空	BS	退一格	DLE	数据链换码	CAN	取消
SOH	标题开始	HT	横向列表（穿孔卡片指令）	DC1	设备控制 1	EM	纸尽
STX	正文开始	LF	换行	DC2	设备控制 2	SUB	取代
ETX	正文结束	VT	垂直制表	DC3	设备控制 3	ESC	换码
EOT	传输结束	FF	走纸控制（换页）	DC4	设备控制 4	FS	文件分隔符
ENQ	询问	CR	回车	NAK	否定应答	GS	组分隔符
ACK	确认	SO	移位输出	SYN	空转同步	RS	记录分隔符
BEL	响铃	SI	移位输入	ETB	信息组传送结束	US	单元分隔符

在计算机系统的字节传送过程中，往往将最高位用作奇、偶校验位。当最高位恒取 1 时，称为标记校验；当最高位恒取 0 时，称为空格校验；当连同最高位共计 8 位中 1 的个数为奇数个时，则为奇校验；当连同最高位共计 8 位中 1 的个数为偶数个时，则为偶校验。

（3）EASCII 字符集

为了表示更多的欧洲常用字符，对 ASCII 进行了扩展，即形成了 ASCII 扩展字符集 EASCII。

EASCII 使用 8 位（bit）表示一个字符，共 256 字符，即扩充了 128 个新字符，如表 1-6 所示。

表 1-6 扩展 ASCII 编码表

低四位 \ 高四位		扩展 ASCII 码字符集														
		1000		1001		1010		1011		1100		1101		1110		1111
		8		9		A/10		B/16		C/32		D/48		E/64		F/80
		十进制	字符	十进制	字符	十进制	字符	十进制	字符	十进制	字符	十进制	字符	十进制	字符	十进制	字符
0000	0	128	Ç	144	É	160	á	176	░	192	└	208	╨	224	α	240	≡
0001	1	129	ü	145	æ	161	í	177	▒	193	┴	209	╤	225	ß	241	±
0010	2	130	é	146	Æ	162	ó	178	▓	194	┬	210	╥	226	Γ	242	≥
0011	3	131	â	147	ô	163	ú	179	│	195	├	211	╙	227	π	243	≤
0100	4	132	ä	148	ö	164	ñ	180	┤	196	─	212	╘	228	Σ	244	⌠
0101	5	133	à	149	ò	165	Ñ	181	╡	197	┼	213	╒	229	σ	245	⌡
0110	6	134	å	150	û	166	ª	182	╢	198	╞	214	╓	230	μ	246	÷
0111	7	135	ç	151	ù	167	º	183	╖	199	╟	215	╫	231	τ	247	≈
1000	8	136	ê	152	ÿ	168	¿	184	╕	200	╚	216	╪	232	Φ	248	°
1001	9	137	ë	153	Ö	169	⌐	185	╣	201	╔	217	┘	233	Θ	249	·
1010	A	138	è	154	Ü	170	¬	186	║	202	╩	218	┌	234	Ω	250	·
1011	B	139	ï	155	¢	171	½	187	╗	203	╦	219	■	235	δ	251	√
1100	C	140	î	156	£	172	¼	188	╝	204	╠	220	▬	236	∞	252	ⁿ
1101	D	141	ì	157	¥	173	¡	189	╜	205	═	221	▌	237	φ	253	²
1110	E	142	Ä	158	₧	174	«	190	╛	206	╬	222	▐	238	ε	254	■
1111	F	143	Å	159	ƒ	175	»	191	┐	207	╧	223	▀	239	∩	255	BLANK FF

注：表中的 ASCII 字行可以用 ALT+"小键盘上的数字键"输入

ASCII 码从显示功能上看，最大缺点是只能显示 26 个基本拉丁字母、阿拉伯数字和英式标点符号，因此只能用于显示现代美国英语。在处理英语当中的外来词如 naïve、café、élite 等时，所有重音符号都不得不去掉，这样做违反了拼写规则。

EASCII 虽然解决了部分西欧语言的显示问题，但对更多其他语言依然无能为力。因此现在的苹果电脑已经抛弃 ASCII 而转用 Unicode。

4. 汉字及其编码

（1）汉字输入和输出的过程

汉字是象形文字，如何在计算机中实现对汉字的输入和输出呢？其中包含比较复杂的转换过程。简单地说，计算机借助二进制数对汉字进行编码、存储、转换、查表等操作，并由计算机输入/输出设备进行传输。

汉字输入和输出的过程如图 1-7 所示。用户借助汉字的输入码，如汉字拼音输入码、五笔字型输入码等，通过键盘输入，或通过电脑手写输入板输入等，产生汉字编码，并输入到计算机内；由计算机的转换程序找到其对应的机内（编）码，每个汉字由 2 字节的机内码组成，机内码存储在计算机的内存储器中；需要输出时，再由汉字字形检索程序根据机内码在汉字字形点阵库中找到某一汉字的字形点阵（字形编码）；由输出驱动程序将某一汉字的点阵字节按规则顺序逐一输出到打印机或显示器。

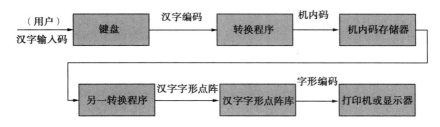

图 1-7 汉字输入和输出的过程

汉字的输入码有音码、形码及混合码 3 类，音码是指按照汉字的读音进行编码的一种输入方法，常用的有全拼拼音法、全拼双音法及双拼双音法等。形码是指按照汉字的字形或定义进行编码的一种输入法，常用的有五笔字型和郑码等输入法。混合码是将汉字的字形和字音结合起来编码，实现汉字的输入，常用的有自然码，它兼有音码与形码的优点，降低了重码率，还便于记忆与操作。

注意，用户无论借助键盘通过哪一种汉字输入码输入汉字，或通过电脑手写输入板输入汉字，在计算机内都应该产生对应某一输入汉字的机内码，即结果是相同的。也就是说，在计算机中，不同的汉字输入法对应不同的转换程序，由各个转换程序来转换出汉字所对应的机内码，这就是我们在计算机上输入汉字时，首先要选择汉字输入法的原因。

（2）GB 2312 编码

汉字编码分为简体与繁体两种：即 GB 2312 编码和 Big5 编码。GB 2312 编码的依据是我国 1981 年颁布的用于信息交换的汉字编码字符集（GB 2312—1980），为汉字国标码。Big5 编码又称为大五码或五大码，使用的是繁体中文（正体中文），主要为我国香港与台湾地区使用。

汉字对应 GB 2312 编码的机内码是如何组成的呢？GB 2312—1980 规定全部汉字及字符包含 6763 个常用汉字，其中，一级汉字 3755 个，二级汉字 3008 个，还包含英、俄、日文等字母及其符号 687 个。

将所有这些汉字和字符组成 94×94 的矩阵，矩阵的每一行称为一个"区"，每一列称为一个"位"。这样，共有 94 个区，分别为 01～94 区，每个区内有 94 个位，为 01～94 位。一个汉字所在位置的区号和位号拼在一起，便构成一个四位数的代码（区位码）。94 个区的汉字及符号划分为以下 4 组。

① 1～15 区为图形符号区，其中，1～9 区为标准区，10～15 区为自定义符号区。
② 16～55 区是一级汉字区，包括常用汉字 3755 个，该区的汉字是按汉语拼音排序的。
③ 56～87 区是二级汉字区，包括不常用的汉字 3008 个，该区的汉字是按部首排序的。
④ 88～94 区是用户自定义汉字区。

汉字机内码到底如何组成呢？

为了避免与基本 ASCII 码中的控制码发生冲突，将每一个区码和位码分别加上 20H，就组成了国标码。

国标码与区位码的关系如下：

$$国标码高位字节=（区号）H+20H$$

$$国标码低位字节=（位号）H+20H$$

机内码与区位码的关系如下:

机内码高位字节=（区号）H+A0H=国标码高位+80H

机内码低位字节=（位号）H+A0H=国标码低位+80H

例如，"玻"在第 18 区的第 3 位，则区号为"1803"，十进制数的 18 转换为十六进制的 12H，十进制数 03 转换为 03H，那么，用十六进制数表示其区位码则为"1203H"，区码为高字节（8 位二进制数），位码也为低字节（8 位二进制数）。

根据"玻"的区位码"1203H"，计算出其国标码为"3223H"。

国标码虽然可以作为汉字的机内码，但是，为了避免误把一个汉字编码看作两个西文字符的编码（ASCII 码），将国标码的高、低两个字节都加上 80H，便形成了汉字最终的机内码。

机内码高位=区码+20H+80H=区码+A0H

机内码低位=位码+20H+80H=位码+A0H

上述"玻"的机内码高位=12H+A0H=B2H，机内码的低位=03H+A0H=A3H，最终机内码为"B2A3H"，注意，汉字国标码 GB 2312—1980 的机内码规定由 16 位二进制数表示（2 字节）。

在打印机和显示器上要形成汉字输出，则要根据机内码找到其汉字对应的汉字字形编码，字形编码是指汉字形状的二进制数编码，通常有点阵描述法、矢量描述法及轮廓描述法等。

例如，用 16×16 点阵描述法描述"土"字，其 16×16 点阵字形与编码图如图 1-8 所示。

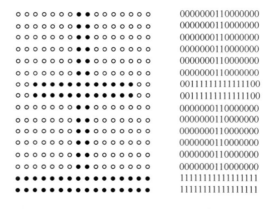

图 1-8 "土"字的点阵字形与编码图

在点阵库中，存放有关于"土"字字形的 32 字节编码，计算机的汉字字形检索程序根据"土"字的机内码，将指针指到其 32 字节的编码，由输出驱动程序按规则顺序逐一输出到打印机或显示器上，最终实现汉字的输出。

使用的点阵有 16×16 点阵、24×24 点阵、32×32 点阵、64×64 点阵、96×96 点阵、128×128 点阵、256×256 点阵等，点阵越大，汉字字形的质量越好，当然每个汉字点阵的存储量也越大。

例如，存储一个 16×16 点阵的汉字需要 16×16=256 比特（bit），256 比特/8 比特=32 字节。那么，存储一个汉字需要 32 字节的存储单元。

同理，存储一个 32×32 点阵的汉字需要 32×32=1024 比特（bit），1024 比特/8 比特=128 字节。那么，存储一个汉字需要 128 字节的存储单元。

这种形式存储汉字字形信息的集合称为汉字库。显然，这种汉字库是汉字字形的数字化信息，用于汉字的存储、显示和打印。

综上可知：GB 2312 编码规定将两个大于 127 的字符连在一起时，就表示一个汉字，前面的一个字节称为高字节，从 A1H 到 F7H，后面一个字节（低字节）从 A1H 到 FEH，这样就可以组合出 7000 多个简体汉字。在这些编码里，还包括数学符号、罗马或希腊的字母、日文的假名等，还包括 ASCII 表里本来就有编码的数字、标点、字母，都重新编排了 2 字节的编码，称为"全角"字符，而原来使用单字节描述的那些就叫"半角"字符。

（3）Big5 编码

Big5 码是繁体字编码，共收录 13 060 个汉字，每个汉字也由两个字节构成，高字节的范围从 81H～FEH，共 126 种。低字节的范围不连续，分别为 40H～7EH 及 A1H～FEH，共 157 种。例如，在 Big5 的分区中，常用汉字先按笔画再按部首排序，编码范围是 A440H～C67EH。

Big5 虽普及于我国台湾、香港与澳门等地，但长期以来并非当地的标准，而是业界标准。倚天中文系统、Windows 等主要系统的字符集都以 Big5 为基准，但厂商又各自增加不同的造字与造字区，派生成多种不同版本。2003 年，Big5 被收录到 CNS 11643 中文标准交换码的附录当中，取得了较正式的地位。

5. Unicode 编码

如果世界各个国家各搞一套计算机文字的编码，在本地使用没有问题。一旦出现在网络中，由于不兼容，互相访问就会出现乱码现象。这是因为编码系统会相互冲突，也就是说，两种编码可能使用相同的数字代表两个不同的字符，或使用不同的数字代表相同的字符。任何一台特定的计算机（如服务器）都需要支持许多不同的编码，但是，在数据通过不同的编码或平台时，那些数据总会有损坏的危险。

为了解决这个问题，1994 年正式公布了 Unicode 编码（也称统一码、万国码、单一码、标准万国码）。Unicode 编码系统为表达任意语言的任意字符而设计，这是因为它采用 4 字节的二进制数来对每个字母、符号或文字编码，而不是诸如 GB 2312 编码只使用 2 字节的区位码。显然，4 字节编码数量的范围大幅增加，使得每个数字代表唯一的至少在某种语言中使用的符号。这样能确保每个字符对应一个数字，每个数字对应唯一的一个字符，即不存在二义性，不再需要记录"模式"了。

在计算机科学领域中，Unicode 是业界的一种标准，它对世界上大部分的文字系统进行了整理、编码，使得计算机可以用更简单的方式来呈现和处理文字。Unicode 已经广泛地应用于计算机软件的国际化与本地化过程，有很多新科技，如 Java 编程语言及现代的操作系统都采用了 Unicode 编码。

6. 数字代码的表示

计算机不仅要处理二进制数，通常还要处理十进制数，首先要将十进制数用二进制编码表示。二-十进制码（BCD 码）是一种常用的数字代码，它被广泛应用于计算机中，这种编码方法是将每个十进制数用 4 位二进制数表示，从而实现了用二进制数表示十进制数。在计算机中，最常用的 BCD 码是 8421 BCD 码，称为标准 BCD 码，其特点是：每个 BCD 码每位上对应的权值与二进制权值相同，十进制数 0～9 的 BCD 码则为 0000、0001…1001。1010～1111 这 6 种编码不使用。标准 BCD 码只要把每个十进制数用 4 位二进制数表示即可。在书写时，为了与二进制数相区别，在 BCD 码的后面加上 BCD，如 72 写成（01110010）BCD。

习题一

1. 计算题

（1）将下列十进制数分别转换成二进制数及 8421 BCD 数。

① 65.5　　　　　　② 129.25

（2）将下列二进制数分别转换成八进制数及十六进制数。

① 11011010B　　　② 10110101.1011B

（3）将下列八进制数分别转换成二进制数及十六进制数。

① $(126)_8$　　　　② $(326.05)_8$

（4）将下列十六进制数分别转换成二进制数及八进制数。

① $(1A6)_{16}$　　　② $(BD.0F)_{16}$

（5）设字长为 8 位，写出 x、y 的原码、反码和补码。

① $x=-78$　　　　② $y=35$

（6）试用 8 位二进制数写出以下数、字母及控制命令的 ASCII 码。

① B　　　　　② b　　　　　③ CR　　　　　④ NUL

⑤ 8　　　　　⑥ 2　　　　　⑦ d　　　　　⑧ F

（7）使用 16×16 点阵、24×24 点阵、32×32 点阵 3 种方式表示汉字，每种方式表示一个汉字需要多少字节？

（8）存储 1024 个 16×16 点阵的汉字字形码需要的字节数是多少？

（9）存储 512 个 32×32 点阵的汉字字形码需要的字节数是多少？

（10）已知区位码是 2256H，分别求出其国标码和内码？

（11）已知一个汉字的国标码是 6F32H，则其内码是多少？

2. 单选题

（1）下面的微处理器不属于 Intel 32 结构的是（　　）。

A．P5　　　　　B．80386　　　　　C．80486　　　　　D．80286

（2）将计算机分为四代，由中小规模集成电路芯片组成的计算机属于（　　）。

A．第一代　　　B．第二代　　　　C．第三代　　　　D．第四代

（3）世界上第一台计算机于 1946 年 2 月 15 日研制成功，命名为（　　）。

A．电子数字积分计算机（ENIAC）　　　B．第一代计算机

C．电子管计算机　　　　　　　　　　　D．继电器计算机

（4）世界上第一台计算机采用的编程语言是（　　）。

A．BASIC 语言　　B．机器语言　　　C．汇编语言　　　D．高级语言

（5）2001 年开始，我国自主研发通用 CPU 芯片，其中第一款通用的 CPU 是（　　）。

A．龙芯　　　　B．AMD　　　　　C．Intel　　　　　D．酷睿

（6）下列关于世界上第一台计算机的叙述中，错误的是（　　）。

A．世界上第一台计算机于 1946 年在美国诞生

B．此台计算机当时采用了晶体管作为主要元件

C．它被命名为 ENIAC

D．它主要用于弹道计算

（7）从发展上看，计算机将向着（　　）方向发展。

A．系统化和应用化　　　　　　　　　B．网络化和智能化

C．巨型化和微型化　　　　　　　　　D．简单化和低廉化

（8）人们将以（　　）作为硬件基本部件的计算机称为第一代计算机。

A．电子管　　　　　　　　　　　　　B．ROM 和 RAM

C．小规模集成电路　　　　　　　　　D．磁带与磁盘

（9）第三代计算机采用的电子元件是（　　）。

A．晶体管　　　　　　　　　　　　　B．中小规模集成电路

C．大规模集成电路　　　　　　　　　D．电子管

（10）在计算机运行时，把程序和数据一样存放在内存中，这是 1946 年由（　　）领导的研究小组正式提出并论证的。

A．图灵　　　　B．布尔　　　　C．冯·诺依曼　　　　D．爱因斯坦

（11）冯·诺依曼在他的 EDVAC 计算机方案中，提出了两个重要的概念，它们是（　　）。

A．采用二进制和存储程序控制的概念　　B．引入 CPU 和内存储器的概念

C．机器语言和十六进制　　　　　　　　D．ASCII 编码和指令系统

（12）用户通过键盘输入汉字，采用的码是（　　）。

A．汉字编码　　　B．机内码　　　C．汉字输入码　　　D．字形编码

（13）ASCII 码是一种对（　　）进行编码的计算机代码。

A．字符　　　　B．汉字　　　　C．声音　　　　D．图像

（14）在计算机中，为了表示正数和负数，一般最高位为符号位，并用（　　）表示负数。

A．0　　　　　B．1　　　　　C．+　　　　　D．-

（15）ASCII 码是字符编码，这种编码使用了（　　）位二进制位表示一个字符，共计可以表示 128 种字符。

A．6　　　　　B．7　　　　　C．8　　　　　D．9

（16）字母"A"的 ASCII 码所对应的十进制表示是（　　）。

A．56　　　　B．67　　　　C．78　　　　D．65

（17）十进制数"1"的 ASCII 码所对应的十进制表示是（　　）。

A．48　　　　B．49　　　　C．31　　　　D．32

（18）下列最大的数是（　　）。

A．234D　　　B．234O　　　C．234H　　　D．11010010B

（19）下列最小的数是（　　）。

A．$N=2^{0011}\times(-0.1011)$　　　　　　B．$N=2^{0010}\times(-0.1011)$

C．$N=2^{0011}\times 0.1011$　　　　　　　D．$N=2^{0111}\times 0.1011$

（20）下列最大的数是（　　）。

A．$N=2^{0111}\times 0.1011$　　　　　　　B．$N=2^{0010}\times 0.1011$

C．$N=2^{0011}\times 0.1111$　　　　　　　D．$N=2^{0111}\times 0.1010$

（21）设字长为 8 位，原码所能表示的范围是（　　）。

A．-128～+127　　B．-128～+129　　C．-127～+128　　D．-127～+127

（22）设字长为 8 位，反码所能表示的范围是（　　）。

A．-128～+127　　　B．-128～+129　　　C．-127～+127　　　D．-127～+128

（23）设字长为 8 位，补码所能表示的范围是（　　）。

A．-128～+127　　　B．-128～+129　　　C．-127～+127　　　D．-127～+128

（24）将 94 个区的汉字及符号划分为 4 组，56～87 区属于（　　）区。

A．图形符号区　　　　　　　　　　B．一级汉字区
C．二级汉字区　　　　　　　　　　D．用户自定义汉字区

（25）十进制数 126 转换成二进制数是（　　）。

A．1111101　　　　B．1101110　　　　C．1110010　　　　D．1111110

（26）十进制数 32 转换成二进制整数是（　　）。

A．100000　　　　B．100100　　　　C．100010　　　　D．101000

（27）十进制数 57 转换成二进制整数是（　　）。

A．0111001　　　　B．0110101　　　　C．0110011　　　　D．0110111

（28）计算机内部采用的数制是（　　）。

A．十进制　　　　B．二进制　　　　C．八进制　　　　D．十六进制

（29）一个字长为 6 位的无符号二进制数能表示的十进制数值范围是（　　）。

A．0～64　　　　B．1～64　　　　C．1～63　　　　D．0～63

（30）在计算机内部用来传送、存储、加工处理的数据或指令所采用的形式是（　　）。

A．十进制码　　　　B．二进制码　　　　C．八进制码　　　　D．十六进制码

（31）根据汉字国标码 GB 2312—1980 的规定，一级常用汉字的个数是（　　）。

A．3477 个　　　　B．3575 个　　　　C．3755 个　　　　D．7445 个

（32）若已知一汉字的国标码是 5E38H，则其内码是（　　）。

A．DEB8H　　　　B．DE38H　　　　C．5EB8H　　　　D．7E58H

（33）已知某汉字处于 32 区、第 22 位，则其国标码是（　　）。

A．4252DH　　　　B．5242H　　　　C．4036H　　　　D．5524H

（34）根据汉字国标码 GB 2312—1980 的规定，总计有各类符号和一级汉字、二级汉字（　　）。

A．6763 个　　　　B．7445 个　　　　C．3008 个　　　　D．3755 个

（35）根据汉字国标 GB 2312—1980 的规定，一个汉字的内码码长为（　　）。

A．8bit　　　　B．12bit　　　　C．16bit　　　　D．24bit

（36）已知某汉字处于 11 区、第 22 位，则其机内码是（　　）。

A．B152D　　　　B．B6E0H　　　　C．ABB6H　　　　D．2233H

（37）CAD 指的是（　　）。

A．计算机辅助制造　　　　　　　　B．计算机辅助教育
C．计算机集成制造系统　　　　　　D．计算机辅助设计

（38）计算机技术中，下列英文缩写和中文名字的对照，正确的是（　　）。

A．CAD：计算机辅助制造　　　　　B．CAM：计算机辅助教育
C．CIMS：计算机集成制造系统　　　D．CAI：计算机辅助设计

（39）英文缩写 CAM 的中文意思是（　　）。

A．计算机辅助设计　　　　　　　　B．计算机辅助制造
C．计算机辅助教学　　　　　　　　D．计算机辅助管理

（40）办公自动化（OA）是计算机的一大应用领域，按计算机应用的分类，它属于（   ）。
  A．科学计算　　　　B．辅助设计　　　　C．过程控制　　　　D．信息处理
（41）组成计算机指令的两部分是（   ）。
  A．数据和字符　　　　　　　　　　　B．操作码和地址码
  C．运算符和运算数　　　　　　　　　D．运算符和运算结果
（42）一个汉字的 16×16 点阵字形码所占的字节数是（   ）。
  A．16　　　　　　　B．24　　　　　　　C．32　　　　　　　D．40
（43）已知英文字母 m 的 ASCII 码值为 6DH，那么字母 q 的 ASCII 码值是（   ）。
  A．70H　　　　　　B．71H　　　　　　C．72H　　　　　　D．6FH
（44）在标准 ASCII 码表中，英文字母 A 的十进制码值是 65，英文字母 a 的十进制码值是（   ）。
  A．95　　　　　　　B．96　　　　　　　C．97　　　　　　　D．91
（45）在微机中，1GB 等于（   ）。
  A．1024×1024 Byte　　　　　　　　　B．1024 KB
  C．1024 MB　　　　　　　　　　　　D．1000 MB
（46）在计算机中，信息的最小单位是（   ）。
  A．bit　　　　　　　B．Byte　　　　　　C．Word　　　　　　D．Double Word
（47）Pentium 4/1.7G 中的 1.7G 表示（   ）。
  A．CPU 的运算速度为 1.7GMIPS
  B．CPU 为 Pentium4 的 1.7GB 系列
  C．CPU 的时钟主频为 1.7GHz
  D．CPU 与内存间的数据交换频率为 1.7GB/s
（48）1MB 的准确值是（   ）。
  A．1024×1024 Byte　　　　　　　　　B．1024 KB
  C．1024 GB　　　　　　　　　　　　D．1000×1000 KB

3．简答题
（1）世界上公认的第一台电子计算机诞生在哪一年？它的名字是什么？主要用在哪些方面？
（2）何谓多核（Multi-core）处理器？其特点是什么？
（3）第一代与第三代计算机采用的电子元件分别是什么？
（4）Intel 酷睿处理器的主要综合参数有哪些？
（5）我国研制的超级计算机有哪些？
（6）按用途分类，计算机可以分为哪两类？
（7）根据计算机的综合性能指标，结合计算机应用领域的分布可以将其分为几大类？
（8）为什么计算机中的数采用二进制数？
（9）既然计算机采用二进制数，为什么还要讨论十六进制数呢？
（10）Intel 酷睿 i5 4690 处理器是 Intel 酷睿的第几代产品？
（11）如何从 Intel 酷睿 i3 系列、i5 系列、i7 系列处理器的型号中识别出是 Intel 酷睿的第几代产品？
（12）Intel 酷睿 i3 系列、i5 系列、i7 系列处理器从内部结构上看，相互之间的主要区别是

什么？

（13）整台"神威·太湖之光"共有多少块"申威26010"处理器？

（14）管理信息系统属于计算机在哪方面的应用？

（15）计算机辅助技术包括CAD、CAM和CAI等，其中文意思分别是什么？

第 2 章

微型计算机系统的基本组成

本章主要内容
- 微型计算机硬件系统的基本组成。
- 微型计算机软件系统的基本组成,包括系统软件、应用软件及程序设计语言的概念。
- 典型微型计算机系统主板的介绍。
- 多媒体计算机系统的初步知识。

本章对当前应用非常普及的微型计算机(也称微机)系统的组成进行讨论。通过对本章的学习,读者应该掌握微型计算机系统的硬件基本结构及软件的概念,熟悉多媒体计算机的组成。

2.1 微型计算机硬件系统

2.1.1 微型计算机硬件系统的基本组成

冯·诺依曼体系结构计算机的硬件系统包括 5 大部件:输入设备、运算器、控制器、存储器及输出设备。当代微型计算机硬件系统也遵循冯·诺依曼体系结构,其基本组成分为:CPU(包括运算器和控制器)、存储器(ROM 和 RAM)、常用的输入和输出设备及其接口电路,如图 2-1 所示。

1. 微处理器

微处理器(Microprocessor)简称 μP、MP 或 MPU(Microprocessing Unit)。MPU 是采用大规模和超大规模集成电路技术将算术逻辑部件 ALU(Arithmetic Logic Unit)、控制部件 CU(Control Unit)和寄存器组 R(Registers)三个基本部分及内部总线集成在一块半导体芯片上构成的电子器件,它包含了组成中央处理单元 CPU(Central Processor Unit)的主要部件运算器和控制器,因此又称为 CPU。微处理器是微型计算机的核心部件,它的性能决定了整个微型计算机的各项关键指标。

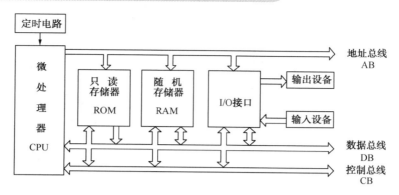

图 2-1　微型计算机硬件系统的基本组成

随着超大规模集成电路技术和计算机技术的发展，微处理器内部包含了极其复杂的管理部件及多级高速缓冲存储器等，其功能不断增加，运行速度提高，性能大幅提升。

2．存储器

微机主板上的存储器是用于存放程序与数据的半导体器件，称为半导体存储器。按读写方式分，存储器可分为 RAM 和 ROM。

RAM（Random Access Memory）称为随机存取存储器（读/写存储器），也称内存，在工作过程中，CPU 根据需要可以随时对其内容进行读出或写入操作。RAM 是易失性存储器，即断电后 RAM 中存储的信息会全部丢失，因而只能存放暂时性的程序和数据。RAM 分为静态存储器 SRAM 和动态存储器 DRAM。SRAM 的存取速度比 DRAM 快，而 SRAM 的集成度比 DRAM 低。在微机中，前者用作高速缓冲存储器，后者制作成大容量的内存条。

内存用来存放操作系统、应用程序、用户程序及各种临时文档、数据等，可以存储当前正在执行的程序和处理的数据等。

ROM（Read Only Memory）称为只读存储器，在特定的条件下才能将程序代码或数据表写入 ROM 中。一旦写入，ROM 中存储的内容就只能读出，不能使用写 RAM 的方式随意写入新的信息，断电后 ROM 中所存储的信息仍能保留不变，它是非易失性存储器。所以 ROM 常用来存放永久性的程序和数据，如初始导引程序、监控程序、操作系统中的基本输入/输出管理程序 BIOS 等。

3．输入/输出（I/O）接口和设备

I/O 接口（Interface）是 CPU 与 I/O 设备之间的连接电路，是外设连通微处理器的必经之路。输入设备有键盘（控制台）、扫描仪等，输出设备有打印机、显示器、音响等。不同的 I/O 设备有不同的 I/O 接口电路。例如，显示器有 AGP 图形加速卡作为接口，键盘有键盘接口电路等。

4．总线

这里指的总线（BUS）包括地址总线、数据总线和控制总线 3 种。总线将多个功能部件连接起来，并提供传送信息的公共通道，能由多个功能部件分时共享，总线上能同时传送二进制信息的位数称为总线的宽度。

CPU 通过 3 种总线连接存储器和 I/O 接口。

（1）地址总线 AB（Address Bus）。CPU 利用地址总线发出地址信息，用于对存储器和 I/O 接口进行寻址。

（2）数据总线 DB（Data Bus）。数据总线是 CPU 和存储器、CPU 和 I/O 接口之间传送信息的数据通路，数据总线为双向传输总线，可由 CPU 传输信息给存储器或 I/O 接口，或者反方向传输。数据总线的宽度越宽，CPU 传输数据的速度越快。

（3）控制总线 CB（Control Bus）。CPU 的控制总线按照传输方向分为两种：一种是由 CPU 发出控制信号，用以对其他部件进行读控制、写控制等；另一种是由其他部件发向 CPU 的，实现对 CPU 的控制。在两种方向的控制信号中前者多于后者。

2.1.2 微型计算机系统的主板

从基本结构上看，微型计算机由 CPU、存储器、输入接口和输出接口及总线组成，也称为主板或系统板。微型计算机系统则由系统板、显示器、键盘、外存储器等外部设备及软件系统等组成。

通常所说的主板的板型，是指主板上各元器件的布局排列方式，主板的板型分为 AT、Baby-AT、ATX、Micro ATX、LPX、NLX、Flex ATX、EATX、WATX 及 BTX 等结构。

其中，AT 和 Baby-AT 是多年前的老主板结构。

ATX 是改进型的 AT 主板，对主板上元件布局进行了优化，有更好的散热性和集成度，目前市场上最常见的主板结构中，扩展插槽较多，PCI 插槽数量在 4～6 个，大多数主板都采用 ATX 结构。

Micro ATX 又称 Mini ATX（M-ATX），是 ATX 结构的简化版，就是常说的"小板"，扩展插槽较少，PCI 插槽数量在 3 个或 3 个以下，多用于品牌机并配备小型机箱。

LPX、NLX、Flex ATX 则是 ATX 的变种，多见于国外的品牌机。

EATX 和 WATX 常用于服务器/工作站主板。

BTX 是 ATX 主板的改进型，它使用窄板（Low-profile）设计，使部件布局更加紧凑。针对机箱内外气流的运动特性，对主板的布局进行了优化设计，使计算机的散热性能和效率更高，噪声更小，主板的安装拆卸也变得更加方便。最新一代 BTX 主板，在一开始就制定了 3 种结构规格，分别是 BTX、Micro BTX 和 Pico BTX，3 种 BTX 的宽度都相同，都是 266.7mm，不同之处在于主板的大小和扩展性。

一体化主板集成了声音、显示等多种电路，一般不需再插扩展卡，具有高集成度和节省空间的优点，但有维修不便和升级困难的缺点，在原装品牌机中采用较多。

主板是一种很复杂的印制电路板，实际上是由几层树脂材料黏合在一起，采用铜箔走线作为连接线而成的。印制电路板分为 4～8 层，中间一般有两层，分别是接地层和电源层。

主板提供了一个平台，将计算机众多的组件连接成一个整体。微处理器（CPU）就像大脑一样负责计算机系统所有的运算、处理及控制工作，而主板就像脊椎一样，连接内存储器、外存储器、扩充卡、键盘、显示器、鼠标及打印机等，以便 CPU 指挥与控制全机有条不紊地工作。

下面以 M-ATX 主板为例介绍，参见图 2-2，把它的构成分成 9 个部分来逐一理解。

1. CPU 插座

CPU 需要通过某个接口与主板连接后才能进行工作。CPU 经过这么多年的发展，采用的接口方式有引脚式、卡式、触点式、针脚式等。而目前 CPU 的接口一般都是针脚式接口，Socket 针脚类型流行至今，如图 2-3 所示。不同的主机板通常有不同的 CPU 插槽造型，以支持不同的 CPU，不同类型的 CPU 具有不同的 CPU 插槽，因此选择 CPU 就必须选择带有与之相对应的插槽类型的主板。

图 2-3 中位于 CPU 左上方有一个八孔的插座,用于对 CPU 的供电。值得注意的是 CPU 的工作电压必须稳定可靠,在主板上,一般用高质量的电容配合电感共同来完成对电源的滤波,见图 2-3 中 CPU 插座上面和右边的圆柱形电容。

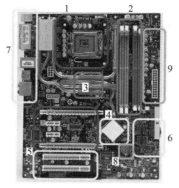

图 2-2　常用的 M-ATX 结构主板　　　　图 2-3　CPU 插座图

2. 内存储器插槽

如图 2-4 所示,内存储器插槽紧邻着主板上的 CPU 和北桥,是主板上用来安装内存条的地方,这长条状的插槽一般有 2～4 条,本主板上有 4 条内存插槽,靠近处有用于电源滤波的电容和电感。

图 2-4　内存储器插槽

需要注意的是,不同类型的内存插槽,它们的引脚、电压、性能及功能都是不尽相同的,不同的内存条在不同的内存插槽上不能互相兼容。

内存条属于同步动态随机存储器(Synchronous Dynamic Random Access Memory,SDRAM),采用 3.3V 工作电压,168pin 的 DIMM 接口,带宽为 64 位,有 PC66、PC100、PC133 等不同规格,SDRAM 内存金手指上有用于定位的两个缺口。

DDR(双倍数据速率)应该叫 DDR SDRAM,是 Double Data Rate SDRAM 的缩写,供电电压为 2.5V,184pin,内存金手指有一个缺口。

DDR2(Double Data Rate 2)是由 JEDEC(电子设备工程联合委员会)开发的新生代内存技术标准,是目前主流内存类型,供电电压 1.8V,针脚数量为 240pin,虽然和 DDR 金手指同样有一个缺口,但两者缺口的位置略有不同,所以不可兼容。

DDR3（Double Data Rate 3）供电电压 1.5V，针脚数量为 240pin。

3．北桥芯片

计算机的芯片组（Chipset）是主板的核心组成部分之一，按照在主板上排列位置的不同，芯片组通常分为北桥芯片和南桥芯片。北桥芯片是主板芯片组中起主导作用的最重要的组成部分，也称为主桥（Host Bridge），一般北桥芯片可以和不同的南桥芯片搭配使用。一般来说，芯片组的名称就是以北桥芯片的名称来命名的，如英特尔 965P 芯片组的北桥芯片是 82965P，975P 芯片组的北桥芯片是 82975P 等。北桥芯片负责与 CPU 的联系并控制内存、AGP，PCI-E 数据在北桥内部传输，提供对 CPU 的类型和主频、系统的前端总线频率、内存的类型（SDRAM，DDR，DDR2 及 DDR3 等）和最大容量、AGP 插槽、PCI-E 插槽、ECC 纠错等的支持，整合型芯片组的北桥芯片还集成了显示核心。

北桥芯片（North Bridge）通常在主板上靠近 CPU 插槽的位置，这主要是考虑到北桥芯片与处理器之间的通信最密切，为了提高通信性能而缩短传输距离。因为北桥芯片的数据处理量非常大，发热量也越来越大，所以，北桥芯片都覆盖着散热片，用来加强对北桥芯片的散热，有些主板的北桥芯片还会配合风扇进行散热。注意，在图 2-5 中，已经将散热片从正方形的北桥芯片上面拆下。

图 2-5　北桥芯片

前端总线（Front Side Bus）是将 CPU 连接到北桥芯片的总线。CPU 通过前端总线连接到北桥芯片，进而通过北桥芯片和内存、显卡等交换数据。

前端总线是 CPU 和外界交换数据的最主要通道，因此前端总线的数据传输能力对计算机整体性能作用很大，如果没有足够快的前端总线，再强的 CPU 也不能明显提高计算机整体运算速度。数据传输最大带宽取决于所有同时传输的数据的宽度和传输频率，即数据带宽=总线频率×（数据位宽÷8）。目前 PC 上较高的前端总线频率有 1066MHz、1333MHz、1600MHz、2000MHz 几种，前端总线频率越大，代表着 CPU 与北桥芯片之间的数据传输能力越大，更能充分发挥出 CPU 的功能。

4．南桥芯片

南桥芯片（South Bridge）也是主板芯片组的重要组成部分，主板上的大多功能都是通过南桥芯片来实现的。南桥芯片主要用来与 I/O 设备及 ISA 设备相连，并负责管理中断及 DMA 通道，让设备工作得更顺畅，其提供对 KBC（键盘控制器）、网络、RTC（实时时钟控制器）、USB（通用串行总线）和 ACPI（高级能源管理）等的支持。

南桥芯片如图 2-6 所示，图中已将散热片从正方形的南桥芯片上拆下。

这里所介绍的主板档次比较高，不仅南桥芯片、北桥芯片都加有散热片，而且将南桥芯片、北桥芯片及 CPU 旁边的稳压线路全部连在一起做散热，具有美观的造型，如图 2-7 所示。

图 2-6　南桥芯片　　　　　　　　　　　图 2-7　散热造型

5．扩充卡插槽

扩充卡插槽包括 PCI 插槽和 PCI 扩充插槽（PCI-Express）两种，如图 2-8 所示。PCI 扩充插槽比 PCI 插槽传输的信号线稍有增加，因此，外观上稍长。

PCI 插槽是基于 PCI 局部总线（Pedpherd Component Interconnect，周边元件扩展接口）的扩展插槽。其位宽为 32 位或 64 位，工作频率为 33MHz，最大数据传输速率为 133MB/s（32 位）和 266MB/s（64 位），可插接显卡、声卡、网卡、USB2.0 卡、IEEE 1394 卡、IDE 接口卡、RAID 卡、电视卡、视频采集卡及 MODEM 等，为计算机扩充的许多种外部设备提供了标准化的传输接口。

在图 2-9 中，网卡插在 PCI 插槽，显卡插在 PCI 扩充插槽。

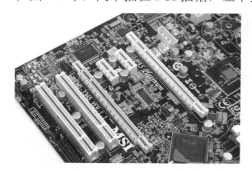 

图 2-8　两种扩充卡插槽　　　　　　　　图 2-9　两种扩充卡插槽的应用

6．硬盘、光驱插槽（SATA、IDE 接口）

图 2-10 中有四个短一些的插槽，其中一个接有扁平导线，它是 SATA 接口，主板边上接有扁平导线，比 SATA 接口宽的称为 IDE 接口（或称 PATA 接口），它们都是可以连接硬盘和光驱的。

现在，硬盘几乎全部连接在 SATA 接口，IDE 接口通常只有光驱在使用了，SATA 接口比 IDE 接口连线的插拔方便得多。

7．外部接口

如图 2-11 所示，主板的外部接口都集成在主板的后半部。主板按照统一的规范，用不同的颜色区别不同的接口，左边有两个圆形的 PS/2 接口，用于插旧的键盘和鼠标，键盘接口一般为蓝色的，鼠标接口一般为绿色的。6 个扁平状的 USB 接口都可以用来与键盘、鼠标、U 盘、打印机等 USB 接口的外设直接相连。网络插座直接与网线连接。eSATA 用于连接外部硬盘，右边 6 个插孔是音频输入和输出端。

IEEE 1394 接口具有良好的物理特性和高速数据传输能力，非常适合数字视音频数据传输。通过 IEEE 1394 创建高速局域网络，能够进行声音、图像信息的实时传送。

图 2-10　硬盘、光驱插槽

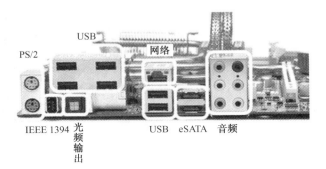

图 2-11　主板的外部接口

8. BIOS 及电池

BIOS（Basic Input/Output System，基本输入/输出系统）是一组能直接与硬件打交道的程序，为计算机提供最直接的硬件控制与支持，计算机开机后能启动计算机并对计算机的基本输入/输出功能进行自检与诊断，待该程序执行完毕且计算机的硬件系统正常后，BIOS 把计算机引导给操作系统管理计算机。

由于半导体技术的发展，现在的 ROM BIOS 多采用 Flash ROM（闪烁只读存储器），它是一种在线可擦可编程的只读存储器，通过刷新程序，可以对本机的 Flash ROM 进行重写，方便地实现 BIOS 升级。

主板中的 Flash ROM 集成块如图 2-12 所示。Flash ROM 集成块既有断电后能保护程序的 ROM 特性，又有随机存取存储器 RAM 的在线写入特点，是一种先进的存储 BIOS 的集成芯片。

除此以外，在 BIOS 芯片附近一般还有一块可充电的电池，它为 BIOS 提供了启动时需要的电源，如图 2-13 所示。

图 2-12　Flash ROM 集成块

图 2-13　Flash ROM 集成块的可充电电池

9. 电源输入（ATX Power Connector）

由计算机的电源模块将 220V 的交流电转变成几组稳定的低压直流电，主板上提供了低压直流电源的输入插槽，如图 2-14 所示。从图中可以看到，一扎来自电源模块的几组直流电源线插在电源插槽中，在电源插槽相邻的地方排列有用于对直流电滤波的电容和电感，以确保主板用电的稳定性。

图 2-14　电源输入插槽

2.2　微型计算机软件系统

2.2.1　系统软件和应用软件

计算机软件（Software）一般包括系统软件和应用软件。

图 2-15　用户、软件及硬件的关系示意图

系统软件为计算机使用提供最基本的功能，但是并不针对某一特定应用领域。应用软件则恰好相反，不同的应用软件根据用户和所服务的领域提供不同的功能。

用户、软件及硬件的关系示意图如图 2-15 所示。软件是用户与硬件之间的接口，用户主要通过软件与计算机进行交流。为了方便用户，使计算机系统具有较高的总体效用，在设计计算机系统时，必须考虑软件与硬件的结合，以及用户的要求和软件的要求。

1. 系统软件

系统软件是用于控制、管理及维护计算机资源的软件。系统软件主要包括操作系统、数据库管理系统、设备驱动程序及工具类程序等 5 大类。

（1）操作系统

操作系统（Operating System，OS）是配置在计算机硬件上的第一层软件，是管理计算机全部硬件与软件资源并为用户提供操作界面的系统软件的集合，同时也是计算机系统的内核与基石。操作系统管理与配置内存、决定系统资源供需的优先次序、控制输入与输出设备、进行网络操作与文件管理等，合理组织（控制）计算机的工作流程，以充分发挥计算机资源的效率，为用户提供使用计算机的友好界面。

20 世纪 80 年代，微软公司研发了第一个磁盘操作系统，称为 PC DOS（Diskette Operating System），它是一种单用户的操作系统。随着微机的发展，操作系统得到了不断的提升与更新，操作系统可分为单用户操作系统、多任务操作系统及网络操作系统。

计算机系统的资源可分为设备资源和信息资源两大类。设备资源指的是组成计算机的硬件设备，如中央处理器、主存储器、磁盘存储器、打印机、磁带存储器、显示器、键盘输入设备等。信息资源指的是存放于计算机内的各种数据，如文件、程序库、知识库、系统软件和应用软件等。

操作系统的形态与版本多样，不同计算机安装的操作系统可从简单到复杂，包括从手机的嵌入式系统到超级计算机的大型操作系统。例如，微软 Windows XP、Windows 7、Windows 8、Windows 10、苹果 OS X Yosemite、Linux Desktop、UNIX 等。

（2）数据库管理系统

"数据库"就是为了实现一定的目的按某种规则组织起来的"数据"的"集合"。数据库管理系统是用户与数据库之间的接口，它为用户提供了完整的操作命令。例如，如何建立、修改和查询数据库中的信息，如何对数据库中的信息进行统计和排序等处理。数据库管理系统是对数据库进行有效管理和操作的一种系统软件。当前微机中比较流行的数据库管理系统有 FoxPro、Oracle、SQL Server 等。

（3）设备驱动程序

在微型计算机系统中，外部设备有键盘、打印机、图形显示器及网络等。计算机如何对这些外部设备进行输入、输出操作呢？那就需要设备驱动程序，设备驱动程序是操作系统中用于控制特定设备的软件组件，只有安装并配置了设备驱动程序之后，计算机才能使用外部设备。设备驱动程序可以被静态地编译进系统，即当计算机启动时，包含在操作系统中的设备驱动程序被自动加载，供用户随时使用。也可以通过动态内核链接工具"kld"在需要时加载设备驱动程序。

（4）工具类程序

用户借助工具类程序可以方便地使用计算机及对计算机进行维护和管理等，主要的工具类程序有测试程序、诊断程序及编辑程序等。

2. 应用软件

应用软件是为了某种特定的用途而开发的软件及其有关的资料。应用软件必须在系统软件的环境下运行，才能被用户使用。常用的应用软件有文字处理软件、电子表格软件、信息管理软件、绘图与图像处理软件、实时控制软件、网络通信软件及教育与娱乐方面的软件等。

（1）文字处理软件

文字处理软件主要用于输入文字，还可以简单绘图或插入图片文件，对输入的文字和插图进行编辑、排版和打印输出等，典型的文字处理软件有 Word。

（2）电子表格软件

电子表格软件主要用于在计算机上建立用户所需要的各种表格。用户可以十分方便地建立表格及表格中的数据，由电子表格软件自动统计分析数据、绘图及打印输出等。常用的电子表格软件有 Excel。

（3）信息管理软件

信息管理软件是借助数据库管理系统和有关工具软件开发的各种信息管理系统，如人事管理系统、工资管理系统、物质管理系统等。

（4）绘图与图像处理软件

绘图与图像处理软件在工程设计和文化艺术等方面应用十分普遍，相应地可以把它划分为两大类：一类是绘图软件，如辅助设计软件 AutoCAD 被广泛用于机械工程设计，Core IDRAW

被广泛用于建筑、电子线路等方面的绘图及彩色图形处理；另一类是专门用于对图像进行加工处理、制作动画的软件，如 Photoshop 软件等。

（5）实时控制软件

随着计算机控制技术的发展，工业自动控制应用越来越普及，通用的实时控制软件也得到了推广应用，如工控组态软件。

（6）网络通信软件

网络通信软件中的应用软件指网络工具软件，包括网页浏览器、下载工具、电子邮件、网页制作工具等。

（7）媒体工具软件

媒体工具软件可以进行媒体播放、媒体制作、媒体管理等，用于处理音频、视频等信息。

2.2.2 程序设计语言

程序设计语言是用来开发计算机应用软件的编程语言，通常简称为编程语言。

用户选用不同的程序设计语言编写各种应用程序，程序设计语言按发展的先后可分为机器语言、汇编语言和高级语言。与高级语言相比，用机器语言与汇编语言开发的程序，其运行效率高，但开发效率低。高级语言是软件开发者常用的语言，它的发展非常快。

1. 机器语言

机器指令（Machine Instruction）是用二进制数（0 和 1）按照一定的规则所编排的指令。机器指令由操作码和操作数组成，它是面向机器（计算机）的，也称为硬指令。一条机器指令的执行使计算机完成一个特定的操作。每种微处理器都规定了自己所特有的、一定数量的机器指令集，这些指令的集合称为该计算机的指令系统。

由机器指令的有序集合便构成了特定的程序，称为机器语言程序，把这种由二进制代码指令表达的计算机语言称机器语言。

对于机器语言或二进制代码语言，计算机可以直接识别，不需要进行任何翻译，但它编程效率极其低，使用相当不方便，早期在计算机技术十分落后的情况下使用机器语言编程。

2. 汇编语言

汇编语言是对机器语言的一种提升，人们用助记符表示机器指令的操作码，用变量代替操作数的存放地址，还可以在指令前加上标号，用来代表该指令的存放地址等。这种用符号书写的、其主要操作与机器指令基本上一一对应并遵循一定语法规则的计算机语言就是汇编语言（Assembly Language）。用汇编语言书写的程序称为汇编语言源程序。但汇编语言是为了方便程序员编程而设计的一种符号语言，用它编写的汇编语言源程序必须经过（宏）汇编程序汇编，生成目标程序（.OBJ），再经过连接程序连接之后才能生成可执行的程序，最后被计算机识别并执行。

3. 高级语言

高级语言与汇编语言相比，不但将许多相关的机器指令合为单条指令，并且去掉了与具体操作有关但与完成工作无关的细节，如使用堆栈、寄存器等，这样就大大简化了程序中的指令。同时，由于省略了很多细节，编程者也就不需要有太多的专业知识。高级语言主要是相对于汇编语言而言，它并不是特指某一种具体的语言，而是包括了很多编程语言，如 C/C++、VB、C#、Java 等。这些语言的语法、命令格式各不相同。

用高级程序语言所编制的源程序不能直接被计算机识别，高级语言程序必须转换为可执行的程序，其转换方式分为解释类与编译类，目前主要是编译类。编译是指在源程序执行之前，必须将源程序经过编译程序编译，生成可执行的程序。

2.2.3 微型计算机的系统结构

微型计算机系统的基本结构如图2-16所示。硬件包括微型计算机、I/O设备及电源等。微型计算机由微处理器、存储器、I/O接口电路及总线四部分组成。软件由系统软件和应用软件组成。系统软件包括操作系统和一系列系统实用程序，如编辑程序、汇编程序、编译程序、调试程序等。应用软件则是为解决各类问题所编写的应用程序。在系统软件的支持下，微型计算机系统中的硬件功能才能发挥，用户才能方便地使用计算机。

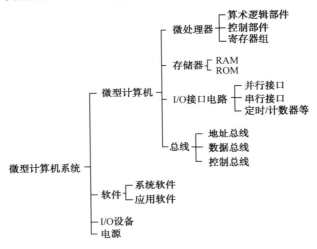

图 2-16 微型计算机系统的基本结构

2.3 多媒体计算机系统的初步知识

2.3.1 多媒体与多媒体技术

1. 多媒体

媒体（media）有两重含义：

第一，指传递信息的载体，如文字、数字、符号、图形、图像、音频、视频、影像及动画等，也称多媒体信息。

第二，指存储信息的实体，如磁盘、光盘、U盘等。

多媒体（Multimedia）是由多种媒体组合而成的。通常，人们将音频、视频、文本、图像、图形及动画的综合体统称为"多媒体"。

多媒体技术是指应用计算机或其他由微处理器控制的终端设备综合处理文本、声音、图形、图像、视频及动画等各种类型媒体信息的技术，通过进行获取、采集、压缩、解压缩、编辑及存储等数字化处理，最后单独或以合成形式加以表现的一体化处理技术。简言之，多媒体技术就是计算机综合处理声音、文字及图形图像信息的技术,具有集成性、交互性、多样性及实时性。

多媒体技术与计算机技术是密切相关的,计算机的数字化和交互式处理能力极大地推动了多媒体技术的快速发展,人们往往把多媒体看成将先进的计算机技术与视频、音频及通信等技术融为一体而形成的新技术或新产品。

2. 多媒体技术的特性

在多媒体技术中,综合处理多媒体信息的三个显著特性是集成性、交互性及多样性。

（1）集成性

集成性包括两个方面：其一是媒体信息的集成,即声音、文字、图像、视频等的集成；其二是显示或表现媒体的设备的集成,即多媒体系统通常不仅包括计算机硬件、相关软件,还包括电视、音响、录像机、激光唱机及投影仪等设备。例如,教师通过不同手段制作了一次科教视频,在多媒体教室播放,要涉及计算机硬件、软件、录像机、输出设备等。

（2）交互性

多媒体的交互性可以为用户提供更加有效、灵活的控制和使用信息的手段,也为多媒体技术的应用开辟了更为广泛的领域。

计算机从数据库中提取所需要的文字、图像、声音等信息,这是多媒体的初级交互式应用,交互性可以延长信息的保留时间,增强用户对信息的关注与理解。交互活动本身也应作为一种媒体加入到信息传递和转换过程,从而使用户可以受益于更多的信息。通过高级的交互活动,用户可以参与信息组织,控制信息的传播,从而使用户研究、学习感兴趣的内容,并获得更新的感受。

（3）多样性

信息载体的多样性是指媒体信息的多样化,也称信息多维化。多媒体信息的多样化不仅是指输入信息和输出信息的多样化,还包括输入信息和输出信息的转换和处理方式的多样化。

2.3.2 多媒体计算技术

1. 多媒体计算技术的定义

多媒体计算技术（Multimedia Computing Technology）的定义是：使用计算机综合处理文本、声音、图形、图像、动画、视频等多种不同类型媒体信息的技术。其实质是通过数字化采集、获取、压缩/解压缩、编辑、存储等加工处理,以单独或合成的形式表现出来的一体化信息处理技术。

2. 多媒体计算技术中的关键技术

多媒体计算机技术中的关键技术主要有如下几个。

由于数字化的图像、声音等媒体的源文件所占计算机存储器的容量很大,所以为了节省存储空间,必须采取压缩技术,对音频、视频、图像等媒体数据进行压缩与解压缩。

多媒体专用芯片能够起到软件硬化的作用,它能快速实现图像的生成、输出显示及音频信号的处理与输出。因此基于超大规模集成电路的多媒体专用芯片技术是多媒体硬件体系结构中的关键技术。

虽然人们对数字化的音频、视频、图像信息进行了压缩处理,但仍然需要相当大的存储容量存放。大容量、低成本存储器的研究,对大量信息的检索,以及多媒体应用的多样化,都是多媒体计算机中的关键问题。

多媒体关键技术还包括多媒体的输入/输出技术及输入/输出设备等。

多媒体系统的软件包括媒体的操作系统、编辑系统、数据库管理系统及多媒体信息的混合与重叠技术软件等。

2.3.3 多媒体计算机系统的层次结构

多媒体计算机系统与一般的计算机系统在结构组成及工作原理上是相同的,其底层是计算机硬件系统,上层则由各层次软件构成。多媒体计算机系统的多媒体特性在计算机的各层次表现得比一般计算机更丰富一些。

多媒体计算机系统的层次结构如图2-17所示。

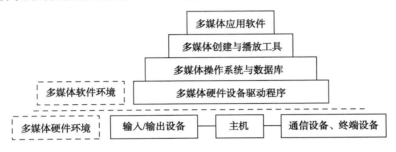

图2-17 多媒体计算机系统的层次结构

多媒体硬件系统主要包括计算机（主机）、各种多媒体功能板卡、多媒体输入/输出设备、多媒体通信设备及多媒体终端设备等。

多媒体软件系统主要包括：多媒体操作系统与多媒体硬件设备驱动程序、多媒体数据库、多媒体创建与播放工具,还有各类多媒体应用软件等。

2.3.4 多媒体计算机的硬件系统

在硬件组成方面,多媒体计算机与一般个人计算机已经没有多大的差别了,主要区别是多媒体计算机要针对信息量大、传输速度快、实时处理等要求,对一般个人计算机的功能进行了相应的扩展。例如,针对视频处理,要配备高速、大容量的硬盘、视频卡及摄像机等,针对图像处理,要配备数码相机、扫描仪及彩色打印机等。

多媒体计算机的基本硬件配置如图2-18所示。注意,图中连接外部设备的箭头分为三种：指向外设的箭头代表该外设是输出设备,离开外设的箭头代表该外设是输入设备,双向箭头则表示既有输入信号又有输出信号传输的设备。

1. 计算机主机

计算机主机由计算机主板、CPU、内存、电源、机箱及各类接口等组成。

2. 外存储器

外存储器容量相对于内存容量要大得多,主要有硬盘、光盘存储器及U盘。

光盘存储器（CD-ROM、CD、VCD、DVD）是光盘和光盘驱动器的统称,光盘是在激光唱盘的基础上发展起来的。它是利用激光与电信号之间的相互转换来进行读/写信息的。光盘与磁盘类似,也按轨道、扇区来记录数据的字节信息,光盘的特点是存储密度高、容量大,长期保存性能好,光盘是多媒体信息的重要载体。

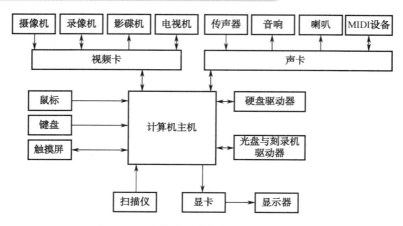

图 2-18　多媒体计算机的基本硬件配置

广义的刻录机是指专业刻录 CD 或 DVD 的设备,计算机中能刻录 CD 和 DVD 的光盘驱动器也叫刻录光驱。

3. 键盘

计算机常用的外部设备主要包括键盘、鼠标、触摸屏、显示器及扫描仪等。

键盘的规格有好几种,但是按功能分,可以大致分为字符键区、数字键区、功能键区和扩展键区。

（1）键盘的分区

- 字符键区：它是键盘中最大的区,由字母键、符号键等组成。标准计算机键盘有 26 个拉丁字母键、10 个数字键及常用符号,它们的排列位置与英文字母的使用频率有关。
- 数字键区：10 个数字键位于键盘的右边。
- 功能键区：包括 F1～F12 共 12 个功能键,其具体功能由操作系统或应用软件来定义,在不同的软件中有不同的定义。
- 扩展键区：这些键主要用于控制显示屏上光标的移动及字符的插入、修改和删除等。

（2）专用键的使用

Esc 是 Escape 的缩写,Esc 键的功能由操作系统或应用程序定义。但在多数情况下均将"Esc"键定义为退出键,返回到上一步状态。

Enter 键是回车键。它是一行字符串输入结束换行或一条命令输入结束的标志。按回车键后,计算机才正式处理所输入的字符或开始执行所输入的命令。

Shift 键是上挡键。键盘上有些键面上有上下两个字符,也称双字符键。当单独按这些键时,则输入下方的字符。若先按住"Shift"键不放,再去按双字符键,则输入上方的字符。

Caps Lock 键是英文字母大小写转换键,它是一个开关键。计算机启动后,按字母键输入的是小写字母。按一次此键,位于键盘右上方的指示灯亮,输入的字母为大写字母。若再按一次此键,指示灯熄灭,输入的字母又是小写字母。

Num Lock 键,数字锁定键,是开关键。按下此键,"Num Lock"键指示灯亮,小键盘区上的双字符键为输入上方数字字符状态,若再按此键,指示灯熄灭,输入的是小键盘区双字符键的下方功能符。

Print/Screen 键,屏幕打印键。当需要把显示在屏幕上的全部信息打印时,在打印机连通状态下,放好打印纸,按下此键,就可实现屏幕打印。

Pause/Break 键，暂停中断键。当程序运行时，按下此键，可暂停当前程序的执行，按下其他任意键，程序又可继续运行。中断功能要和"Ctrl"键组合使用。

Ctrl 键，控制键。它不能单独使用，总是和其他键组合使用。具体的功能由操作系统或应用软件来定义。

Alt 键，切换键。它也不能单独使用，需要和其他键组合使用，组合使用的功能由操作系统或应用软件来定义。

（3）编辑键

下列各键主要在文本编辑中使用，也称编辑键，其他使用场合在此不做介绍。

↑：光标上移键。按下此键，光标上移一行。

↓：光标下移键。按下此键，光标下移一行。

←：光标左移键。按下此键，光标左移一列。

→：光标右移键。按下此键，光标右移一列。

Insert 键是插入键。按下此键，可以在光标之前插入字符。

Delete 键，删除字符键，按下此键，可以把紧接光标之后的字符删除。

Home 键，光标移到行首键，无论光标在本行何处，按下此键，光标立即跳到行首。

End 键，光标跳到行末键。无论光标在本行何处，按下此键，光标会跳到行末。

Page Up 键，上翻页键。当文稿内容较长，超出一屏时，按下此键，可把后面的文稿上翻一页。

Page Down 键，下翻页键。当文稿内容较长，在编辑状态时，按下此键，可把文稿下翻一页。

（4）几个组合控制键

Ctrl+Alt+Delete，热启动键。

Ctrl+Print/Screen，联机打印控制键，也是开关键。同时按下这两个键，可使主机与打印机的打印状态切换为接通或断开。

Ctrl+Pause/Break，中断键。按下此快捷键，可结束当前程序的运行。

4．鼠标

可按以下几种方式对鼠标分类。

（1）按鼠标与微机接口连接的方式分，可分为 RS-232 串口鼠标、PS2 接口鼠标、USB 接口鼠标 3 种。

（2）按鼠标的组成结构分，可分为机械式鼠标和光电鼠标。机械式鼠标与光电鼠标最大的不同之处在于其定位方式不同。

（3）按其外观分，可分为两键鼠标、三键鼠标及多键鼠标。

各类鼠标的操作和使用方法基本相同，目前使用较多的是三键鼠标。使用三键鼠标时，一般用食指和无名指分别控制鼠标的左键和右键，用中指控制鼠标的滚轮，鼠标的基本操作分为单击、右键单击、双击及拖动 4 种。

5．视频卡及其外设

计算机主机可以通过视频卡外接录像机、影碟机、摄像机等。

6．声卡及音响设备

计算机主机通过声卡可以外接话筒、喇叭或耳机、电子乐器接口（MIDI）及游戏杆接口等。

2.3.5 多媒体计算机的软件系统

1. 多媒体设备驱动程序

多媒体设备驱动程序是连接计算机操作系统和多媒体硬件设备的桥梁,它支持 Windows 等操作系统与系统中的硬件设备进行通信,可以实现对设备的初始化、控制、基于硬件的压缩/解压缩、图像快速变换等。例如,多媒体音频设备驱动程序、多媒体网关音频控制器驱动程序可以使操作系统正常播放声音,并且充分利用声卡的高级功能。

2. 多媒体操作系统

多媒体操作系统是多媒体系统的核心,多媒体的各种软件都运行于多媒体操作系统平台上。

3. 多媒体创作工具与制作软件

主要有多媒体图像制作软件 Photoshop、多媒体应用系统创作工具 Authorware、多媒体网页制作软件 Flash 等。

多媒体创作工具按其功能分,可分为多媒体素材制作工具和多媒体应用系统创作工具两大类。

(1) 多媒体素材制作工具

多媒体素材制作工具包括专门的图像处理软件、音频处理软件、视频处理软件、动画制作软件等。

这一层次的软件是为多媒体应用程序进行数据准备的程序,包括多媒体数据采集软件、数字化音频的录制、编辑软件、动画生成与编辑软件等。

(2) 多媒体应用系统创作工具

多媒体应用系统创作工具和开发环境主要用于编辑生成特定领域的多媒体应用软件,是在多媒体操作系统上进行开发的软件工具,有的是脚本语言及解释系统。多媒体开发环境有两种模式:一种是以集成化平台为核心,辅以各种制作工具的工程化开发环境;另一种是以编程语言为核心,辅以各种工具和数据库的开发环境。

4. 多媒体应用软件

多媒体应用软件是在多媒体创作平台上设计开发的面向应用领域的软件系统,通常由应用领域的专家和开发人员共同协作完成。

利用开发平台和创作工具制作和组织各种多媒体素材,生成最终的多媒体应用程序,并成为多媒体产品如教学培训系统、音像俱全的电子出版物等,以磁盘或光盘产品的形式推向市场。

2.3.6 多媒体播放软件

1. 视频播放软件——暴风影音

"暴风影音"是一款全能的媒体播放器,全面支持目前各种流行的影音文件和流媒体格式。使用"暴风影音"播放视频文件的具体操作如下。

(1) 启动"暴风影音",显示如图 2-19 所示的主界面。

(2) 单击界面正中的"打开文件"命令(或左下角处第二个图标),弹出一个对话框,从弹出的对话框中选择本机中的视频文件,如从本机的"暴风影音库"中选中某一个视频文件播放(见图 2-20)。

图 2-19 "暴风影音"主界面

图 2-20 "打开"对话框

(3) 从当前"影视列表"中选择某一系列的视频播放,如从"热门电影"中找出某一电影播放。

(4)"暴风影音"开始播放所选的文件。在主界面的下方有播放工具按钮,如图 2-21 所示。通过这些按钮可以控制影片的播放及设置。按钮的功能从左到右依次为"工具箱"、"选择播放的视频文件"、"静音/开关/音量控制"、"播放与暂停"等。

图 2-21 播放工具按钮

2. 音频播放软件——千千静听

"千千静听"是一款专业音频播放软件,它包含了播放、音效、歌词、转换等多种功能,支持 MP3、WMA、WAVE、APE、MPC、CD、RM、AU、AAC/AAC+、AIFF、M4A/MP4 等多种音频格式及 MIDI 音乐。

使用"千千静听"播放音乐文件的具体操作如下。

(1) 启动"千千静听",显示如图 2-22 所示的播放主窗口界面。

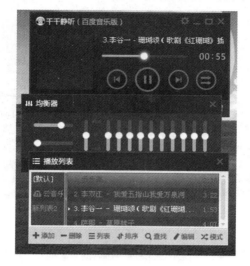

图 2-22　播放主窗口

(2) 添加功能：在"播放列表"中选择"添加"→"文件"命令,弹出对话框,选择要播放的音乐文件,单击"打开"按钮,所选音乐被添加到播放列表中。

(3) 播放功能：在播放列表中双击音乐文件名可播放该音乐文件。通过主窗口上部的播放工具按钮可以控制播放,从左至右是"选前一首播放"、"播放与暂停"、"选后一首播放"、"播放的模式",单击"播放的模式"按钮,下拉菜单有"单曲播放"、"单曲循环"、"顺序播放"、"循环播放"等,右下角的"模式"按钮也具有该功能。

习题二

1. 单选题

(1) 多媒体技术的三个显著特性是（　　）。

A. 视频、声音、图像　　　　　　　　B. 视频、图形、图像

C. 集成性、交互性、压缩性　　　　　D. 集成性、交互性、多样性

(2) 多媒体信息不包括（　　）。

A. 音频、视频　　B. 声卡、光盘　　C. 影像、动画　　D. 文字、图形

(3) 下列叙述中,正确的是（　　）。

A. 用高级语言编写的程序称为源程序

B. 计算机能直接识别、执行用汇编语言编写的程序

C. 机器语言编写的程序执行效率最低

D. 不同型号的 CPU 具有相同的机器语言

(4) 计算机的硬件主要包括（　　）。

A. 中央处理器（CPU）、存储器、输出设备和键盘

B．鼠标

C．输入设备

D．显示器

（5）下列各组软件中，完全属于应用软件的一组是（　　）。

A．UNIX、WPS Office 2003、MS-DOS

B．AutoCAD、Photoshop、PowerPoint 2000

C．Oracle、Fortran 编译系统、系统诊断程序

D．物流管理程序、Sybase、Windows 2000

（6）下列说法中，正确的是（　　）。

A．硬盘的容量远大于内存的容量

B．硬盘的盘片是可以随时更换的

C．优盘的容量远大于硬盘的容量

D．硬盘安装在机箱内，它是主机的组成部分

（7）用于汉字信息处理系统或与通信系统进行信息交换的汉字代码是（　　）。

A．国标码　　　　　B．存储码　　　　　C．机外码　　　　　D．字形码

（8）下列各系统不属于多媒体的是（　　）。

A．文字处理系统　　　　　　　　　　B．具有编辑和播放功能的开发系统

C．以播放为主的教育系统　　　　　　D．家用多媒体系统

（9）下列各存储器中，存取速度最快的是（　　）。

A．CD-ROM　　　　B．内存储器　　　　C．软盘　　　　　　D．硬盘

（10）下列不属于微型计算机的应用软件是（　　）。

A．电子表格软件　　　　　　　　　　B．绘图与图像处理软件

C．信息管理软件　　　　　　　　　　D．操作系统

（11）下列各类计算机程序语言中，不属于高级程序设计语言的是（　　）。

A．Visual Basic　　　B．Fortran 语言　　　C．Pascal 语言　　　D．汇编语言

（12）以下表示随机存储器的是（　　）。

A．RAM　　　　　　B．ROM　　　　　　C．FLOPPY　　　　D．CD.ROM

（13）DVD-ROM 属于（　　）。

A．大容量可读可写外部存储器　　　　B．大容量只读外部存储器

C．CPU 可直接存取的存储器　　　　　D．只读内存储器

（14）在微机系统的下列存储器中，读/写访问速度最快的存储器是（　　）。

A．U 盘　　　　　　B．光盘　　　　　　C．内存　　　　　　D．硬盘

（15）在微机系统的下列存储器中，存储容量最大的存储器是（　　）。

A．内存　　　　　　B．光盘　　　　　　C．U 盘　　　　　　D．硬盘

（16）用高级程序设计语言编写的程序（　　）。

A．具有良好的可读性和可移植性　　　B．计算机能直接执行

C．执行效率高但可读性差　　　　　　D．依赖于具体机器，可移植性差

（17）下列叙述中，正确的是（　　）。

A．机器语言编写的程序执行效率最低

B．计算机能直接识别、执行用汇编语言编写的程序

C．用高级语言编写的程序称为源程序

D．不同型号的 CPU 具有相同的机器语言

（18）下列各组软件中，全部属于应用软件的是（　　）。

A．程序语言处理程序、操作系统、数据库管理系统

B．文字处理程序、编辑程序、UNIX 操作系统

C．Word 2000、Photoshop、Windows 98

D．财务处理软件、金融软件、WPS Office 2003

（19）下列软件中，属于系统软件的是（　　）。

A．Excel 2000　　　　B．C++编译程序　　　C．学籍管理系统　　　D．财务管理系统

（20）将高级语言编写的程序翻译成机器语言程序，采用的两种翻译方式是（　　）。

A．编译和汇编　　　　B．编译和解释　　　　C．编译和连接　　　　D．解释和汇编

（21）计算机操作系统的主要功能是（　　）。

A．对汇编语言程序进行翻译

B．对源程序进行翻译

C．对用户数据文件进行管理

D．对计算机的所有资源进行控制和管理，为用户使用计算机提供方便

（22）计算机的操作系统是（　　）。

A．计算机系统软件的核心　　　　　　　　　B．计算机中使用最广的应用软件

C．微机的专用软件　　　　　　　　　　　　D．微机的通用软件

（23）操作系统中的文件管理系统为用户提供的功能是（　　）。

A．按文件名管理文件　　　　　　　　　　　B．按文件作者存取文件

C．按文件创建日期存取文件　　　　　　　　D．按文件大小存取文件

（24）计算机操作系统通常具有的 5 大功能是（　　）。

A．CPU 管理、显示器管理、键盘管理、打印机管理和鼠标器管理

B．硬盘管理、软盘驱动器管理、CPU 管理、显示器管理和键盘管理

C．CPU 管理、存储管理、文件管理、设备管理和作业管理

D．启动、打印、显示、文件存取和关机

（25）操作系统对磁盘进行读/写操作的单位是（　　）。

A．磁道　　　　　　　B．字节　　　　　　　C．KB　　　　　　　　D．扇区

（26）在外部设备中，扫描仪属于（　　）。

A．输出设备　　　　　B．存储设备　　　　　C．特殊设备　　　　　D．输入设备

（27）一个完整计算机系统的组成部分应该是（　　）。

A．主机、键盘和显示器　　　　　　　　　　B．系统软件和应用软件

C．硬件系统和软件系统　　　　　　　　　　D．主机和它的外部设备

（28）在计算机中，每个存储单元都有一个连续的编号，此编号称为（　　）。

A．序号　　　　　　　B．住址　　　　　　　C．位置　　　　　　　D．地址

（29）下列各系统不属于多媒体的是（　　）。

A．家用多媒体系统　　　　　　　　　　　　B．具有编辑和播放视频功能的开发系统

C．以播放为主的教育系统　　　　　　　　　D．文字处理系统

（30）计算机软件系统包括（　　）。

A．程序、数据和相应的文档　　　　　　B．编译系统和办公软件
C．数据库管理系统和数据库　　　　　　D．系统软件和应用软件

（31）下列各存储器中，存取速度最快的一种是（　　）。
A．硬盘　　　　　　　　　　　　　　　B．动态 RAM（DRAM）
C．CD-ROM　　　　　　　　　　　　　D．Cache

（32）USB 1.1 和 USB 2.0 的区别之一在于传输速率不同，USB 1.1 的传输速率是（　　）bit/s。
A．150k　　　　　B．12M　　　　　C．480M　　　　　D．48M

（33）多媒体信息不包括（　　）。
A．声卡、光盘　　　B．音频、视频　　　C．影像、动画　　　D．文字、图形

（34）Cache 的中文译名是（　　）。
A．只读存储器　　　　　　　　　　　　B．高速缓冲存储器
C．缓冲器　　　　　　　　　　　　　　D．可编程只读存储器

（35）计算机存储器中，组成一个字节的二进制位数是（　　）。
A．8　　　　　　　B．4　　　　　　　C．16　　　　　　D．32

（36）CPU 中，除了内部总线和必要的寄存器外，主要的两大部件分别是运算器和（　　）。
A．存储器　　　　　B．控制器　　　　　C．Cache　　　　　D．编辑器

（37）组成计算机指令的两部分是（　　）。
A．操作码和地址码　　　　　　　　　　B．数据和字符
C．运算符和运算数　　　　　　　　　　D．运算符和运算结果

（38）1KB 的准确数值是（　　）。
A．1000Byte　　　　B．1024Byte　　　　C．1024bit　　　　D．1000bit

2．简答题

（1）根据冯·诺依曼计算机的设计思想，计算机由哪 5 部分组成？
（2）微处理器通过哪 3 种总线与存储器、输入/输出接口相连？
（3）什么叫 ATX 主板？
（4）什么叫 BTX 主板？
（5）从基本结构上看，微型计算机由哪几部分组成？
（6）微型计算机系统通常由哪些部分组成？
（7）在主板上，北桥芯片的主要功能有哪些？
（8）在主板上，南桥芯片的主要功能有哪些？
（9）什么叫前端总线？
（10）计算机软件系统由哪两大部分组成？
（11）微型计算机的系统软件主要包括哪些软件？
（12）微型计算机的应用软件主要包括哪些软件？
（13）解释"多媒体"的含义。
（14）媒体有哪两重含义？
（15）什么叫多媒体应用软件？
（16）多媒体计算机是指能处理多种媒体信息的计算机吗？
（17）音频播放软件"千千静听"是一款专业音频播放软件，它包含了播放、音效、歌词、转换等多种功能，它支持哪些音频格式？
（18）磁盘驱动器既可作为输入设备又可作为输出设备吗？

第3章 Windows 7 操作系统

本章主要内容
- 操作系统概述。
- 熟悉 Windows 7 桌面的组成。
- 了解账户、日期、屏幕、桌面图标及桌面图标的设置方法。
- 熟悉软件管理，熟悉窗口的基本操作。
- 熟悉文件和文件夹的基本操作。

3.1 操作系统概述

3.1.1 操作系统的定义

操作系统是计算机系统中不可缺少的系统软件，是用户与计算机硬件之间的接口，用户通过操作系统来管理和使用计算机中的各种软/硬件。

操作系统合理组织计算机的工作流程，协调各个部件有效工作，为用户提供了一个良好的运行环境。经过操作系统改造和扩充过的计算机不但功能更强，使用也更方便。用户可以直接调用操作系统提供的许多功能来使用各种软/硬件，而无须了解这些软/硬件的使用细节和它们各自的工作原理。以使用 U 盘为例，操作系统不关注所使用的 U 盘的具体品牌和型号，用户不需要了解操作系统是如何识别这个插入的设备并进行驱动，用户只需要将 U 盘插入计算机的任意一个 USB 口即可。U 盘插入后用户只关注增、删、读文件，至于 U 盘中的文件具体是如何存放的、存放在 U 盘中什么位置，都不必去关心。操作系统帮用户完成了操作 U 盘的一系列复杂的底层工作，让用户对计算机的操作变得无比简单。简而言之，一台易操作的计算机必须有操作系统。

需要注意的是，操作系统仅是一个软件，虽然它非常庞大、非常复杂，不过它仍然是一个软件系统。

3.1.2 操作系统的功能

1. 处理机管理

操作系统处理机管理模块的主要任务是确定对处理器（CPU）的分配策略，实施对进程或线程的调度和管理。

2. 存储管理

操作系统存储管理的功能是实现对内存的组织、分配、回收、保护与虚拟（扩充）。内存的管理方式有很多种，在不同的管理方式下，系统对内存的组织、分配、回收、保护、虚拟及地址映射的方式存在着很大的差异。

存储管理涉及系统另一个紧俏资源——内存，它一方面要为系统进程及各个用户进程提供运行所需要的内存空间，另一方面要保证各用户进程之间互不影响。此外，还要保证用户进程不能破坏系统进程，提供内存保护。

由于系统中内存容量有限，如何使用有限的内存运行比其大得多的作业，并且使尽可能多的进程进入内存并发执行，是操作系统需要解决的问题。操作系统必须提供虚拟存储来提高内存的利用率并提高进程的并发度。

3. 设备管理

设备管理也称为输入/输出（I/O）设备管理，负责系统的输入/输出工作。由于计算机的外围设备五花八门、性能各异，所以设备管理是操作系统中最烦琐的部分。为了统一地管理各类设备，操作系统的设备管理程序应能统一处理各类设备的操作，包括以后加入的新设备，这就需要引入虚设备的概念，使操作系统与有统一的数据结构和表示方式的虚设备打交道，待实施输入/输出时，再由虚设备与实际的输入/输出设备连接。前面所介绍过的 U 盘的使用方式就是一种典型的设备管理。

4. 文件管理

操作系统的文件管理子系统是最接近用户的部分，它给用户提供了一个方便、快捷、可共享又提供保护的文件使用环境。

操作系统给用户提供了一种方便的"按名存取"的文件使用方式，用户只要给出文件名即可实现对文件的存取，实现过程则交由操作系统完成。为了方便不同用户对各自文件的自主管理，也为了实现对文件的快速查询，操作系统通常采用树状目录结构来实现对文件的管理和控制。

文件的存储介质是磁盘，文件在磁盘上以何种结构进行组织和存放涉及文件的读盘次数和存取速度。不同的操作系统、不同的设备对文件的物理结构有不同的组织方式。

5. 网络管理

随着计算机网络功能的不断增强，网络应用不断深入社会的各个角落，操作系统必须提供计算机与网络进行数据传输的功能和网络安全防护功能。

6. 提供良好的用户界面

操作系统是计算机与用户之间的接口，最终是用户在使用计算机，所以它必须为用户提供一个良好的用户界面。用户界面可简单分为命令界面、程序界面和图形界面 3 种。Windows 操作系统主要使用图形界面，用图形表示各种软/硬件，将原本复杂的操作变成简单的鼠标操作；程序界面供编程人员通过系统调用方式控制计算机；命令界面主要由高级用户通过系统命令的方式来操作计算机，其操作风险较大，难度较高，相应地其功能也最为强大。

3.2 Windows 7 操作系统的桌面

尽管版本更高的操作系统早已出现，如 Windows 8、Windows 10 等，这些版本相对价格较高、对计算机硬件的要求较高，而且存在一定的软/硬件兼容问题，通常只在高性能计算机上预装。目前社会上主流的计算机使用的基本都是 Windows 7 操作系统。Windows 7 后续版本的操作系统与 Windows7 及其早期版本相比在操作形式上发生了较大变化，操作形式的普适度不高。故本书以 Windows 7 操作系统为蓝本进行介绍。

安装有 Windows 7 操作系统的计算机，在登录系统后，首先展现在用户面前的就是桌面。Windows 7 的桌面主要由背景、图标、"开始"按钮、快速启动栏、系统托盘和任务栏等 6 部分组成。

3.2.1 桌面背景

桌面背景默认是 Windows 桌面背景，如图 3-1 所示。可以根据个人偏好将自己喜欢的图片设置为桌面背景，如图 3-2 所示。

图 3-1　默认的桌面背景

图 3-2　自定义的桌面背景

3.2.2 图标

在 Windows 操作系统中，所有的文件、文件夹和应用程序等都用不同的图标表示。桌面图标由文字和图片组成，主要包括常用图标和快捷方式图标两类。常用图标由系统提供（如计算机、网络、回收站、文件夹等），快捷方式随软件的不同而各有不同，每个快捷方式图标左下角都有一个蓝色箭头标志，如图 3-3 所示。

图 3-3 中左侧的"计算机"、"网络"和"回收站"3 个图标为系统图标，右侧 3 个图标为快捷方式，分别对应 3 种不同的应用程序。用鼠标双击任一桌面图标，可以快速打开图标所对应的文件、文件夹或应用程序。例如，用鼠标双击桌面上的"计算机"图标即可打开"计算机"窗口，如图 3-4 所示；用鼠标双击"腾讯 QQ"快捷方式图标即可启动 QQ 登录界面，如图 3-5 所示。

图 3-3　图标

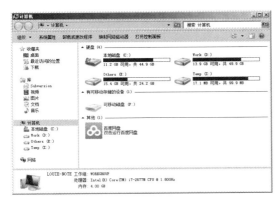
图 3-4 "计算机"窗口

图 3-5 "腾讯 QQ"登录界面

3.2.3 "开始"按钮

用鼠标单击桌面左下角的"开始"按钮 或键盘上的 Windows 键 ，可弹出"开始"菜单，单击"开始"菜单之外的任意区域可以关闭开始菜单。在"开始"菜单中，主要包括"搜索"框、"电源"按钮、"所有程序"列表、"常用程序"列表、"最近使用程序"列表和"启动"菜单，如图 3-6 所示。

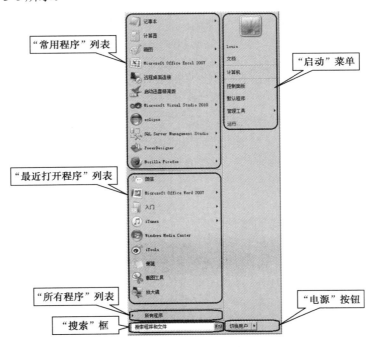
图 3-6 "开始"菜单

1. "搜索"框

"搜索"框位于"开始"菜单最下方的左侧位置，主要用来搜索计算机中的项目资源，它是快速查找资源的有力工具。在"搜索"框中输入需要查找的关键词并按回车键，即可进行搜索操作。搜索的结果会在当前窗口显示，如搜索软件 Word，在搜索框中输入搜索关键字"word"，再按回车键即可得到搜索结果，搜索结果自动根据程序、控制面板、文件等栏目进行分类，如图 3-7 所示。

图 3-7 搜索"word"的结果

需要注意的是，使用这种方式进行搜索只是搜索在当前计算机中所安装的软件名称，包括系统自带软件。这种方式不能对文件进行搜索，除非我们允许在文件中进行搜索，当然，在文件中搜索时比对的工作量很大，会花费非常多的时间。

2. "电源"按钮

"电源"按钮位于"开始"菜单中"搜索"框的右侧，主要用来对计算机进行与电源相关的操作，包括注销、锁定、重新启动、睡眠、休眠和关机等，如图 3-8 所示。

图 3-8 "电源"按钮

"注销"选项的作用是关闭当前登录到系统的用户所打开的所有的软件，并释放其所占用的资源，使系统恢复到登录前的状态。

"锁定"选项的作用是让系统界面跳转到登录界面，但是不关闭任何用户所启动的程序，必须重新登录才能继续使用计算机。

"切换用户"选项的作用是让系统界面跳转到登录界面，用其他账号登录系统使用计算机。切换到其他账号后，先前账号用户所开启的程序不会被关闭，资源也不会被释放。

"关机"选项的作用是关闭计算机。

"重新启动"选项的作用是先关机，然后自动启动。

"睡眠"选项的作用是将计算机的内存会话与数据同时保存于物理内存及硬盘，然后关闭除内存外的绝大部分硬件设备的供电，计算机进入低功耗运行状态。只需单击键盘任意键即可让计算机从睡眠中快速恢复至全功率工作状态（通常是几秒之内）。桌面及运行的应用程序与进入"睡眠"之前的状态完全相同。

"休眠"是为便携式计算机设计的电源节能状态。休眠将用户所打开的文档和程序的状态保存到硬盘中，然后关闭计算机。在 Windows 系统的所有节能状态中，休眠使用的电量最少。需要再次使用计算机时，按电源键唤醒，唤醒后计算机完全恢复到按下休眠按钮时刻所处的状态。

需要注意的是，图 3-6 中所展示的截图与您系统中的默认状态会有所不同。电源按钮的默认选项是"关机"，而这里的默认选项是"切换用户"。那是因为 Windows 7 版本相比之前的版本不再有关机确认界面，关机按钮一旦按下系统立即进入关机状态，会强制关闭系统中已经打开的所有程序，其中包括未保存的文档。为了避免这种因疏忽而导致的文档内容丢失的情况，这里已将默认的"关机"选项改为"切换用户"。

尤其要注意的是，当我们需要关闭计算机的时候，只能通过"关机"按钮进行关闭。不能仅关闭显示器，或采用拔电源等"非法"方式关机。关闭显示器仅仅是一种关机的假象，计算机依然在运行；强制断电的方式关机会导致未保存的文档丢失，可能会造成机械硬盘不能正确复位而产生永久性的损伤。除系统出现死机这样的严重故障外，应当杜绝任意方式的断电关机操作。

3. "所有程序"列表

用户在"所有程序"列表中可以查看系统中安装的所有软件程序，新安装一个应用程序后，该应用程序的相关链接会立即添加到"所有程序"的列表中，单击"所有程序"按钮，可打开"所有程序"列表，如图 3-9 所示；单击图标可以继续展开相应的程序；单击"返回"按钮，可隐藏"所有程序"列表。

4. "最近使用程序"列表

此列表中主要存放用户最近使用的应用程序。此列表是随着时间的变化而动态变化的，如果超过 10 个，它们会按照时间的先后顺序依次替换，如图 3-10 所示。

5. "启动"菜单

位于"开始"菜单的右侧窗格是"启动"菜单。在"启动"菜单中会列出用户经常使用的 Windows 程序的链接，常见的有"计算机"、"网络"、"连接到"、"控制面板"、"设备"、"打印机"和"运行…"等，单击不同的程序选项，即可快速打开相应的程序，如图 3-11 所示。

图 3-9 "所有程序"列表

图 3-10 "最近使用程序"列表

图 3-11 "启动"菜单

图 3-12 "常用程序"列表

6. "常用程序"列表

位于"开始"菜单左上角的是"常用程序"列表，如图 3-12 所示。"常用程序"列表与其下方的"最近使用程序"列表仅有一条不太明显的线条作为分隔。"最近使用程序"列表内的程序是动态变化的，而"常用程序"列表内的程序是固定不变的。

通常开启应用程序的次序是"开始"菜单→"所有程序"→具体某一程序，这样的方式操作比较烦琐，尤其是在系统中安装了较多程序或程序路径较深的情况下，查找打开程序所花时间较长。对于需要经常开启的应用程序，可以将其快捷方式拖曳到"常用程序"列表中，这样开启程序就变得非常方便，这里就将常用的诸如"记事本""画图""计算器"等常用工具放置在"常用程序"列表中，推荐读者使用此功能。

3.2.4 任务栏

任务栏是位于桌面底部的长条，主要由"快速启动栏"、"程序"区域、"通知"区域和"显示桌面"按钮组成，如图 3-13 所示。和以前的系统相比，Windows 7 中的任务栏设计更加人性化，使用更加方便、灵活，功能更加强大，界面更加绚丽。用户按 Alt +Tab 组合键可以在任务栏中不同的任务窗口之间进行切换。

图 3-13 任务栏

1. 快速启动栏

"快速启动栏"位于桌面底部"开始"按钮的右侧，Windows 7 中取消了快速启动栏。然而"快速启动栏"可以帮助我们迅速地打开程序，既不需要退回到桌面，也不需要在"所有程序"中查找，非常迅速。将"快速启动栏"添加到"任务栏"中的具体操作步骤如下。

在"任务栏"上任意空白位置单击鼠标右键，在弹出的菜单中依次选择"工具栏"→"新建工具栏"命令，在弹出的窗口中输入如下路径，然后按回车键。

%userprofile%\AppData\Roaming\Microsoft\Internet Explorer\Quick Launch

其中%userprofile%代表当前登录系统的用户配置文件路径。

在新增的 Quick Launch 的位置上单击右键，取消"显示文本"和"显示标题"两个选项的勾选。

快速启动栏默认位于任务栏的右侧，不方便操作。在任务栏上空白处单击右键，取消"锁定任务栏"的勾选。此时"任务栏"中所有部件都处于活动状态，可以调整位置和大小。把"快速启动栏"向左拖到左侧位置。为了避免栏目宽度发生改变，可以将"任务栏"重新锁定。

操作完毕后，可以向"快速启动栏"中添加常用软件的快捷方式。

2. "程序"区域

"程序"区域位于"任务栏"的中间部分，这是一个非常重要的工具，专门用来管理当前正在运行的应用程序。注意，这些正在运行的程序称为任务。Windows 是一个多任务操作系统，用户可以同时运行多个应用程序。每一个运行的任务都会占据任务栏上的一个区域，以一个按钮的形式存在。单击"任务栏"中"程序"区域的某个应用程序按钮，即可将这个应用程序激活，并显示在窗口的顶层，同时，这个程序按钮的颜色和状态也变为按下状态。单击某个打开窗口右上角的"最小化"按钮后程序窗口从桌面中消失，缩回到"程序"区域。当我们激活另一个程序时，之前激活的程序也会缩回到"程序"区域。

Windows 7 "任务栏"的"程序"区域增加了预览功能，只要将鼠标移动到"程序"区域的任意一个按钮上，就可看到该程序的预览效果，这项功能在同时启动了多个相同应用的时候尤其有用，如图 3-14 所示。

图 3-14 "程序"区域预览效果

Windows 7 中默认开启了 Aero peek 特效效果，在查看"程序"区域程序的预览效果时能以动画的方式进行预览。按下 Alt+Tab 组合键即可看到绚丽的 Aero peek 动画效果，如图 3-15 所示。桌面中间会显示各程序的预览小窗口，按住 Alt 键不放，每按一次 Tab 键即可切换一次程序窗口，用户可以按照这种方法切换至需要的程序窗口；按下"快速启动栏"中的 按钮，也可以启动动画效果，此时可以用鼠标进行操作，鼠标滚轮的滚动可以连续翻转预览小窗口。特效非常绚丽，但会消耗 CPU 和内存资源，从应用的层面来说，不建议开启 Aero peek 特效。

图 3-15 Aero peek 预览效果

Windows 7 支持用户将常用程序永久性锁定在"任务栏"上，即使用户不启动这个程序，该程序的图标依然会驻留在"任务栏"上，需要启动该程序的时候只需单击"任务栏"上对应的图标即可。

将程序锁定到"任务栏"的方式很简单，在"程序"区域中需要锁定的程序上单击鼠标右键，在弹出的菜单中选择"将此程序锁定到任务栏"即可，如图 3-16 所示。程序锁定后以一个图标的形式驻留在任务栏中，如图 3-17 所示，Word 程序就被锁定在"任务栏"的"程序"区域。解锁的方式也很简单，在"程序"区域中被锁定的程序图标上单击鼠标右键，在弹出菜单中选择"将此程序从任务栏中解锁"即可。

图 3-16 锁定程序到任务栏

图 3-17 锁定程序后的效果

锁定到任务栏的功能很实用，很多应用程序在安装时会自动将应用锁定到任务栏，这样就让任务栏变得异常拥挤，不建议使用锁定功能，因为"快速启动栏"是一个最好的替代方式。

当同时打开多个同类型应用程序时，同类型的应用程序会自动合并成为一个图标，当将鼠标移动到合并后的应用程序图标上时，会自动显示多个程序的预览效果，单击某个预览图即可打开对应的程序界面，如图 3-18 所示。程序合并带来的好处是让任务栏变得简洁，同时也产生了一个弊病，合并后的多个程序只有一个图标，不能在"程序"区域上直观地区分多个不同应用程序，必须要先预览再打开。这种模式尽管非常美观简洁，但增加了操作的复杂性，尤其是在需要频繁在多个相同应用间切换时，操作会变得非常枯燥，因而建议读者取消程序合并功能。

图 3-18　程序合并及预览效果

如果要取消程序合并，在"任务栏"的空白区域单击鼠标右键，选择弹出菜单中的"属性"选项，打开"任务栏和「开始」菜单属性"对话框，如图 3-19 所示。找到"任务栏按钮"，单击其右侧的下拉按钮，选择"从不合并"选项，单击下方"确定"按钮退出。"程序"区域的程序以图标和名称同时显示的方式呈现，方便用户快速地进行选择。

图 3-19　"任务栏和「开始」菜单属性"对话框

3. "通知"区域

通知区域又叫"系统托盘"，位于"任务栏"的右侧。系统托盘区内是部分当前正运行在系统后台的应用程序，如网络连接、电池状态、音量控制、QQ、USB 设备、杀毒软件及时间日期等。出现在通知区域里的实际上也是一些程序快捷图标，与"快速启动栏"里的图标极为相似，不同之处就是"通知"区域里的这些程序已经处于运行状态。"通知"区域里的运行程序与"程序"区域里运行的程序又有所不同，"通知"区域里的运行程序是在后台（不显示程序界面，也不在"程序"区域出现）运行的，而不是在前台（在"桌面"上和"程序"区域可见）运行的。"通知"区域里的非系统程序可以通过在其图标上双击鼠标左键的方式打开，单击鼠标右键可以在弹出的菜单中选择关闭按钮进行关闭。

当"通知"区域里的后台程序较多时，会自动折叠起来以节省空间。在 Windows 7 系统中，用户可自定义"通知"区域图标显示状态。打开任务栏属性，如图 3-20 所示，在其中选择"通知区域"内的"自定义（C）..."按钮，弹出如图 3-15 所示的界面，在其中可以针对每个后台程序进行设定，设定好后按"确定"按钮设置，结果立即反映在当前的"通知"区域中。

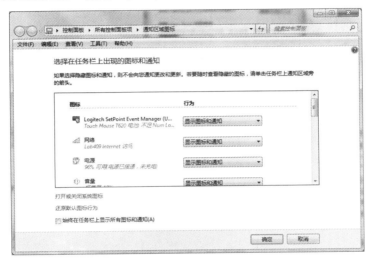

图 3-20 自定义"通知"区域图标

4．"显示桌面"按钮

Windows 7 系统中增加了"显示桌面"按钮，位于"任务栏"的最右侧，是一个不太明显的矩形按钮，该按钮用于预览和显示桌面。当把鼠标移动到"显示桌面"按钮上时，会显示桌面预览效果，如图 3-21 所示。桌面上处于活动状态的程序会缩回到"程序"区域，只以黑色矩形框的形式显示，表示当前打开的程序在桌面中的位置，还伴随有光线斜射的效果。按下"显示桌面"按钮后，黑色矩形框会消失，显示完整桌面。

图 3-21 "显示桌面"预览效果

3.3 桌面小工具

Windows 7 增加了桌面小工具功能，这些小程序可以提供即时信息及可以方便地访问常用工具的途径。例如，可以使用小工具显示图片幻灯片或查看不断更新的标题。Windows 7 系统自带了一些小工具，包括日历、时钟、天气、提要标题、幻灯片放映和图片拼图板。

3.3.1 添加桌面小工具

在 Windows 7 操作系统中添加并使用小工具的操作步骤如下。

（1）在桌面的空白处单击鼠标右键，从弹出的快捷菜单中选择"小工具"菜单命令，如图 3-22 所示。

（2）打开的"小工具库"窗口如图 3-23 所示。选择想要使用的小工具，可以直接把它拖曳到桌面上；双击小工具或选择小工具后用鼠标右键单击，在弹出的快捷菜单中选择"添加"命令，即可自动添加到桌面上。

图 3-22 选择"小工具"命令

图 3-23 "小工具库"窗口

3.3.2 删除桌面小工具

图 3-24 删除桌面小工具

如果不再使用已添加的小工具，可以将小工具从桌面删除。

将鼠标光标放在小工具的右侧，单击"关闭"按钮即可从桌面上删除小工具，如图 3-24 所示。

用户如果想将小工具从系统中彻底删除，则需要将其卸载，操作方法如下。参照前面的方法打开"小工具库"窗口。在需要卸载的小工具图标上单击鼠标右键，在弹出的快捷菜单中选择"卸载"命令，如图 3-25 所示。

弹出"桌面小工具"对话框，单击"卸载"按钮，用户所选择的小工具就会被成功卸载，如不想删除，则按"不卸载"按钮，退出卸载，如图 3-26 所示。

图 3-25　卸载小工具

图 3-26　"桌面小工具"对话框

3.3.3　设置桌面小工具

添加到桌面的小工具不仅可以直接使用，还可以对其进行一些个性化的设置，如位置、透明度等。小工具常用的操作方法如下。

（1）变换小工具位置。用鼠标左键单击桌面某个已经加载的小工具的图标后按住不松开，移动鼠标时，小工具会随鼠标的移动而改变位置，拖动小工具到适当的位置后松开鼠标左键，小工具的位置即被改变。

（2）改变显示模式。默认情况下小工具只在桌面上显示，当有应用程序打开后，应用程序的窗口会覆盖住小工具，必须退回到桌面才能看到，如果希望随时看到小工具，可以在小工具图标上单击鼠标右键，在弹出的快捷菜单中选择"前端显示"命令，如图 3-27 所示。即可设置小工具的图标悬浮在所有应用程序的前面，不再被覆盖。选择该命令后会发现小图标没有任何变化，一旦开启一个应用程序，效果就显现出来了，如图 3-28 所示。

（3）设置小工具透明度。从图 3-28 可以看到小工具前端显示后带来了一个严重后果，就是将应用程序界面覆盖了，导致看不到应用程序的内容。可以通过设置透明度的方式解决这个矛盾。选择"不透明度"命令，在弹出的子菜单中选择具体的不透明度的数值，即可设置小工具的透明度，如图 3-29 所示。设置透明度后的效果如图 3-30 所示。

图 3-27 "前端显示"命令

图 3-28 小工具前端显示效果

图 3-29 设置小工具透明度

图 3-30 设置透明度后的显示效果

3.3.4 获取更多小工具

除了系统自带的小工具外,还有一些其他实用小工具没有打包到系统中,可以通过联网的方式到网络上下载使用。单击"小工具库"右下角的"联机获取更多小工具"链接即可联网进行选择并下载。然而因为安全原因,Windows 7 操作系统目前已关闭了官方桌面小工具的下载。

3.4 屏幕设置

用户可以对桌面进行个性化设置,将桌面的背景修改为自己喜欢的图片,或将分辨率设置为适合自己的操作习惯等。

3.4.1 设置桌面背景

无论是 Windows 自带的图片,还是个人珍藏的图片,均可设置为桌面背景。设置系统自带的图片为桌面背景的操作步骤如下。

(1)在桌面的空白处单击鼠标右键,在弹出的快捷菜单中选择"个性化"命令,如图 3-31 所示。

(2)在打开的"个性化"窗口中,单击"桌面背景"图标,如图 3-32 所示。

图 3-31 选择"个性化"命令

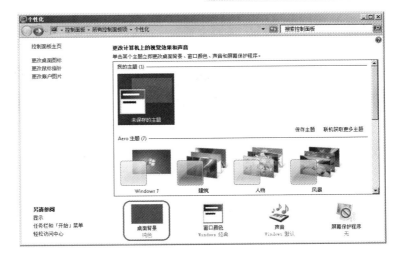

图 3-32 "个性化"窗口

（3）在弹出"桌面背景"窗口"图片位置"右侧的下拉列表中列出了系统默认的图片存放文件夹，如图 3-33 所示。可以选择系统图片存放路径，如"Windows 桌面背景"、"图片库"、"顶级照片"、"纯色"等系统路径，也可以选择个人的图片存放路径，使用个人图片时需要单击旁边的"浏览（B）..."按钮。单击"浏览"按钮后会弹出一个"浏览文件夹"对话框，在该对话框中单击树状结构，选择个人图片所在的文件夹，单击"确定"按钮选定文件夹。选定后这个文件就被加载到图片位置下拉列表框中，再选中这个下拉列表框，该文件夹下的图片就出现在中间的图片预览区域供选择使用。

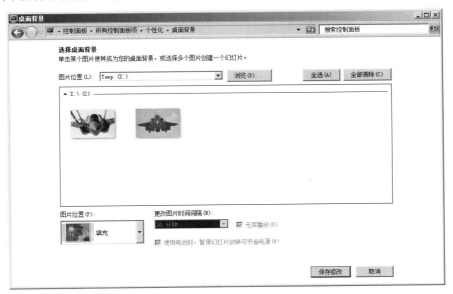

图 3-33 "选择桌面背景"窗口

（4）很多时候希望使用的图片的分辨率与窗口分辨率并不完全一致。如果图片过大，只会显示图片左上角的一部分，图片太小则不能完全覆盖桌面。这种情况下可以对图片适当进行调整，让图片适应窗口的分辨率。单击"桌面背景"窗口左下角的"图片位置"下拉按钮，弹出桌面背景的显示方式，包括"填充"、"适应"、"拉伸"、"平铺"和"居中"5种显示方式，如图 3-34 所示。"填充"能盖满整个桌面但图片的清晰度较低；"适应"能保证原图的长宽比，但往往不能盖满桌面；"拉伸"能盖满桌面，如果图片长宽比与屏幕长宽比差距较大会导致图片严重变形；"平铺"能盖满桌面，如果图片较小会用多张图片进行拼接；"居中"会从图片中心开始铺满桌面，往往只能显示图片的一部分。可以看到，这几种方式都会在一定程度上影响图片的显示效果，如果希望背景图片有较好的显示效果，需要挑选与屏幕分辨率相适应的图片。

图 3-34　选择背景显示方式

（5）单击"保存修改"按钮，返回"选择桌面背景"窗口。

3.4.2　设置屏幕分辨率

屏幕分辨率指的是屏幕上显示的文本和图像的清晰度。分辨率越高，图标越清楚，在屏幕上显示的图标越小，因此屏幕上可以容纳更多的图标。反之，分辨率越低，在屏幕上显示的图标越少，但屏幕上图标的尺寸越大，此外还要考虑分辨率的长宽比与屏幕长宽比的匹配。设置屏幕分辨率的操作步骤如下。

在桌面空白位置单击鼠标右键，在弹出的快捷菜单中选择"屏幕分辨率（C）"命令即可弹出屏幕分辨率设置窗口。单击屏幕分辨率下拉列表框的向下按钮，拖动滑块，选择需要设置的分辨率，如图 3-35 所示。

屏幕分辨率与屏幕的实际尺寸相关联，分辨率太高则显示的图片文字较小，分辨率太低则会丧失显示清晰度。此外，与显示屏长宽比不符的分辨率会导致图片和文字被拉伸，影响显示效果。Windows 7 系统能自动判断屏幕的分辨率，且为屏幕挑选了一个最合适的分辨率作为推荐分辨率，一般情况下不需要再调整分辨率。

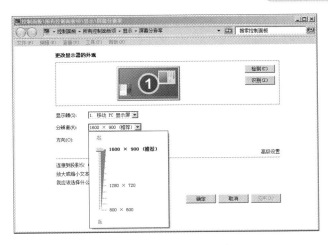

图 3-35 屏幕分辨率设置窗口

3.4.3 设置屏幕保护程序

在指定的一段时间内没有使用鼠标或键盘后，屏幕保护程序将启动，在屏幕上显示变动的图片或图案。设计屏幕保护程序的初衷是保护目前已经被淘汰的 CRT 显示器，因为在计算机无人操作时，桌面长期是一副固定的画面，电子光束一直射在屏幕荧光层的相同区域，容易因为荧光层的疲劳而造成屏幕的老化而损坏。现代计算机的屏幕都是液晶屏幕，不存在 CRT 这样的问题，屏幕保护程序就演变成个性化设置计算机和增强计算机安全性的一种方式。设置屏幕保护程序的具体操作步骤如下。

（1）在桌面空白处单击鼠标右键，在弹出的下拉菜单中单击"个性化"选项，在"个性化"选项窗口中，单击右下角的"屏幕保护程序"图标，则打开"屏幕保护程序设置"对话框。

（2）单击"屏幕保护程序"文本框的下拉按钮，选择一种屏幕保护图案，如图 3-36 所示。

（3）选择图案后"等待（W）"下拉框选线变为可选状态，该选项决定屏幕保护程序在计算机无操作后启动屏幕保护程序的等待时间。

（4）如果需要在退出屏幕保护时添加密码保护，勾选"在恢复时显示登录屏幕（R）"复选框即可。

（5）完成设置后单击"应用"按钮保持设置，或单击"确定"按钮保持设置并关闭设置窗口。

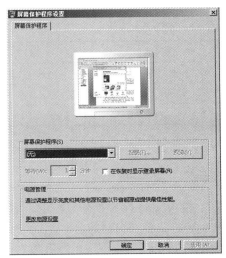

图 3-36 "屏幕保护程序设置"对话框

3.5 文件和文件夹

在 Windows 操作系统中，文件是最小的数据组织单位。文件中可以存放文本、图像和数值数据等信息，这些文件被存放在硬盘的文件夹中。文件名是存取文件的依据，即"按名存取"。

3.5.1 文件

文件是 Windows 操作系统存取磁盘信息的基本单位，一个文件是磁盘上存储信息的一个集合，可以是文字、图片、影片或一个应用程序等。每个文件都有自己唯一的名称，Windows 7 正是通过文件的名称来对文件进行管理的。

在 Windows 7 操作系统中，文件的命名具有以下特征。

（1）支持长文件名。

（2）文件的名称中允许有空格。

（3）文件名最多可达 256 个字符，命名时不区分字母大小写，可以包含英文字母（不分大小写）、汉字、数字符号和一些特殊符号，如$、#、@、-、!、(、)、{、}、&等。但是，文件名不能包含字符\、/、:、*、?、"、<、>、|等。

（4）文件夹没有扩展名。

（5）同一个文件夹中不允许有同名的文件夹或文件。

（6）文件可以复制、移动和删除。

（7）文件可以修改。文件建立后可以修改其内容，并保存。一旦保存，原有内容将不可恢复。

文件名的一般形式为：主文件名[.扩展名]。其中，主文件名用于辨别文件的基本信息，扩展名用于说明文件的类型，用方括号括起来的部分表示可选项。若有扩展名，必须用一个圆点"."与主文件名分隔开。

扩展名由创建文件的应用程序自动生成，不同类型的文件，显示的图标和扩展名是不同的。表 3-1 是部分常见文件扩展名的含义。Windows 7 系统中默认隐藏了已知类型文件的扩展名。

表 3-1 常见文件扩展名

扩 展 名	文 件 类 型	扩 展 名	文 件 类 型
.bmp、.jpg	画片文件	.bat	批处理文件
.sys	系统文件	.doc、.docx	Word 文件
.xls、.xlsx	Excel 电子表格文件	.com、.exe	可执行文件
.ppt、.pptx	PowerPoint 演示文稿文件	.txt	文本文件

3.5.2 文件夹

在 Windows 7 操作系统中，文件夹主要用来存放文件，是存放文件的"容器"。文件夹和文件一样，都有自己的名字，系统也都是根据它们的名字来存取数据的。文件夹的特点如下：

（1）文件夹中不仅可以存放文件，还可以存放子文件夹；

（2）只要存储空间允许，文件夹中可以存放任意多的内容；

（3）删除或移动文件夹时，该文件夹中包含的所有内容都会相应地被删除或移动；

（4）文件夹可以设置为共享，让网络上的其他用户能够访问其中的数据。

使用文件夹管理文件的优点如下：

（1）可以通过文件夹来分类管理文件，从而有效地避免由于文件管理混乱而导致的错误；

（2）可以通过使用文件夹的整体复制、移动和删除来简化一些操作；

（3）可以避免由于文件过多或版本更新导致的同名文件冲突。

3.5.3 资源管理器

"资源管理器"是 Windows 系统提供的资源管理工具,可以用它查看计算机中的所有资源。特别是它提供的树形文件系统结构,使用户能更清楚、更直观地知道计算机的文件和文件夹。在"资源管理器"中可以对文件进行各种操作,如打开、复制、移动等。以树形结构的形式分层显示计算机内所有的文件和文件夹,用户可以不必打开多个窗口,只在一个窗口中就可以浏览所有的磁盘和文件夹。

启动资源管理器的方法如下。鼠标右键单击"开始"按钮,在弹出的菜单中选择"打开 Windows 资源管理器(P)"命令;或者在 Windows7 桌面上双击"计算机"快捷图标。这两种方式都能打开资源管理器,只是默认显示路径不同。

"资源管理器"窗口包括标题栏、菜单栏、地址栏、左窗格、右窗格和状态栏等几部分。"资源管理器"也是窗口,其各组成部分与一般窗口大同小异,特别的是其包括文件夹窗格和文件夹内容窗格。左边的文件夹窗格以树形目录的形式显示文件夹,右边的文件夹内容窗格是左边窗格中所打开的文件夹中的内容,如图 3-37 所示。

图 3-37 "资源管理器"窗口

1. 标题栏

标题栏位于窗口的最上端,显示窗口名称及最大化、最小化、还原和关闭按钮。

2. 地址栏

地址栏用于显示当前文件夹名称。单击鼠标进入地址栏后显示文件在计算机中的地址。左侧的"返回"按钮和"前进"按钮可以依照开启次序回到打开过的历史位置。

3. 菜单栏

菜单栏包括"文件"、"编辑"、"查看"、"工具"等菜单项,可以单击展开后使用其中的命令。

4. 左窗格

左窗格显示各驱动器及内部各文件夹列表等。单击选中的文件夹称为当前文件夹,此时其图标所在的行呈现蓝色。文件夹左方有"+"标记的表示该文件夹有尚未展开的子文件夹,单击"+"可将其展开（此时"+"变为"–"），没有标记的表示没有子文件夹。

5. 右窗格

右窗格显示当前文件夹所包含的文件和下一级文件夹。可以改变右窗格的显示方式：在空白处单击鼠标右键后选择"查看"命令，即可在弹出的快捷菜单中选择"大图标"、"小图标"、"列表"、"详细资料"或"缩略图"命令。右窗格的排列方式也可以改变：在空白处单击鼠标右键，在弹出的快捷菜单中选择"排列"菜单命令，即可选择"按名称"、"按类型"、"按大小"、"按日期"或"自动排列"命令。

6. 左右窗口分隔条

左右窗口中间有条纵向的分隔条，拖动它可改变左右窗口的大小，通常在操作路径较深的文件夹时使用。

7. 状态栏

显示当前文件夹或选中文件、文件夹的大小、创建/修改时间等信息。

3.5.4 管理文件和文件夹

"资源管理器"提供了对文件和文件夹进行管理的各种操作，如打开、新建、移动、复制、粘贴、删除文件等。这些操作可以方便地使用鼠标的单击来完成，有些功能还可以选择工具栏中的工具按钮或快捷菜单完成。

文件和文件夹管理的主要操作如下。

1. 选中文件（或文件夹）

（1）选中单个文件（或文件夹）

相对于其他操作而言，选中单个文件（或文件夹）的操作最为简单：用鼠标单击需要选取的文件（或文件夹）即可。选中后的文件（或文件夹）会显示一个醒目的底色（默认为蓝色）。

也可以用键盘进行选择，先定位到需要选取的文件（或文件夹），然后按 Home（左）、End（右）、PageUp（上）、PageDown（下）4 个方向键，可以在文件和文件夹中根据按键切换选中对象，直到选中想要的对象为止。

（2）选择多个连续的文件（或文件夹）

先选中所需要的第一个文件（或文件夹），按住 Shift 键不放，再用鼠标单击最后一个文件（或文件夹），即可选中这两个文件（或文件夹）之间的所有文件（或文件夹）。

也可以使用鼠标拖曳的方法，在右窗格中需要选中文件（或文件夹）的边缘按住鼠标左键不放拖动鼠标，此时出现一个虚线框，位于框内的所有文件（或文件夹）都会被选中，如图 3-38 所示。

（3）选择多个不连续的文件（或文件夹）

按住 Ctrl 键不放，逐个单击需要选定的文件（或文件夹），全部选定后释放 Ctrl 键即可。

（4）选择全部文件和文件夹

单击"编辑"菜单，从下拉菜单中选择"全选"菜单项即可。使用快捷键 Ctrl+A 也可以选中已打开文件夹内的全部文件和文件夹。

（5）反向选择文件（或文件夹）

如果在一个文件夹（也可以是桌面、磁盘等对象）中只有一个或少数几个文件不需要选择，其余文件都要选中，这时可以使用反向选择操作，其方法有两种。

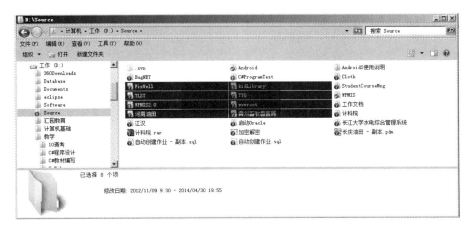

图 3-38　鼠标拖曳选中文件

（1）用前面介绍的方法将不需要的文件选定，然后打开"编辑"菜单，单击"反向选择"命令即可。

（2）选中文件夹中一块连续的文件（或文件夹），按住 Ctrl 键不放，单击选取不需要的文件（或文件夹）即可。

2．重命名文件（或文件夹）

选中想要重命名的文件（或文件夹），单击鼠标右键并从快捷菜单中选择"重命名"命令，该文件（或文件夹）的名称即处于可编辑状态，输入新的名称后，按回车键或单击名称编辑区域之外的任意位置，即可改变原有名称。当然，重命名成功的前提是不违背文件（或文件夹）命名规则。例如，一个文件夹下可以拥有多个名称为"计算机基础"的文件，尽管名称相同但是它们的扩展名各不相同，所以它们是一组完全不同的文件，可以共存于同一个文件内，如图 3-39 所示。从识别效率上看，同一文件夹中尽量避免出现同名文件。

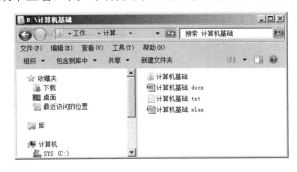

图 3-39　文件名相同但扩展名不同的文件

另外一种重命名方法是，先选中需要重命名的文件或文件夹，再在选中的文件（或文件夹）名称上单击，该文件（或文件夹）名即处于编辑状态，可以进行重命名。操作中这两次单击操作的时间间隔不能太短，避免成为双击打开操作。

3．新建文件和文件夹

以创建文件"D:\计算机基础\计算机基础.txt"为例进行说明。单击"资源管理器"左窗格中的 D 盘图标，在右窗格空白处单击鼠标右键，将光标移动到弹出的快捷菜单的"新建"命令上（不需要单击），二级菜单自动弹出，单击二级菜单中的"文件夹（F）"命令，如图 3-40

所示。此时 D 盘中就新增一个名为"新建文件夹"的新文件夹。如果当前目录下已经有了一个名为"新建文件夹"的文件夹，则新建的文件夹的默认名称为"新建文件夹（2）"，如果这个名称也被占用，新建文件夹名称中的序号会依次累加。将建好的"新建文件夹"重命名为"计算机基础"。

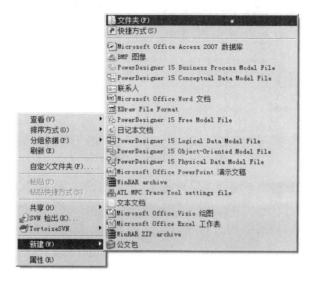

图 3-40　新建文件夹

双击已经建好的"计算机基础"文件夹，就进入了路径"D:\计算机基础"中。新建一个文本文件的操作方式与新建文件夹几乎一致，唯一的差异在于新建文本文件时不能选择"文件夹（F）"命令，而是选择菜单下面的"文本文档"即可。

新建的文本文档的默认名称为"新建文本文档"，将其重命名为"计算机基础"即完成文本文件的创建。

4．移动和复制文件（或文件夹）

移动和复制文件是 Windows 的基本操作，可以通过 3 种方式来实现，每种方式都有自己的特点，可应用于不同的场景。

（1）使用剪贴板移动和复制

移动文件（或文件夹）要先选中要移动的文件（或文件夹），然后进行"剪切"操作。选中后，单击"编辑"菜单，从下拉菜单中选择"剪切"命令；或在文件（或文件夹）上单击鼠标右键，从弹出的快捷菜单中选择"剪切"命令；或选中后按 Ctrl+X 快捷键，都可完成"剪切"操作。"剪切"后打开目的文件夹，在"编辑"菜单下单击"粘贴"命令；或在右窗格中空白位置单击鼠标右键，在快捷菜单中选择"粘贴"命令或按 Ctrl+V 快捷键，所选文件（或文件夹）即可移动到当前文件夹中。

移动操作会删除原有位置的文件（或文件夹），复制操作在保留原文件（或文件夹）的基础上在新位置创建一个副本。复制操作与移动操作相似，唯一的差异在于复制时选取的菜单命令是"复制"选项，快捷键是 Ctrl+C。

（2）用拖放来移动和复制

拖放是一种非常直观的操作方式，简单易行。用拖放来移动和复制的前提是文件（或文件夹）的原位置和目标位置都可见，这就需要将"资源管理器"的左右窗格同时加以应用。首先在左窗格的树形结构中展开复制的目标位置，然后定位到文件（或文件夹）的原位置。选中文件（或文件夹）后，按下鼠标左键不放，将选中的文件拖动到指定的文件夹图标上松开鼠标左键即可完成移动或复制操作。

默认情况下，拖放方式操作的原位置和目标位置如果在同一磁盘上将会移动所操作的文件（或文件夹）；如果不在同一磁盘上将会复制所操作的文件（或文件夹）。如果需要将文件（或文件夹）用拖放的方式从一个磁盘移动到另外一个磁盘，只需要在拖放的同时按住 **Shif** 键即可。如果需要将文件（或文件夹）用拖放的方式在同一个磁盘中进行复制，只需要在拖放的同时按住 **Ctrl** 键即可。

如果目的位置的路径很深，可打开另外一个资源管理器窗口，并定位该目的位置，再进行拖放。

（3）使用"移动到文件夹"或"复制到文件夹"命令

选中要操作的文件（或文件夹），在编辑菜单中选择"复制到文件夹"命令，弹出如图 3-41 所示的"复制项目"对话框。在此，选择欲复制文件（或文件夹）所在的目的位置，单击"复制"按钮，完成文件的移动。

移动文件夹的操作与复制相似，选择的是"移动到文件夹"命令，弹出如图 3-42 所示的"移动项目"对话框，选取目的位置后按"移动"按钮即可。

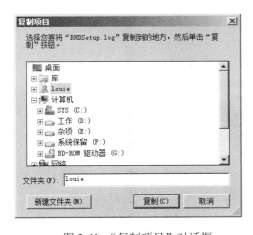

图 3-41 "复制项目"对话框

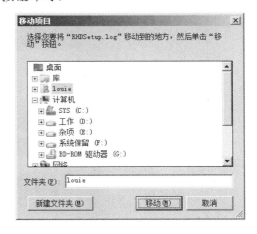

图 3-42 "移动项目"对话框

（4）使用"发送到"命令

移动存储设备被广泛应用在人们的日常生活中，经常需要从计算机复制文件到移动存储设备中，有一种只需要一步操作就可完成复制的方法，操作如下。

要复制的文件（或文件夹）可以在磁盘的任何位置，在其上单击鼠标右键，将光标移动到弹出的快捷菜单的"发送到"选项，会展开一个二级菜单，该菜单中能看到连接到计算机上的移动设备，单击该移动设备即可完成选中文件（或文件夹）向移动存储设备的复制，如图 3-43 所示。

这种方式复制的目的位置只能是移动存储设备的根目录。如果需要复制到移动存储设备的文件夹中，只能采用另外 3 种方式。

5. 删除文件或文件夹

删除文件和删除文件夹的操作完全相同，首先在要删除的文件（或文件夹）上单击鼠标右键，从快捷菜单中选择"删除"命令。选中文件（或文件夹）后单击"文件"菜单下的"删除"命令，也可以进行删除。

执行上述删除操作后，都将弹出如图 3-44 所示的"删除文件"对话框，要求用户确认文件删除。如果确定删除该文件，单击"是"按钮即可；如果是误操作，则单击"否"按钮，撤销删除。

图 3-43 向移动存储设备发送文件

图 3-44 "删除文件"对话框

当然也可以使用快捷键删除：选中文件（或文件夹）后，按下 Delete 键可以将文件删除到"回收站"；使用 Shift+Delete 快捷键，将从本地计算机上永久删除文件，而不经过"回收站"。

对可移动磁盘上的文件进行删除时，会直接删除而不会放入回收站中。

必要时可以从回收站中恢复被删除的文件或文件夹。先打开回收站窗口，选择要恢复的文件，单击"还原此项目"链接或选择"文件"菜单中的"还原"命令。

实际上没有使用 Shift+Delete 快捷键进行删除的文件（或文件夹）并没有真正从磁盘上删除，操作系统只是对这些文件进行了标记，让我们看不到而已。这些被"删除"的文件依然存在于磁盘中，占用着磁盘空间，因而需要经常对回收站进行清理。

6. 文件属性与文件夹选项

（1）文件属性的修改及查看

Windows 7 中文件的属性有"只读"、"隐藏"和"存档"3 种。

- "只读"表示该文件不能被修改。
- "隐藏"表示该文件在系统中是隐藏的，在默认情况下用户不能看见这些文件。
- "存档"一般意义不大，它表示此文件（或文件夹）的备份属性，只是提供给备份程序使用。当选中时，备份程序就会认为此文件已经"备份过"，可以不用再备份。

在需要查看属性的文件（或文件夹）上单击右键，在弹出快捷菜单中选择"属性"命令，弹出如图 3-45 所示的文件属性对话框。在此对话框下方位置有"只读"和"隐藏"这两个复选框，可以用鼠标单击来勾选或取消勾选，以设置文件的属性。

（2）文件夹选项

"文件夹选项"可以让用户自己定义文件和文件夹的显示风格。启动文件夹选项的方法是在"资源管理器"的"菜单栏"中单击"组织"下拉列表框，选择"文件夹和搜索选项"即可打开"文件夹选项"对话框，如图3-46所示。

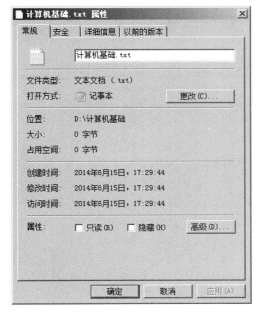

图3-45 文件属性对话框

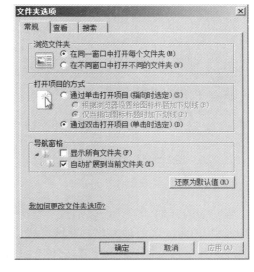

图3-46 "文件夹选项"对话框

"文件夹选项"对话框有3个选项卡，分别是"常规"、"查看"和"搜索"。

- "常规"选项卡可以设置文件夹浏览方式、打开项目方式和导航窗格显示方式。通常会设置"显示隐藏的文件、文件夹和驱动器"以便全面了解磁盘的使用情况。设置取消"隐藏已知文件类型的扩展名"，能让人们更方便地了解和使用文件。
- "查看"选项卡可以根据个人需要设置文件夹显示的高级选项。
- "搜索"选项卡用于设置搜索相关的选项。

7．搜索文件

"资源管理器"的地址栏右侧是搜索框，在搜索框中输入文件或文件夹的全称或部分名称即可在当前所在路径中进行搜索。

有时，可能不完全知道文件名，则可以使用通配符。文件的通配符有两个，分别是"?"和"*"。"?"表示其所处位置为任意一个字符，"*"表示从所处位置到下一个间隔符之间的任意多个字符。例如，AB?.txt表示主文件名由三个字符组成，前两个字符为AB，扩展名为.txt，可表示ABC.txt、AB1.txt、AB2.txt等；*.txt表示所有的文本文件。

8．共享设置

Windows 7中允许用户将自己计算机上的文件夹设置为共享，供网络上的其他用户访问。设置文件夹共享的方式如下。

在需要共享的文件夹上单击右键，在快捷菜单中选择"属性"命令，打开文件夹属性对话框，在对话框中选择"共享"选项卡，如图3-47所示。单击"共享（S）..."按钮，弹出如图3-48所示的"文件共享"对话框，在其下方可以设共享时访问文件夹用户的访问权限，设置完毕后单击"共享（H）"按钮，文件夹共享即可完成。

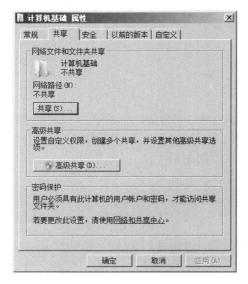
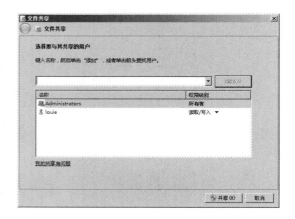

图 3-47 "共享"选项卡　　　　　　　　图 3-48 "文件共享"对话框

局域网中的其他计算机可以通过"资源管理器"来访问共享文件夹。局域网中标识计算机有机器名和 IP 地址这两种方式，在地址栏中输入"\\对方计算机名"或"\\对方 IP 地址"，按回车键输入共享账号和密码即可访问他人计算机中的共享文件夹。

9. 快捷方式

快捷方式是 Windows 提供的一种快速启动程序、打开文件或文件夹的方法。它是应用程序的快速连接。快捷方式的扩展名为.lnk。

常用以下两种方法来创建快捷方式。

（1）选中文件或文件夹，右键单击并在弹出的快捷菜单中选择"创建快捷方式"命令，将产生的快捷方式图标文件移动到指定的位置即可。

（2）在空白区域单击鼠标右键，在弹出的快捷菜单中选择"新建"→"快捷方式"→"浏览"→对应的文件或文件夹。

3.6 控制面板

控制面板是 Windows 图形用户界面一部分，可通过"开始"菜单访问。它允许用户查看并操作基本的系统设置和控制，如添加硬件、添加/删除软件、控制用户账户、更改辅助功能选项等。"控制面板"窗口如图 3-49 所示。

第3章 Windows 7操作系统

图 3-49 "控制面板"窗口

3.6.1 设置日期和时间

在 Windows 7 操作系统桌面的右下角显示有系统的日期和时间，如果日期或时间显示不正确，可以按照以下方法修改。

1. 手动调整日期和时间

（1）鼠标单击"任务栏"右侧时间，可弹出如图 3-50 所示的日期时间预览面板。

（2）单击下方的"更改日期和时间设置…"链接，弹出"日期和时间"对话框，如图 3-51 所示。

（3）在"日期和时间"对话框中单击"更改日期和时间"按钮，弹出"日期和时间设置"对话框，如图 3-52 所示。

（4）在此对话框中设置正确的日期和时间，单击"确定"按钮保存修改。

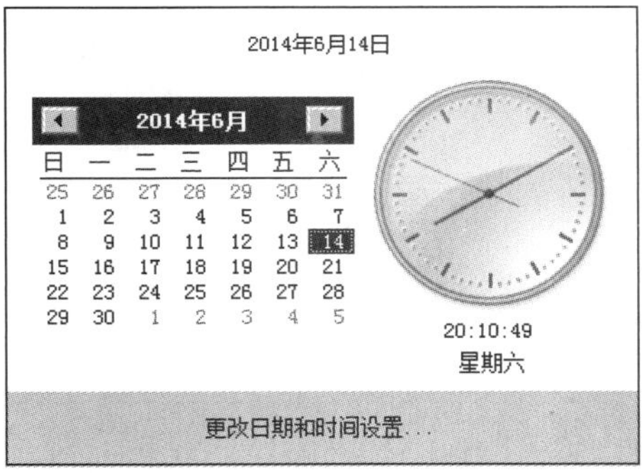

图 3-50　日期时间预览面板

2. 自动更新准确的时间

手动调整的日期和时间往往不是很精确，如果要将计算机时间设置为准确时间，可以与 Internet 中的时间服务器进行同步，让计算机自动进行时间修正，这有助于确保计算机上的时间更准确。Windows 7 中设置操作系统的时间与 Internet 中时间服务器的时间保持一致的方法如下。

（1）在图 3-51 所示的对话框中默认打开的是"时间和日期"选项卡，鼠标单击"Internet

时间"选项卡更换为如图 3-53 所示的界面。

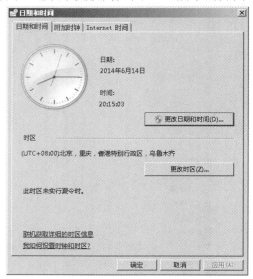

图 3-51 "日期和时间"对话框

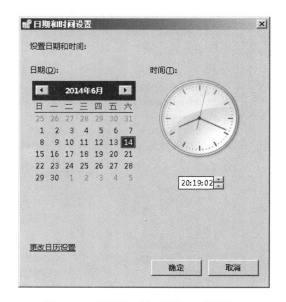

图 3-52 "日期和时间设置" 对话框

（2）单击"更改设置（C）"按钮，弹出"Internet 时间设置"对话框，如图 3-54 所示。

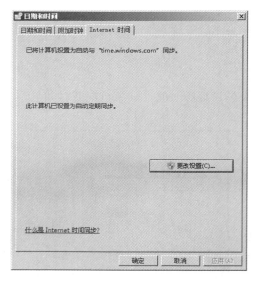

图 3-53 "Internet 时间"选项卡

图 3-54 "Internet 时间设置"对话框

（3）单击"Internet 时间设置"对话框中的"服务器"下拉列表框可以选择一个时间服务器地址，单击"立即更新（U）"按钮，系统立即与所选中时间服务器的时间进行同步。如果不愿自动同步时间，可以取消勾选"与 Internet 时间服务器同步（S）"复选框，单击"确定"按钮保存设置。

3.6.2 账户设置

一台计算机通常可允许多人进行访问，如果每个人都可以随意更改文件，计算机将会显得很不安全,可以采用对账户进行设置的方法,为每一个用户设置具体的使用权限。

用户可以为其他特殊的用户添加一个新账户,也可以随时将多余的账户删除。

1. 添加账户

(1)打开"控制面板",单击"用户账户"链接,打开如图 3-55 所示的"用户账户"界面。

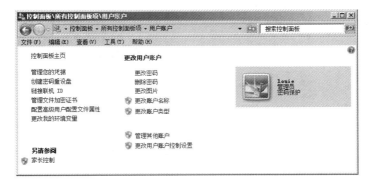

图 3-55 "用户账户"界面

(2)单击"管理其他账户"链接,打开如图 3-56 所示的"管理账户"界面。

图 3-56 "管理账户"界面

(3)单击"创建一个新账户"链接,打开如图 3-57 所示的"创建新账户"界面。

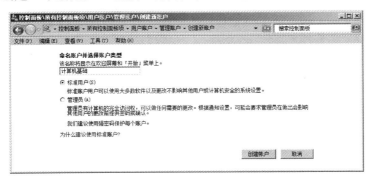

图 3-57 "创建新账户"界面

（4）在文本框中输入账户名称，单击"创建账户"按钮完成账户创建。创建后界面退回到图 3-56 所示的界面，界面中新增了新建的账户。单击该账户图标，出现如图 3-58 所示的"更改账户"界面。

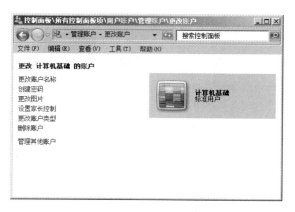

图 3-58 "更改账户"界面

（5）单击"创建密码"链接，打开"创建密码"界面，如图 3-59 所示。在文本框中输入密码和确认密码，两次输入必须完全相同，单击"创建密码"完成用户账户的密码设置。

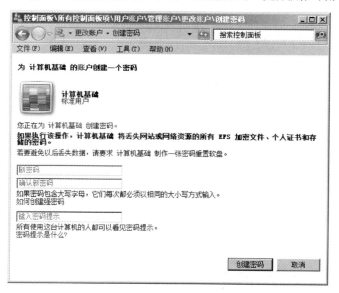

图 3-59 "创建密码"界面

通过类似的方式还可以设置用户账户的名称、图片、用户类型、家长控制等账户属性。

3.6.3 鼠标和键盘设置

在"控制面板"中单击"鼠标"图标，在打开的"鼠标 属性"对话框中对鼠标进行设置，如图 3-60 所示。

在"控制面板"中选择"键盘"，弹出"键盘 属性"对话框，如图 3-61 所示，可在此对话框中对键盘的属性进行设置。

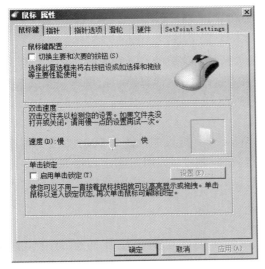
图 3-60 "鼠标 属性"对话框

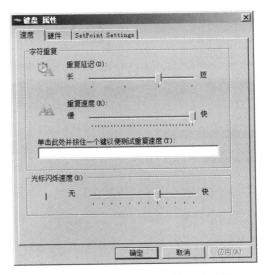
图 3-61 "键盘 属性"对话框

3.6.4 卸载程序

系统中所安装的程序都能通过"程序和功能"进行卸载。

单击"控制面板"中"程序和功能"图标,打开"程序和功能"界面,如图 3-62 所示。

图 3-62 "程序和功能"界面

在"程序和功能"窗口右侧的程序列表框中双击想要删除的程序名,即可打开该程序的卸载窗口进行卸载。

3.6.5 附件

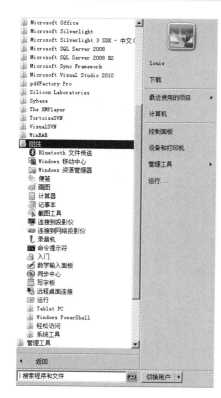

"附件"位于"开始"菜单的"所有程序"中,如图 3-63 所示。"附件"中包括画图、计算器、记事本、系统工具、命令提示符等很多小工具。

1. 画图

"画图"是 Windows 提供的位图(.BMP)绘制程序,它有一个绘制工具箱和调色板,用来创建和修饰图画。用它制作的图画可以打印,也可以作为桌面背景,或者粘贴到文档中。

2. 计算器

"计算器"是一个能实现简单运算的标准型计算器(见图 3-64)和科学型计算器(见图 3-65)。

3. 记事本

"记事本"是一个纯文本文件编辑器,具有运行速度快、占用空间少等优点。当用户需要编辑简单的文本文件时,可以选用记事本程序。

图 3-63 附件

图 3-64 标准型计算器

图 3-65 科学型计算器

习题三

1. 单选题

(1)关于 Windows 中的窗口,下面叙述中正确的是(   )。

A. 窗口一旦打开,只有程序结束才能关闭

B. 最大化窗口可以拖动边框改变大小
C. 窗口中的菜单、工具按钮不能由用户改变
D. 用户不能调整窗口的大小

（2）在 Windows 中，系统认为文件名 ABC.TXT 和文件名 abc.txt（　　）。

A. 是两个不同名的文件　　　　　　　　B. 是两个互相冲突的文件
C. 是错误的文件　　　　　　　　　　　D. 是同名文件

（3）在 Windows 中，用"创建快捷方式"创建的图标（　　）。

A. 可以是任何文件或文件夹　　　　　　B. 只能是可执行程序
C. 只能是文件夹　　　　　　　　　　　D. 只能是程序文件和文档文件

（4）若已选定某文件，不能将该文件复制到同一文件夹下的操作是（　　）。

A. 先按 Ctrl+C，再按 Ctrl+V
B. 先执行"编辑"菜单中的"复制"命令，再执行"粘贴"命令
C. 用鼠标左键将该文件拖动到同一文件夹下
D. 按住 Ctrl 键，再用鼠标右键将该文件拖动到同一文件夹下

（5）启动后的应用程序名或打开的文档名都显示在（　　）。

A. 状态栏　　　　B. 标题栏　　　　C. 菜单栏　　　　D. 工具栏

（6）移动窗口时应拖动窗口的（　　）。

A. 边框　　　　　B. 任何一个角　　　C. 标题栏　　　　D. 菜单栏

（7）选定多个不连续的文件（文件夹），要先按住（　　），再选定文件。

A. Alt 键　　　　B. Ctrl 键　　　　C. Shift 键　　　　D. Tab 键

（8）正常退出 Windows，正确的操作是（　　）。

A. 断掉计算机的电源　　　　　　　　　B. 选择"开始"菜单中"关机"命令
C. 关闭显示器电源　　　　　　　　　　D. 按 Ctrl+Alt+Delete 组合键

（9）在 Windows 中，为了查找文件名以"A"字母开头的所有文件，应当在"查找"文本框中输入（　　）。

A. A　　　　　　B. A*　　　　　　C. A?　　　　　　D. A#

（10）利用快捷键 Alt+（　　）可直接在窗口之间切换。

A. Esc　　　　　B. Ctrl　　　　　C. Tab　　　　　D. Shift

2. 判断题（如果正确就在圆括号内打√，否则打×）

（1）操作系统属于软件。（　　）
（2）计算机操作系统只有 Windows 一种。（　　）
（3）计算机必须有操作系统，用户才能运行应用软件。（　　）
（4）操作系统的功能之一就是管理计算机硬件。（　　）
（5）计算机文件在任何位置上都不能取相同的文件名，即不能重名。（　　）

3. 简答题

（1）路径"D:\A"中共有 5 个文件，简述将该文件夹中第 2、3、5 这 3 个文件复制到路径"E:\B"中的步骤。

（2）简述将一个文件彻底删除而不放入回收站的方法。

第4章 Word 2010 文档的编辑与排版

本章主要内容
- Office 2010 的安装。
- Word 2010 的工作界面及基本操作。
- Word 2010 文档的编辑和格式化设置。
- Word 2010 表格的创建和使用。
- Word 2010 图文混排。
- Word 2010 页面设置和文档打印。
- Word 2010 超链接的使用。

4.1 Office 2010 系列办公软件简介

Office 2010 是微软公司推出的 Office 系列办公软件的新版本。自 20 世纪 80 年代微软公司推出 Office 办公软件以来，其经历了一系列的升级换代，从 Office 95 到 Office 97，再到 Office 2000、Office XP、Office 2003、Office 2007，到现在使用的 Office 2010。全新设计的用户界面、稳定安全的文件格式、显著增强的日程安排与信息管理效率、简化的团队协作功能等，使得 Office 2010 受到广大办公人员的追捧，成为众多办公自动化软件中的佼佼者。

Office 2010 办公软件可以作为日常办公和管理的平台，包括小型企业版、Mobile 版、家庭和学生版、标准版、专业版和专业增强版 6 个版本，不同版本的 Office 2010 包括不同的组件。常见的组件有 Word 2010、Excel 2010、PowerPoint 2010、Access 2010、Outlook 2010、Publisher 2010、InfoPath Designer 2010、InfoPath Filler 2010、Microsoft OneNote 2010、SharePoint Workspace 2010 等。

Word 2010 主要用于进行文档的输入、编辑、排版、打印等工作；Excel 2010 主要用于制作电子表格，对表格中的数据进行各种计算、分析、统计等；PowerPoint 2010 主要用于创建演示文稿，创建包含文字、图片、表格、影片和声音等对象的幻灯片，将相片制作成电子相册供用户浏览；Access 2010 主要用于数据库管理，实现报表生成等功能；Outlook 2010 主要用于收发电子邮件、管理个人事务、订阅新闻和博客等；Publisher 2010 是一个商务发布与营销材料的桌面打印及 Web 发布应用程序；InfoPath Designer 2010 用来设计动态表单，以便在整个组织中收集和重用信息；InfoPath Filler 2010 用来填写动态表单，以便在整个组织中收集和重用信息；Microsoft OneNote 2010 是用来收集、组织、查找、共享笔记和信息的笔记程序；SharePoint Workspace 2010 可以用来离线同步 SharePoint 网站的文档和数据，主要包括文件共享、讨论版、日历表、问题跟踪等功能。

4.2 Office 2010 的安装

在使用 Office 2010 之前，必须先安装 Office 2010 及其组件。在安装之前，最好评估一下计算机系统的软件和硬件，判断是否能满足 Office 2010 的安装需求。

4.2.1 Office 2010 对计算机配置的要求

Office 2010 与其他旧版本相比功能更加强大和完善，同时其对计算机配置的要求也相对较高。安装 Office 2010 所需要的系统配置如下。

CPU：主频在 1GHz 以上。

内存：512MB 或以上。

硬盘空间：不少于 3GB 的空闲硬盘空间。

显示器的分辨率：1024×768 像素或更高。

操作系统：Microsoft Windows XP Service Pack（SP）3 以上。

4.2.2 Office 2010 的安装步骤

如果所使用的计算机符合 Office 2010 配置环境的要求，就可以安装 Office 2010 了。具体操作步骤如下。

（1）打开 Office 2010 安装文件夹。

（2）双击 setup.exe 文件，打开安装程序准备界面，如图 4-1 所示。

图 4-1　安装程序准备界面

（3）在"阅读 Microsoft 软件许可证条款"界面，勾选"我接受此协议的条款"复选框，如图 4-2 所示，然后单击"继续"按钮。

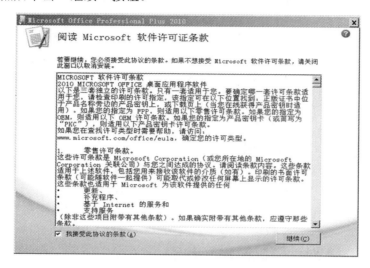

图 4-2 "阅读 Microsoft 软件许可证条款"界面

（4）在打开的"选择所需的安装"界面中单击"自定义"按钮，如图 4-3 所示。

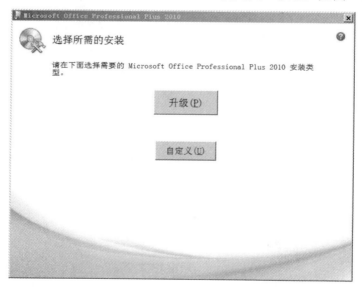

图 4-3 "选择所需的安装"界面

（5）打开"自定义安装"界面的"升级"选项卡，如图 4-4 所示。"升级"选项卡中包括 3 个选项："删除所有早期版本""保留所有早期版本"和"仅删除下列应用程序"，用户可以根据实际需要进行选择。选择"删除所有早期版本"单选按钮，则下方显示按钮为"升级"；如果选择"保留所有早期版本"单选按钮，则下方显示按钮为"立即安装"。

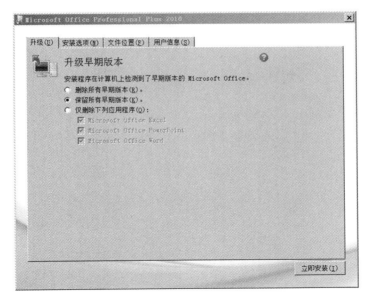

图 4-4 "升级"选项卡

（6）单击选择"安装选项"选项卡，如图 4-5 所示。选择"Microsoft Word"，安装 Word 2010 组件，用户可根据自己的实际工作和学习需要，选择安装其他组件。

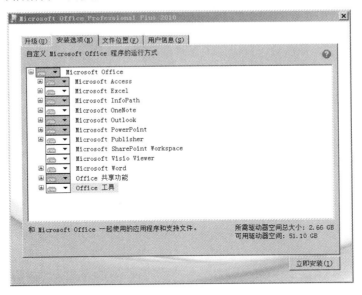

图 4-5 "安装选项"选项卡

（7）单击"文件位置"选项卡，在"选择文件位置"对话框中输入安装位置，如"C:\Program Files\Microsoft Office"，如图 4-6 所示，或者单击"浏览"按钮为文件选择其他安装位置。

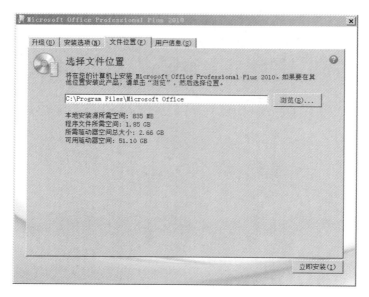

图 4-6 "文件位置"选项卡

（8）单击"用户信息"选项卡，在"全名""缩写""公司/组织"文本框中输入用户的信息，如图 4-7 所示。

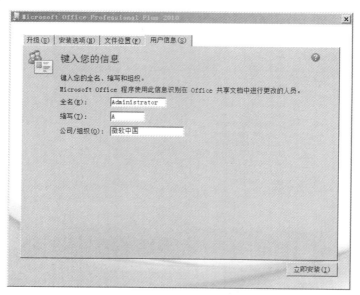

图 4-7 "用户信息"选项卡

（9）单击"立即安装"按钮，开始安装 Office 2010 并显示安装进度，如图 4-8 所示。

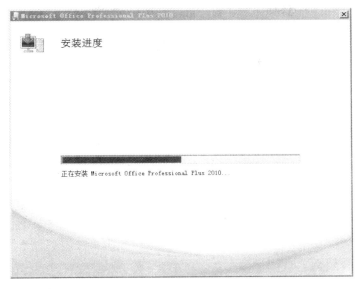

图 4-8 "安装进度"界面

(10) 安装完成后,系统会弹出一个提示已成功安装的界面,如图 4-9 所示,单击"关闭"按钮,就完成了 Office 2010 的安装。

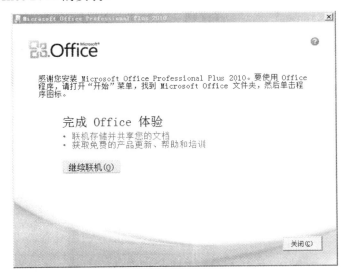

图 4-9 安装成功界面

4.3 Word 2010 的工作界面及基本操作

Word 2010 具有非常丰富和强大的功能,利用它不但能进行文字的输入和编辑工作,还可以插入图片、表格等,是人们日常办公的好帮手。要利用好 Word 2010,首先就要打开这个软件,认识和熟悉 Word 2010 的工作界面及基本操作。

4.3.1 启动和退出 Word 2010

启动 Word 2010 有多种方法，常用的有如下 3 种。

方法一：单击计算机桌面左下角的"开始"按钮，从弹出的菜单中选择"程序"选项，再从弹出的子菜单中选择 Microsoft Office 选项，最后从弹出的下一级子菜单中选择 Microsoft Word 2010，即可打开 Word 2010 工作界面。

方法二：在桌面上建立一个 Word 2010 快捷方式图标，双击此快捷方式图标即可。

方法三：双击本机中存在的 Word 2010 文档。

退出 Word 2010 的常用方法有如下 5 种。

方法一：单击 Word 2010 窗口右上角的"关闭"按钮。

方法二：右键单击文档标题栏，在弹出的快捷菜单中单击"关闭"命令。

方法三：单击"文件"按钮，在弹出的下拉菜单中单击"关闭"命令。

方法四：使用快捷键 Alt+F4。

方法五：双击 Word 2010 窗口左上角的控制图标 W 。

4.3.2 Word 2010 的工作界面

启动 Word 2010 后，显示的工作界面如图 4-10 所示，包括快速访问工具栏、标题栏、"文件"按钮、功能选项卡和功能区、帮助按钮、编辑区、状态栏及滚动条等。

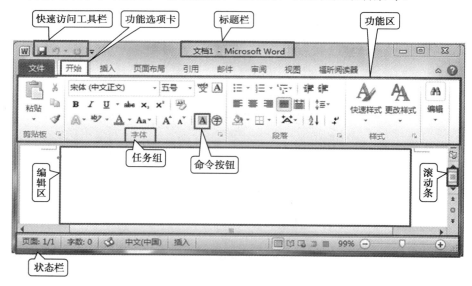

图 4-10　Word 2010 工作界面

1. 快速访问工具栏

当第一次打开 Word 2010 时，快速访问工具栏中只有 3 个固定的快捷按钮："保存""撤销"和"恢复"。用户可以通过自定义快速访问工具栏，根据自己的需要增加或删除快速访问工具栏中的按钮，如图 4-11 所示。

2. 标题栏

标题栏包括文档名称、程序名称及右上角的窗口控制按钮组。窗口控制按钮组包括"最小化"按钮、"最大化"按钮、"关闭"按钮。例如，文件标题栏为："第 4 章 Word 2010 文档编辑与排版"。

3. "文件"按钮

在 Word 2010 中，"文件"按钮类似于 Word 2007 的"Office"按钮，它取代了旧版本中的"文件"菜单。单击"文件"按钮，将看到与 Word 早期版本相同的"新建""打开""保存""打印"等基本命令。另外，还新增加了"保护文档"和"检查问题"等新命令。

4. 功能选项卡和功能区

Word 2010 拥有全新的用户界面，其最大的创意就是改变了下拉式菜单命令，以全新的功能区取而代之。功能区旨在帮助用户快速找到完成某一任务所需的命令。命令被组织在选项组中，逻辑组集中在选项卡中，每个选项卡都与一种类型的活动相关，例如，"页面布局"选项卡与页面编写内容或设计布局相关。

在默认状态下，功能区包括"开始""插入""页面布局""引用""邮件""审阅"和"视图"选项卡。如图 4-12 所示，在"插入"选项卡中，将与插入相关的内容分为"页""表格""插图""链接""页眉和页脚""文本"和"符号"选项组。通过这些组可以进行基本的插入工作，丰富文档的内容。

图4-11　自定义快速访问工具栏

图 4-12　功能选项卡和功能区

5. 帮助按钮

在功能选项卡的最右端有一个帮助按钮 ，单击它或按下快捷键"F1"，就可以打开帮助窗口，如图 4-13 所示，在其中可以查找用户需要的帮助信息。在帮助窗口中有"搜索"选项，可以在其左侧的文本框中输入要搜索的字词来获取相关帮助信息。

6. 编辑区

编辑区位于窗口中央，用户可以在其中输入文字、插入图片、设置和编辑格式等，如图 4-14 所示。

7. 状态栏

状态栏位于窗口的底端，它显示了当前文档页数、文档总页数、包含的字数、拼写检查、输入法状态、编辑模式、视图模式、缩放级别和显示比例等，如图 4-15 所示。

8. 滚动条

在编辑区的右边和底部，分别有垂直滚动条和水平滚动条。把鼠标放在滚动箭头上并按住不放，就能够向上、下、左、右移动文档（例如，按下 ，可以使文档向下移动）；单击滚动条中的翻页箭头，还可以使文档向上或向下翻一页（例如，单击 ，可以使文档向上翻一页）。

图 4-13　帮助窗口

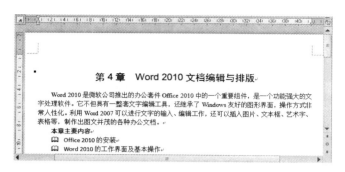

图 4-14　编辑区

图 4-15　状态栏

4.3.3　创建新文档

　　Word 文档是文本等对象的载体，要进行文本输入或编辑等工作，必须首先创建新文档。除了可以创建通用型的空白文档模板之外，Word 2010 中还内置了多种文档模板，如博客文章模板、书法字帖模板、样本模板等。另外，Office.com 网站还提供了证书、奖状、名片、简历等特定功能模板。借助这些模板，用户可以创建比较专业的 Word 2010 文档。具体步骤如下。

　　（1）单击"文件"按钮，在弹出的菜单中选择"新建"命令。

　　（2）如图 4-16 所示，在打开的"新建"面板中，用户可以单击"博客文章"和"书法字帖"等 Word 2010 自带的模板创建文档，还可以单击 Office.com 提供的"名片"和"日历"等在线模板。例如单击"样本模板"选项。

图 4-16　"新建"面板

(3)打开样本模板列表页,单击合适的模板后在"新建"面板右侧选中"文档"或"模板"单选框,然后单击"创建"按钮。

(4)打开选中的模板所创建的文档,用户可以在该文档中进行编辑。

4.3.4 保存文档

通过文档保存功能将编辑过的文档存储在计算机中,便于日后打开查看或编辑使用。

1. 新建文件的保存

保存新建的文件,可以单击快速访问工具栏中的"保存"按钮 ,或者单击"文件"按钮,在弹出的菜单中选择"保存"命令。

2. 另存已存在的文档

对于一些重要的文档,用户可以根据上面的方法直接保存该文档,然后做一个或多个备份。首先单击"文件"按钮,在弹出的菜单中选择"另存为"命令,打开"另存为"对话框,如图 4-17 所示。

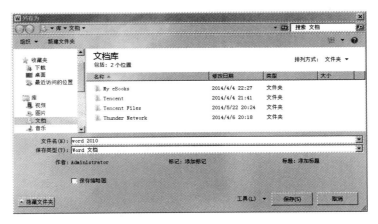

图 4-17 "另存为"对话框

在"另存为"对话框中,用户可以为文档设置保存位置、文件名、保存类型等。设置完成后单击"保存"按钮,即可实现文档的备份。

使用 Word 2010 编辑的文档,如果采用默认的 Word 文档格式保存,那么在 Word 2003 或更早的 Word 版本中,会遇到文档无法打开的状况(在 Word 2007 中能够打开,因为它们是同一种格式的文档,扩展名都为.docx)。解决方法之一就是选择 Word 97-2003 文档格式保存文档。这样保存的文档不仅可以在 Word 2010 中打开,也可以在 Word 2003 或更早的 Word 版本中打开。

3. 设置文档自动保存

在文档的编辑过程中难免会遇到断电、计算机死机等意外情况,如果用户设置了文档自动保存,就会减少不必要的数据丢失。

单击"文件"按钮,在弹出的菜单中选择"选项"命令,然后在弹出的"Word 选项"对话框中单击"保存"选项,出现如图 4-18 所示的对话框。在该对话框中用户可以根据自己的实际情况来设置自动保存的时间间隔(系统默认的时间间隔是 10 分钟)。另外,用户还可以在此对话框中设置文件保存格式、默认文件位置等信息。

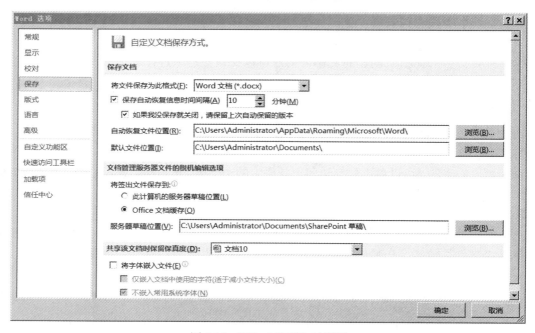

图 4-18 "Word 选项"对话框

4.3.5 打开文档

如果要查看或编辑计算机中保存的文档，就需要将其打开。

（1）首先启动 Word 2010，然后单击"文件"按钮，在弹出的菜单中选择"打开"命令。

（2）在弹出的"打开"对话框中设置文件的查找范围，选择所需要的文件，然后单击"打开"按钮即可，如图 4-19 所示。

图 4-19 "打开"对话框

4.4 使用 Word 2010 编辑文本

4.4.1 文本输入

编辑文本的第一步就是向编辑区输入文本内容。在编辑区中有一个闪烁的光标，也称为"插入点"，输入的文本将出现在光标处，同时光标自动右移。当定位了插入点之后，选择一种输入法即可开始文本的输入。

1．输入符号

打开"插入"选项卡，单击"符号"按钮，在打开的下拉列表中可以浏览并选择所需要的符号。当选择"其他符号"时，会弹出如图 4-20 所示的"符号"对话框。

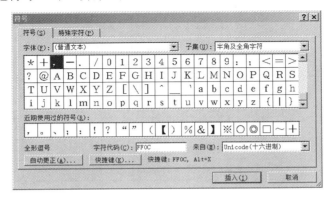

图 4-20 "符号"对话框

2．输入日期和时间

打开"插入"选项卡，单击"日期和时间"按钮，在弹出的"日期和时间"对话框中可以浏览并选择所需要的日期格式，如图 4-21 所示。

3．输入编号

打开"插入"选项卡，单击"编号"按钮，弹出"编号"对话框，如图 4-22 所示。用户在"编号（N）"文本框中输入正确的数字，然后浏览并选择所需要的编号类型，即可将需要的编号插入到文本中光标所在位置。

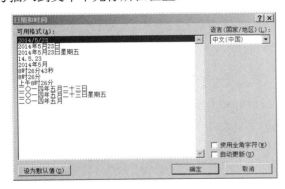

图 4-21 "日期和时间"对话框

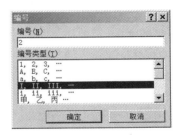

图 4-22 "编号"对话框

4.4.2 选择文本

无论是对 Word 文档中的文本设置格式，还是添加或删除内容，都需要首先选择要处理的文本。

1. 使用键盘选择

可以使用键盘上相应的快捷键选取文本。一些常用的文本操作快捷键及其选取文本内容的功能如表 4-1 所示。

表 4-1　文本操作快捷键及其选取文本内容的功能表

快　捷　键	功　　能
Shift+→	选取光标右侧的一个字符
Shift+←	选取光标左侧的一个字符
Shift+↑	选取光标位置至上一行相同位置的文本
Shift+↓	选取光标位置至下一行相同位置的文本
Shift+Home	选取光标位置至行首的文本
Shift+End	选取光标位置至行尾的文本
Shift+PageDown	选取光标位置至下一屏之间的文本
Shift+PageUp	选取光标位置至上一屏之间的文本
Ctrl+Shift+Home	选取光标位置至文档开始处的文本
Ctrl+Shift+End	选取光标位置至文档结尾处的文本
Ctrl+A	选取整篇文档

2. 使用鼠标选择

（1）选择任意数目的文本。在要开始选择的位置单击，按住鼠标左键，然后在要选择的文本上拖动鼠标，到目标处释放鼠标，即可选择需要选取的任意数目的文本。

（2）选择一行文本。将鼠标光标移到行的左侧空白处，在光标变为右向箭头后单击鼠标，即可选择整行文本。

（3）选择一段文本。将鼠标光标移动到段落左侧空白处，在光标变为右向箭头后双击鼠标，即可选中当前段落。

（4）选择整篇文本。将鼠标光标移动到任意文本的左侧空白处，在光标变为右向箭头后连击三次，即可选择整篇文本。

4.4.3 复制、移动和删除文本

1. 复制文本

当文本中有部分内容需要重复输入时，可以使用复制、粘贴文本的方法进行操作，以加快输入和编辑的速度。对文本进行复制操作的方法有如下 4 种。

方法一：选择需要复制的文本，按 Ctrl+C 快捷键，将光标定位到目标位置处，按 Ctrl+V 快捷键即可实现复制和粘贴操作。

方法二：选择需要复制的文本，在"开始"选项卡的"剪贴板"选项组中，单击"复制"

按钮 ，将光标定位到目标位置处，单击"粘贴"按钮 。

方法三：选择需要复制的文本，按下鼠标右键并拖动至目标位置，释放鼠标后在弹出的快捷菜单中选择"复制到此位置"命令。

方法四：选择需要复制的文本，单击鼠标右键，在弹出的快捷菜单中选择"复制"命令，在目标位置处再次单击鼠标右键，在弹出的快捷菜单中选择"粘贴选项"中的"保留源格式"命令。

2．移动文本

移动文本就是使用剪贴板将文本从一个地方移动到另外的地方，与复制操作类似。

方法一：选择需要移动的文本，按 Ctrl+X 快捷键，将光标定位到目标位置处，按 Ctrl+V 快捷键，文本就移动到了指定位置。

方法二：选择需要移动的文本，在"开始"选项卡的"剪贴板"选项区域中，单击"剪切"按钮 ，将光标定位到目标位置处，单击"粘贴"按钮。

方法三：选择需要移动的文本，按下鼠标右键并拖动至目标位置，释放鼠标后在弹出的快捷菜单中选择"移动到此位置"命令。

方法四：选择需要移动的文本，单击鼠标右键，在弹出的快捷菜单中选择"剪切"命令，在目标位置处再次单击鼠标右键，在弹出的快捷菜单中选择"粘贴选项"中的"保留原格式"命令。

3．删除文本

当文本中出现了多余或错误的内容时，就需要将其删除。对文本进行删除可使用以下 3 种常用的方法。

方法一：按 Backspace 键删除光标左侧的文本。

方法二：按 Delete 键删除光标右侧的文本。

方法三：选择需要删除的文本，在"开始"选项卡的"剪贴板"选项区域中，单击"剪切"按钮。

4.4.4 查找和替换文本

在一篇较长的文本中查找某个特定的内容，或者将查找到的内容替换为其他内容，是项烦琐又容易出错的工作。但是如果用户使用 Word 2010 提供的查找和替换功能，则能又快又好地完成文本的查找和替换操作。

1．查找文本

使用查找功能可以在文本中查找任意的字符或文本，如中文、标点符号、数字等。

单击"开始"选项卡，然后在"编辑"选项组中单击"查找"按钮，在打开的"导航"窗格的"搜索文档"文本框中输入需要查找的内容，如图 4-23 所示。

单击"查找"按钮旁边的下拉按钮，在弹出的下拉列表中选择"高级查找"选项，打开"查找和替换"对话框，如图 4-24 所示。在该对话框的"查找内容"文本框中输入要查找的内容，如"word 2007"，单击"查找下一处"或"阅读突出显示"按钮，或者单击"更多"按钮，则可在展开的对话框中设置更多的搜索选项。

2．替换文本

在查找到文档中特定的内容后，还可以对其进行替换。

（1）单击"开始"选项卡，然后在"编辑"选项组中单击"替换"按钮，弹出"查找和替换"对话框。

图 4-23 "导航"窗格

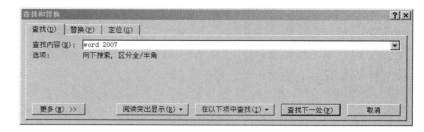
图 4-24 "查找和替换"对话框一

（2）打开该对话框中的"替换"选项卡，在"查找内容"文本框中输入将被替换掉的内容（如"word 2007"），在"替换为"文本框中输入要替换的内容（如"word 2010"），然后根据实际需要单击"替换"或"全部替换"等按钮，分别实现相应的替换功能。单击"更多"按钮，可以在"搜索选项"区域中设置是否区分大小写、是否使用通配符、是否区分全/半角等，如图 4-25 所示。

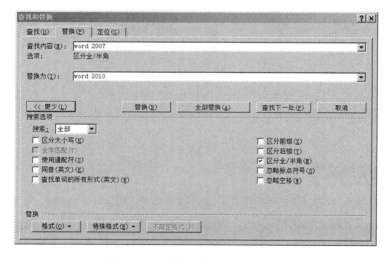

图 4-25 "查找和替换"对话框二

4.4.5 撤销和恢复

在进行文本的输入或编辑等操作时，Word 2010 会自动记录所执行过的操作。用户在执行了错误的操作后可以通过撤销功能将其撤销，也可以通过恢复功能将其恢复过来。

1. 撤销文本

撤销操作的方法主要有以下两种。

方法一：单击快速访问工具栏中的"撤销"按钮，撤销上一次操作；连续单击"撤销"按钮，则可以撤销最近执行过的多次操作；单击"撤销"按钮右侧的下拉按钮，可以在弹出的下拉列表中选择要撤销的操作。

方法二：按 Ctrl+Z 快捷键，可以撤销上一次操作；连续按 Ctrl+Z 快捷键，可撤销多次操作。

2. 恢复文本

恢复文本的方法主要有以下两种。

方法一：单击快速访问工具栏中的"恢复"按钮，恢复上一次操作；连续单击"恢复"按钮，则可以恢复最近执行过的多次操作。

方法二：按 Ctrl+Y 快捷键，可以恢复上一次操作；连续按 Ctrl+Y 快捷键，可恢复多次操作。

4.5 设置文本格式

要想制作出的文本美观、清晰，用户需要对文本进行一些字体、段落格式等方面的设置。

4.5.1 设置字体格式

Word 2010 提供了多种字体、字形、大小和颜色等供用户选择。这些都可以通过单击"开始"选项卡，在"字体"选项组中进行设置，如图 4-26 所示。

图 4-26 "字体"选项组

"字体"选项组主要部件的功能介绍如下。

- "字体"下拉列表框 Times New R ：单击其右侧的下拉按钮，在弹出的下拉列表中可以选择需要的字体。
- "字号"下拉列表框 五号 ：单击其右侧的下拉按钮，在弹出的下拉列表中可以对字号大小进行设置。其中中文标准使用"一号"或"四号"等表示，"初号"字体最大，"八号"字体最小；英文标准使用"5"或"10.5"等表示，"5"是最小字号，数值越大，字体越大。
- "增大字体"和"缩小字体"按钮 A⁺ A⁻：单击 A⁺，所选文本的字号增大一级；单击 A⁻，所选文本的字号减小一级。
- B I U - abe x₂ x²：相应的功能为设置"加粗""倾斜""下画线""删除线""下标"和"上标"，分别进行设置以后，其相应的效果如图 4-27 所示。

图 4-27 "字体"选项设置效果图

- "更改大小写" Aa⁻：将所选文字更改为全部大写、全部小写或其他常见的大小写形式。
- "颜色"按钮 ：可设置不同颜色，突出显示文本。

- ：可对字体颜色进行设置。

4.5.2 设置段落格式

通过段落格式的设置可以使文档结构清晰，层次分明。用户可根据需要对段落设置对齐方式、段间距、缩进等。

段落格式可以通过"开始"选项卡"段落"选项组中的部分按钮进行设置，如图 4-28 所示。

"段落"选项组主要部件的功能介绍如下。

- "左对齐""居中""右对齐""两端对齐"和"分散对齐"按钮 ：使文档的段落分别与页面左边界、中央、右边界、左右两端、段落两端对齐。相应的效果如图 4-29 所示。

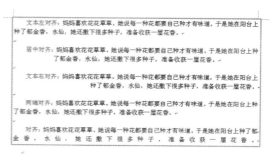

图 4-28 "段落"选项组　　　　图 4-29 "段落"对齐选项设置效果

- "行和段落间距"按钮 ：可以更改文本行的行间距。单击该按钮，在其下拉列表中可以选择行与行之间的间距，如图 4-30 所示，数值越大，间距越大。还可以选择"增加段前间距"或"增加段后间距"命令来改变所选择文本的段前间距或段后间距。也可以单击"行距选项"命令，在弹出的"段落"对话框中打开"缩进和间距"选项卡，在"间距"选项区域中进行段前、段后间距或行距的设置，如图 4-31 所示。

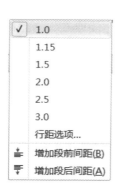 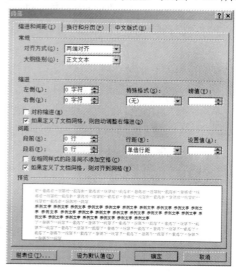

图 4-30 行间距的设置　　　　图 4-31 "段落"对话框

- "减少缩进量"按钮、"增加缩进量"按钮 ：单击该按钮可以减少或增加文档内容与左、右边界的距离。

例如，有下面的段落：

Word 2010 是微软公司推出的办公套件 Office 2010 中的一个重要组件，是一个功能强大的文字处理软件。它不但具有一整套文字编辑工具，还继承了 Windows 友好的图形界面，操作方式非常人性化。

进行"增加缩进量"（左缩进 10 个字符）操作后的效果如图 4-32 所示。

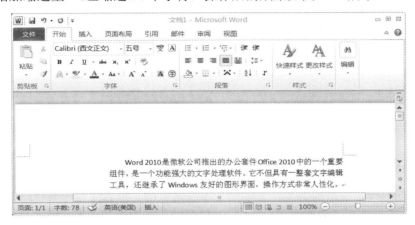

图 4-32 增加缩进量效果

在图 4-32 的基础上进行"减少缩进量"（减少 6 个字符的缩进量）操作后的效果如图 4-33 所示。

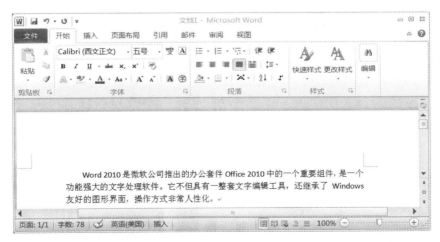

图 4-33 减少缩进量效果

另外，用户也可以选择单击"段落"选项组中右下角的"显示段落对话框"按钮 ，打开如图 4-31 所示的"段落"对话框，然后在"缩进"选项区域中精确地设置段落缩进量。若在"左侧"文本框中输入左缩进值，则选中的所有行从左边缩进；若在"右侧"文本框中输入右缩进值，则选中的所有行从右边缩进；在"特殊格式"下拉列表框中也可以选择段落缩进的其他方式。

4.5.3 设置边框和底纹

为了使文档内的某些内容突出显示，可以使用"字体"选项区域中的边框与底纹功能来设置某一段或某一页的边框和底纹。

使用"字体"选项区域中的"字符边框"按钮 A 、"字符底纹"按钮 A 来为文本设置边框和底纹，具体方法如下。

（1）选中需要设置的文档片段。

（2）单击"字符边框"按钮、"字符底纹"按钮即可进行相应的设置。如果要撤销设置，只需选中已添加的内容进行撤销操作。

"字符边框"效果如下。

妈妈喜欢花花草草。她说每一种花都要自己种才有味道。

"字符底纹"效果如下。

妈妈喜欢花花草草。她说每一种花都要自己种才有味道。

4.5.4 设置项目符号和编号

在文本中使用项目符号或编号，可以使文本层次分明、内容醒目、条理清晰。

1. 自动添加项目符号或编号

可以在文本输入时自动创建项目符号或编号。例如，在以"1.""（1）""A"等字符开始的段落的结尾处按回车键，在下一段文本开始处将会自动出现"2.""（2）""B"等字符。

2. 手动设置项目符号或编号

自动添加的项目符号或编号是根据文本前一段落的内容生成的，用户还可以使用 按钮手动为文本设置需要的项目符号或编号，其具体操作步骤如下。

（1）选择需要添加项目符号或编号的一个或多个段落。

（2）选择"开始"选项卡，在"段落"选项区域中单击"项目符号"按钮 ，可为其添加项目符号；单击"编号"按钮 ，可为其添加编号；单击"多级列表"按钮 ，可为其添加多级编号。

单击"项目符号""编号""多级列表"按钮，其对应的下拉菜单分别如图 4-34、图 4-35、图 4-36 所示。

图 4-34 "项目符号"下拉菜单

图 4-35 "编号"下拉菜单　　　　图 4-36 "多级列表"下拉菜单

4.5.5 复制和清除格式

在编辑文档时，会出现多个段落或页面需要设置成相同格式的情形，此时可以使用复制格式操作来实现。如果需要取消设置的格式，则可以使用清除格式操作。

1. 复制格式

使用"格式刷"按钮 可以快速地将某部分文本的格式复制给其他文本，其操作步骤如下。

（1）选中所需格式的文本内容。

（2）打开"开始"选项卡，在"剪贴板"选项组中单击"格式刷"按钮，此时鼠标光标会变成一把小刷子的形状。

（3）用小刷子形状的鼠标光标选中需要设置此格式的文本内容。

2. 清除格式

使用"清除格式"按钮 可以清除文本中的格式，其操作步骤如下。

（1）选中需要清除格式的文本内容。

（2）打开"开始"选项卡，然后在"字体"选项组中单击"清除格式"按钮，即可清除所选文本的格式。

4.6 表格的应用

在日常工作中常常会用到表格，如课程表、个人简历表、作息安排表等。此时，用户可以选择使用 Word 2010 提供的表格功能制作出各式各样的表格。

4.6.1 创建表格

创建表格的方法主要有以下 3 种。

1. 使用"表格"按钮创建表格

创建表格最简单的方法是使用"插入"选项卡"表格"选项组中的"表格"按钮，其操作步骤如下。

（1）将光标定位在需要创建表格的位置。

（2）打开"插入"选项卡，单击"表格"选项组中的"表格"按钮。

（3）在弹出的"插入表格"栏中按住鼠标左键并拖动，选择需要的表格的行数和列数，然后释放鼠标即可。如图 4-37 所示，可以创建一个 4 行 6 列的表格。

2. 使用"插入表格"对话框创建表格

通过"插入表格"对话框创建表格，不仅可以输入任意需要的表格的行数和列数，还可以设置表格的列宽、根据内容调整表格、根据窗口调整表格等，其操作步骤如下。

（1）将光标定位在需要创建表格的位置。

（2）打开"插入"选项卡，单击"表格"选项组中的"表格"按钮。

（3）在弹出的下拉列表中单击"插入表格"按钮，弹出"插入表格"对话框。

（4）在弹出的"插入表格"对话框中可以设置表格的列数和行数，也可以调整列宽等，如图 4-38 所示。

（5）单击"确定"按钮即可将指定列数和行数的表格创建到文本的指定位置。

   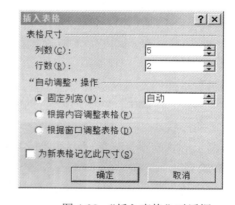

图 4-37 使用"表格"按钮创建表格　　图 4-38 "插入表格"对话框

3. 通过手工绘制的方法创建不规则的表格

用户还可以使用绘制表格的功能"画"出自己需要的表格，其操作步骤如下。

（1）将光标定位在需要创建表格的位置。

（2）打开"插入"选项卡，单击"表格"选项组中的"表格"按钮。

（3）在弹出的列表中单击"绘制表格"按钮。

（4）鼠标光标变成笔形，此时按下鼠标左键，即可像使用画笔一样，在文本中绘制出需要的表格。

此外,用户还可以选择使用 Word 2010 提供的"文本转换成表格""Excel 电子表格"和"快速表格"功能来创建不同风格的表格。

4.6.2 编辑表格

用户创建表格后,当表格成为当前操作的对象时,单击鼠标右键,在弹出的快捷菜单中可以选择相关命令对表格进行编辑。此时,Word 2010 的"表格工具"被激活,用户也可以通过"设计"选项卡(见图 4-39)和"布局"选项卡(见图 4-40)的各个功能选项来对表格布局进行设置,并对表格进行编辑操作,如插入和删除单元格、行或列,合并和拆分单元格等。

图 4-39 表格工具"设计"选项卡和功能区

图 4-40 表格工具"布局"选项卡和功能区

1. 插入单元格

方法一:

(1)将光标定位在表格中。

(2)单击鼠标右键,在弹出的快捷菜单中选择"插入"→"插入单元格"命令。

(3)在弹出的"插入单元格"对话框中选择相应的选项,单击"确定"按钮,如图 4-41 所示。

方法二:

(1)将光标定位在表格中。

(2)单击"布局"选项卡,在"行和列"组中单击"表格插入单元格"对话框启动器按钮。

(3)在弹出的"插入单元格"对话框中选择相应的选项,单击"确定"按钮,如图 4-41 所示。

2. 删除单元格

方法一:

(1)将光标定位在表格中。

(2)单击鼠标右键,在弹出的快捷菜单中选择"删除单元格"命令。

(3)在弹出的"删除单元格"对话框中选择相应的选项,单击"确定"按钮,如图 4-42 所示。

方法二:

(1)将光标定位在表格中。

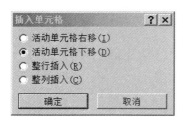
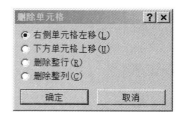

图 4-41 "插入单元格"对话框　　　　　图 4-42 "删除单元格"对话框

（2）单击"布局"选项卡，在"行和列"组中单击"删除表格"按钮。

（3）在弹出的下拉列表中选择相应的选项，如图 4-43 所示。

3. 合并单元格

方法一：

（1）选择需要进行合并操作的单元格区域，单击鼠标右键。

（2）在弹出的快捷菜单中选择"合并单元格"命令，即可将其合并为一个单元格。

方法二：

（1）选择需要进行合并操作的单元格区域。

（2）单击"布局"选项卡，在"合并"组中单击"合并单元格"按钮，即可将所选单元格合并为一个单元格。

4. 拆分单元格

方法一：

（1）选择需要拆分的单元格或单元格区域，单击鼠标右键。

（2）在弹出的快捷菜单中选择"拆分单元格"命令。

（3）在弹出的"拆分单元格"对话框中设置需要拆分的行数和列数，然后单击"确定"按钮，如图 4-44 所示。

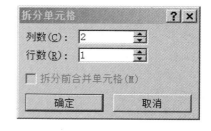

图 4-43 "删除表格"下拉列表　　　　　图 4-44 "拆分单元格"对话框

方法二：

（1）选择需要拆分的单元格或单元格区域。

（2）单击"布局"选项卡，在"合并"组中单击"拆分单元格"按钮。

（3）在弹出的"拆分单元格"对话框中设置需要拆分的行数和列数，然后单击"确定"按钮，如图 4-44 所示。

5. 插入行和列

方法一：

（1）将光标定位在表格中，单击鼠标右键。

（2）在弹出的快捷菜单中选择"插入"→"在上方插入行"命令，可在光标的上方插入一行；选择"在下方插入行"命令，可在光标的下方插入一行；选择"在左侧插入列"命令，可在光标左侧插入一列；选择"在右侧插入列"命令，可在光标右侧插入一列。

方法二：
（1）将光标定位在表格中。
（2）打开"布局"选项卡，在"行和列"组的"在上方插入""在下方插入""在左侧插入"和"在右侧插入"4个功能选项中选择合适的命令进行操作。

4.6.3 在表格中输入数据

创建的新表格往往都是空白的，更多的时候是要向表格中输入内容。在表格中输入内容要遵循一定的步骤。

1. 定位单元格

单元格是表格的最小输入区间，要向表格中输入数据，首先要将光标定位到表格的单元格中。定位单元格的操作方法如表4-2所示。

表4-2 定位单元格的操作方法

定位方式	意义
左键单击	可定位任何一个单元格
"←"或"→"	定位到当前单元格的前一个或后一个单元格
"↑"或"↓"	定位到当前单元格的上一个或下一个单元格
Tab	定位到当前单元格的下一个单元格（光标位于表格的最后一个单元格时，将为表格添加新的一行）
Shift+Tab	定位到当前单元格的上一个单元格

2. 输入内容

定位好光标后，就可以向表格中输入内容了，在表格中可以输入文字、数字、符号、图片等，输入方法与文本的输入方法相同。

4.6.4 表格数据的计算与排序

对数据进行计算和排序并非是Excel电子表格的专利，在Word 2010中同样也可以对表格中的数据进行计算和排序。

Word 2010表格中的每个单元格都有一个单元格地址，列以英文字母表示，行以自然序数表示。单元格地址如图4-45所示（其中安迪的高等数学成绩所在的单元格记作E2）。

	A	B	C	D	E	F
1	序号	姓名	计算机基础	大学英语	高等数学	总成绩
2	1	安迪	98	95	90	
3	2	包亦凡	90	85	72	
4	3	谭宗明	82	79	92	
5	4	曲筱绡	78	80	58	
6	5	赵启平	93	86	69	

图4-45 成绩表1

1. 表格数据的计算

在有些情况下，我们可能需要对 Word 表格中的数据进行统计，如对某一行的数据进行求和、对某一列的数据求平均值等。此时，除了手工计算并输入计算结果之外，还可以通过输入带有加、减、乘、除（+、-、*、/）等运算符的公式进行计算，也可以利用 Word 2010 中附带的函数进行较为复杂的计算。

对 Word 2010 表格中的数据进行计算的操作步骤如下。

（1）打开需要对表格数据进行计算的 Word 2010 文档，单击放置计算结果的表格单元格（如图 4-45 所示表格中的单元格 F2），此时表格工具"布局"选项卡被激活。

（2）在"布局"选项卡中选择"数据"选项区域，单击"公式"按钮 f_x 公式。

（3）弹出如图 4-46 所示的"公式"对话框。在"公式"对话框中有 3 个操作栏：①公式；②编号格式；③粘贴函数。其中，公式用来设置计算所用的公式，公式中括号内的参数包括 4 个，分别是左侧（LEFT）、右侧（RIGHT）、上面（ABOVE）和下面（BELOW）；粘贴函数有下拉列表，下拉列表中的是 Word 2010 提供表格计算的各类统计函数，选择其中的函数（如求和函数 SUM、求平均数函数 AVERAGE、统计个数函数 COUNT、求最大值函数 MAX、求最小值函数 MIN），可以粘贴在公式文本框；编号格式也有下拉列表，下拉列表中列出了各种数字格式，选择后表格输出的结果格式就和所选的一样了。

例如，要计算如图 4-45 所示表格中的总成绩，可以在公式文本框中粘贴或输入 SUM(LEFT)；也可以直接在公式文本框中输入"=C2+D2+E2"，如图 4-47 所示。

图 4-46 "公式"对话框　　　　　　　图 4-47　手动输入公式计算表格数据

（4）"公式"对话框设置成功后，单击"确定"按钮即可。

2. 表格数据的排序

在 Word 2010 中，可以按照递增或递减的顺序将表格内容按笔画、数字、拼音或日期等进行排序。

对 Word 2010 表格数据进行排序的操作步骤如下。

（1）打开需要对表格数据进行排序的 Word 2010 文档，单击表格的任一单元格，此时表格工具"布局"选项卡被激活。

（2）在"布局"选项卡中选择"数据"选项组，单击"排序"按钮 。

（3）弹出如图 4-48 所示的"排序"对话框。在"排序"对话框的"主要关键字"下拉列表中选择所要排序的列，然后在其右侧选择排序方式，可选"升序"或"降序"，还可以设置"次要关键字"和"第三关键字"为排序条件，各个条件按照前后顺序依次优先。

例如，要对如图 4-49 所示的表格数据按照总成绩降序排序，如果总成绩相同，则按照计算机基础成绩降序排序，则其"排序"对话框的设置如图 4-50 所示。

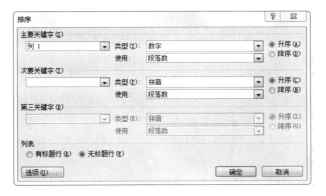

图 4-48 "排序"对话框

	A	B	C	D	E	F
1	序号	姓名	计算机基础	大学英语	高等数学	总成绩
2	1	安迪	98	95	90	283
3	2	包亦凡	90	85	72	247
4	3	谭宗明	82	79	92	253
5	4	曲筱绡	78	80	58	216
6	5	赵启平	93	86	69	248

图 4-49 成绩表 2

图 4-50 "排序"对话框的设置

(4)"排序"对话框设置完成后,单击"确定"按钮即可。排序结果如图 4-51 所示。

	A	B	C	D	E	F
1	序号	姓名	计算机基础	大学英语	高等数学	总成绩
2	1	安迪	98	95	90	283
3	3	谭宗明	82	79	92	253
4	5	赵启平	93	86	69	248
5	2	包亦凡	90	85	72	247
6	4	曲筱绡	78	80	58	216

图 4-51 排序结果

4.6.5 美化表格

为了增强表格的视觉效果,使内容更为突出和醒目,可以对表格设置边框和底纹。

1. 使用内置表格样式

Word 2010 提供了近百种内置表格样式，以满足各种不同类型表格的需求。使用内置表格样式的操作步骤如下。

（1）将光标定位于表格的任意一个单元格内。

（2）打开"设计"选项卡，在"表格样式"选项组中选择相应的样式，或者单击"其他"按钮，在弹出的下拉列表中选择所需要的样式，如图 4-52 所示。鼠标指针放在任意一个样式上方时，将按照所选择的样式预览表格，只有单击选择样式后才能生效。

2. 设置表格的边框

默认情况下，创建的表格的边框都 0.5 磅的黑色单实线，用户可以根据需要自行设置表格的边框。

方法一：

（1）选择需要设置边框的表格。

（2）打开"设计"选项卡，在"表格样式"选项组中单击"边框"按钮，在弹出的下拉列表中选择所需要的边框线，如图 4-53 所示。

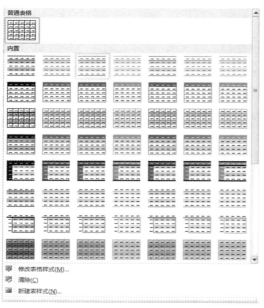
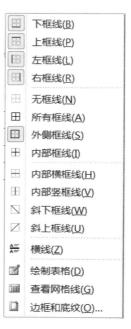

图 4-52 "表格样式"列表　　　　　图 4-53 "边框线"列表

方法二：

（1）选择需要设置边框的表格。

（2）单击鼠标右键，在弹出的快捷菜单中选择"边框和底纹"命令，弹出"边框和底纹"对话框，如图 4-54 所示。打开"边框"选项卡，对其进行设置即可。

3. 设置表格的底纹

方法一：

（1）选择需要设置底纹的表格。

（2）打开"设计"选项卡，在"表格样式"选项组中单击"底纹"按钮，在弹出的下拉列表中选择所需要的底纹，如图 4-55 所示。

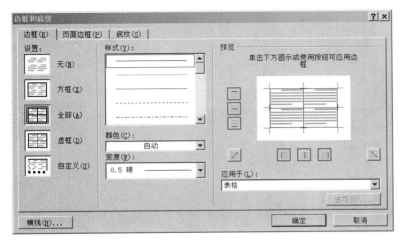
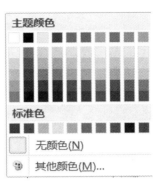

图 4-54 "边框和底纹"对话框　　　　　　图 4-55 "底纹"列表

方法二：
（1）选择需要设置底纹的表格。
（2）单击鼠标右键，在弹出的快捷菜单中选择"边框和底纹"命令，弹出"边框和底纹"对话框。打开"底纹"选项卡，对其进行设置即可。

4.7　图文混排

在文本中适当插入一些图形或图片，不仅可以使文本显得生动有趣，还有助于读者更好地理解文本内容。Word 2010 为用户提供了方便的图文混排功能。

4.7.1　插入图片和剪贴画

在 Word 2010 中，用户除了可以将计算机中存储的图片插入到文本中，还可以将 Word 2010 自带的图片剪辑库中的许多精美贴画插入到文本中。

1．插入图片

可以插入来自文件的图片，其操作步骤如下。
（1）将光标定位到需要插入图片的位置，打开"插入"选项卡。
（2）单击"插图"选项组中的"图片"按钮 ，打开"插入图片"对话框，如图 4-56 所示。
（3）选择需要插入的图片，单击"插入"按钮，即可将所选择的图片插入到指定位置。

2．插入剪贴画

可以在文本中插入 Word 2010 的剪贴画，其操作步骤如下。
（1）将光标定位到需要插入图片的位置，打开"插入"选项卡。
（2）单击"插图"选项组中的"剪贴画"按钮，在文本编辑区右侧出现"剪贴画"窗格，在"搜索文字"文本框中输入描述所需剪贴画的单词或词组，然后单击"搜索"按钮，如

图 4-57 所示。

图 4-56 "插入图片"对话框

图 4-57 "剪贴画"窗格

（3）在搜索到的剪贴画中选择需要插入的剪贴画，单击该剪贴画便可将其插入到文本中。

4.7.2 编辑图片和剪贴画

插入图片或剪贴画后，图片工具的"格式"选项卡被激活，如图 4-58 所示。用户可以使用它来对图片或剪贴画的亮度、对比度、样式、位置等进行设置。

图 4-58 图片工具"格式"选项卡和功能区

- "调整"选项组主要包括一些修改图片属性的操作命令：用户可以使用"亮度"和"对比度"选项来调整图片的亮度和对比度；使用"压缩图片"选项来压缩图片，减小其尺寸等。
- "图片样式"选项组可以对图片的形状、边框和效果等进行设置和修改。
- "排列"选项组可以设置图片在文本中的相对位置、环绕方式、对齐、旋转和组合等。
- "大小"选项组可以设置图片的大小和剪切图片。

4.7.3 插入形状

在 Word 2010 中,还可以在文本中添加各种形状,如直线、箭头、椭圆、流程图和星形等。

在文本中插入形状的操作步骤如下。

(1) 将光标定位到需要插入形状的位置,打开"插入"选项卡。

(2) 单击"插图"选项组中的"形状"按钮,弹出形状列表,如图 4-59 所示。

(3) 在形状列表中选择所需要的图形,在光标变成"十"字形后,在光标处按住鼠标左键并拖动鼠标,即可绘制出需要的形状。

选中绘制的形状,绘图工具的"格式"选项卡被激活,用户可以用它来为形状设置各种效果。

图 4-59　形状列表

4.7.4 插入艺术字

艺术字是文档中具有特殊效果的文字。在文档中适当插入一些艺术字不仅可以美化文档,还能突出文档所要表达的内容。

设置文字的艺术效果主要是更改文字的填充和边框,或者添加诸如阴影、映像、发光、三维(3D)旋转或棱台之类的效果,从而更改文字的外观。

在文本中插入艺术字的操作步骤如下。

(1) 将光标定位到需要插入艺术字的位置,打开"插入"选项卡。

(2) 单击"文本"选项组中的"艺术字"按钮,弹出艺术字样式列表,如图 4-60 所示。

(3) 在艺术字样式列表中选择所需要的样式(以单击选中第一种艺术字效果为例)。

(4) 在光标所在位置会出现一个文本框,在文本框中输入要显示的文字,如"爱生活爱 word 2010!"。此时绘图工具的"格式"选项卡被激活,用户可以在"艺术字样式"组中选择相关命令来为艺术字设置各种效果,如图 4-61 所示。

图 4-60　艺术字样式列表

图 4-61　艺术字效果

4.7.5 插入数学公式

在以前的 Word 版本中,向文档中插入数学公式是一件非常麻烦的事情。现在可以利用 Word 2010 将这项工作彻底地简化。在内置的"公式库"中可以找到很多常用的数学公式,或者轻松构造自己的公式,而且智能化的"功能区"会在插入公式后自动切换到公式的设计状态,相关的设计工具也会自动呈现在用户面前。

1. 插入公式

插入公式的操作步骤如下。

(1) 将光标定位到要插入公式的位置。

(2) 切换到"插入"选项卡,并在"符号"组中单击"公式"按钮 π 公式旁边的下拉按钮。

(3) 在弹出的下拉列表中查看内置公式列表,如图 4-62 所示,如果有合适的公式,选中即可。

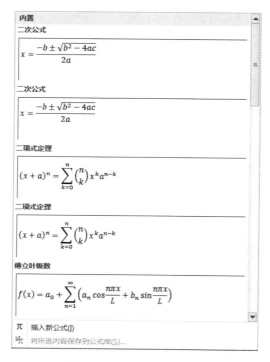

图 4-62 "公式"下拉列表

(4) 如果内置公式中没有用户需要的公式,则需要选中"插入新公式"命令。

(5) 此时,文档中会插入一个小窗口,公式工具的"设计"选项卡就会自动显示在功能区,如图 4-63 所示。这时可以利用该选项卡中的工具编辑公式。

2. 编辑公式

任何公式都是由公式结构和符号组成的。公式结构需要通过功能区"结构"组中的组件完成,符号则通过功能区的"符号"组或键盘输入。

根据公式的不同,公式结构也有多种。例如,插入分数就要使用分数的结构,插入矩阵就要使用矩阵的结构。在使用数学公式模板创建数学公式之前,先认识数学公式模板中的占位符。

数学公式模板主要是采用占位符的方法来进行公式分布的。占位符有两个作用：一是在其中输入符号；二是在其中继续插入公式结构。要往占位符中输入内容，只需把光标定位在占位符中，即可输入符号或嵌套插入公式结构。

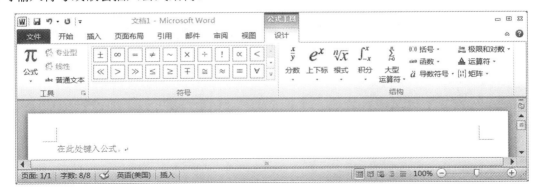

图4-63　公式工具"设计"选项卡和功能区

编辑公式的方法很简单。例如要输入一个分数，操作步骤如下。

（1）在公式工具"设计"选项卡的"结构"组中单击"分数"按钮。

（2）弹出的下拉列表分为两部分，上面是"分数"，包括分数的各种格式，下面则是"常用分数"，如图4-64所示。

（3）选择一种分数样式并单击，文档中会插入一个小窗口，在小窗口的相关占位符中输入需要的符号，分数即可被插入公式中。

（4）如果要往占位符中输入其他公式，可以用鼠标选定该占位符，也可通过键盘上的左右光标键进入正确的占位符，然后再从公式工具"设计"选项卡的功能区中选择插入其他结构。

图4-64　"分数"下拉列表

4.7.6　形状、图片或其他对象的组合

在Word文档中使用自选图形工具绘制的图形一般包括多个独立的形状，当要选中、移动和修改大小时，往往需要选中所有的独立形状，操作起来不太方便。其实此时可以借助"组合"命令将多个独立的形状组合成一个图形对象，然后对这个组合后的图形对象进行移动、修改大小等操作。对多个形状进行组合的操作步骤如下。

（1）在"开始"选项卡的"编辑"组中单击"选择"按钮，并在打开的下拉列表中单击"选择对象"命令，如图4-65所示。

（2）将鼠标指针移动到Word 2010页面中，光标呈白色箭头形状。按住"Ctrl"键并单击选中所有的独立形状，如图4-66所示。

（3）用鼠标右键单击被选中的所有独立形状，在弹出的快捷菜单中选择"组合"→"组合"命令，如图4-67所示。

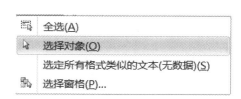

图 4-65 "选择"下拉列表

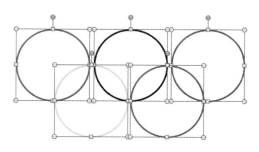

图 4-66 选中所有的独立形状

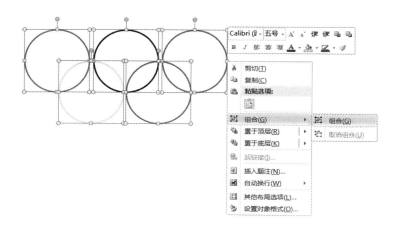

图 4-67 选择"组合"命令

（4）通过上述设置，被选中的独立形状将组合成一个图形对象，可以进行整体操作。

若要将 Word 2010 文档中的图片或其他对象（如表格、文本框、图表等）进行组合，操作方法与形状的组合类似。

如果希望对组合对象中的某个形状进行单独操作，可以右键单击组合对象，在弹出的快捷菜单中选择"组合"→"取消组合"命令，如图 4-68 所示。

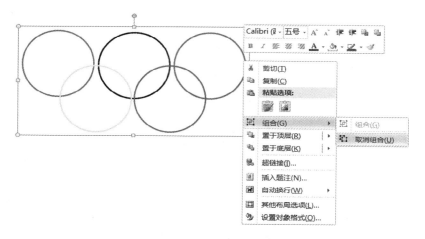

图 4-68 选择"取消组合"命令

4.8 页面设置与文档打印

Word 文本可以显示在计算机显示器上,也可以打印到纸上。为了使文本具有清晰、美观、大方的版面,用户可以对其进行页面设置。页面设置包括设置页边距、纸张大小、版式、页眉页脚等。

4.8.1 设置页边距

页边距是页面中的正文编辑区域到页面四周的空白区域。通常可以在页边距的可打印区域中插入文字和图形,也可以将页眉、页脚和页码等设置在页边距中。

设置页边距的操作步骤如下。

(1)打开需要设置页边距的文本。

(2)单击"页面布局"选项卡,在"页面设置"选项区域中单击"页边距"按钮 。

(3)在打开的下拉列表中单击所需要的页边距类型,整个文本就会改变为所选择的页边距类型,如图 4-69 所示。如果下拉列表中没有用户满意的类型,则可以通过单击"自定义边距"按钮,打开"页面设置"对话框来对页边距进行设置,分别在"上""下""左""右"和"装订线"等文本框中输入新的页边距值,如图 4-70 所示。

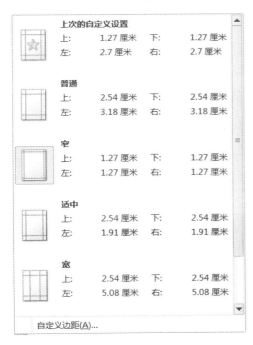

图 4-69 "页边距"下拉列表

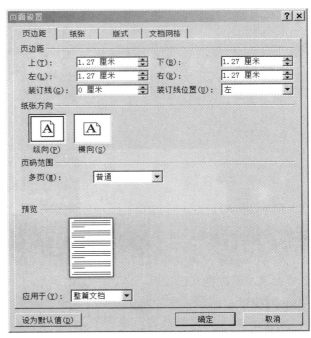

图 4-70 "页面设置"对话框

4.8.2 设置纸张的方向和大小

纸张方向包括"纵向"和"横向"两种。纸张大小的种类比较多,Word 2010 默认的纸张大小为"A4"。通过"页面设置"可以改变纸张的方向和大小，操作步骤如下。

（1）打开需要设置纸张方向和大小的文本。

（2）单击"页面布局"选项卡，在"页面设置"选项组中单击"纸张方向"按钮，在下拉列表中选择"横向"或"纵向"。

（3）单击"纸张大小"按钮，在打开的下拉列表中选择需要的纸张大小，如果没有满意的，则可以选择"其他页面大小"选项进行设置。

4.8.3 设置分栏和首字下沉

1. 设置分栏

在很多报纸、杂志等出版物中经常会把文本在一页中分成两栏或几栏，这样不仅可以减少版面留白，还可以使整个页面布局显得错落有致，便于阅读。

Word 2010 为用户提供了为文本分栏的功能，操作步骤如下。

（1）选中需要进行分栏的文本。

（2）单击"页面布局"选项卡中的"分栏"按钮。

（3）在展开的下拉列表中选择所需要的分栏类型，如图 4-71 所示。用户也可以单击"更多分栏"命令，打开"分栏"对话框，如图 4-72 所示。在"分栏"对话框中可以设置分栏的栏数、宽度、间距、分隔线和应用范围等。

图 4-71 "分栏类型"列表

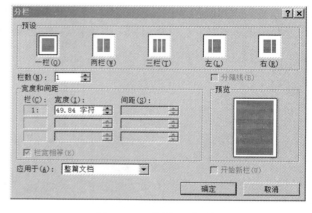

图 4-72 "分栏"对话框

2. 首字下沉

首字下沉是一种段落修饰，指文章或段落中的第一个字符使用的字体与其他文字不同，且字号更大，该类格式在报纸、杂志中比较常见，这样可以突出段落，更能引起读者的注意。在 Word 2010 中，设置首字下沉的操作步骤如下。

（1）把光标定位到需要设置首字下沉的段落中，打开"插入"选项卡。

（2）在"插入"选项卡的"文本"组中单击"首字下沉"按钮，打开"首字下沉"下拉列表，如图 4-73 所示。

（3）首字下沉有两种格式，一种是直接下沉，另一种是悬挂下沉，根据需要选择适当的格式。

这里设置的首字下沉，使用的是 Word 2010 的默认方式，即下沉 3 行、字体与正文一致。

如果要设置更多的形式,可以在"首字下沉"下拉列表中单击"首字下沉选项"命令。打开"首字下沉"对话框,如图 4-74 所示。在"位置"中选择一种下沉方式,在"字体"中设置下沉的首字的字体。单击"下沉行数"微调框,设置下沉的行数,单击"距正文"微调框设置下沉的文字与正文之间的距离,最后单击"确定"按钮,即可得到自己需要的格式。如果要取消首字下沉,可以把光标定位于该段落,然后单击"首字下沉"按钮,选择"无"选项即可。

图 4-73 "首字下沉"下拉列表

图 4-74 "首字下沉"对话框

4.8.4 设置页眉和页脚

页眉位于页面的顶部,页脚位于页面的底部。页眉和页脚常用于显示文档的附加信息,如时间、日期、页码、文本标题或作者姓名等。

为文本设置页眉和页脚的操作步骤如下。

(1)打开需要设置页眉和页脚的文本。

(2)在"插入"选项卡中选择"页眉和页脚"选项组,单击"页眉"按钮 。

(3)在下拉列表中选择"编辑页眉"命令,就可以进入页眉编辑状态。此时页眉和页脚工具的"设计"选项卡被激活,如图 4-75 所示。

图 4-75 页眉和页脚工具的"设计"选项卡

(4)在页眉中不仅可以输入要编辑的文字,还可以进行如下设置。

● 在"插入"选项组中单击"日期和时间"或"图片"按钮,将日期和时间或图片插入到页眉中。

● 在"选项"选项组选择"首页不同"或"奇偶页不同"等为首页设置不同的页眉和页脚,或为奇偶页设置不同的页眉和页脚等。

● 通过"位置"选项组设置页眉和页脚在页面中的位置与对齐方式。

(5)在"导航"选项组中单击"转至页脚"按钮,或者在"页眉和页脚"选项组中单击

"页脚"按钮,在下拉列表中选择"编辑页脚"命令。

（6）进入页脚编辑状态,可以进行相应的设置。

（7）单击"关闭页眉和页脚"按钮 ,退出页眉/页脚编辑状态。

4.8.5 设置分隔符

分隔符可以标记上一种方式的结束和下一种方式的开始。单击"页面布局"选项卡,在"页面设置"组中单击"分隔符"按钮 ,即可打开分隔符下拉列表,为文档设置不同的分隔符,如图4-76所示。

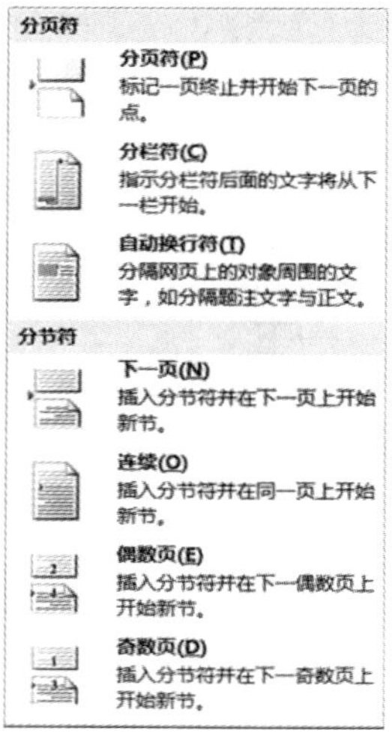

1. 分页符

分页符是标记上一页的结束并标记下一页开始的一种特殊的页面标记。

分页符可以分为分页符、分栏符和自动换行符3种。

一般情况下,在页面中输入各种文本时,当输入满一页后Word 2010会自动在页面结尾处插入一个分页符。

2. 分节符

分节符是插入到文档中的一种标记,它代表一节的结束。在用分节符断开的各节文档中,可以包含不同的页面方向、字体、页眉和页脚等内容。

分节符有4种类型:下一页、连续、偶数页、奇数页,各个类型分节符的作用如表4-3所示。

图4-76 "分隔符"下拉列表

表4-3 分节符的类型及作用

类 型	作 用
下一页	下一节的起位置为另起一页的开始
连续	下一节将换行开始
偶数页	下一节将在当前页后的下一个偶数页开始
奇数页	下一节将在当前页后的下一个奇数页开始

为文档手动插入分节符的操作步骤如下。

（1）打开一个文档,将光标定位到需要插入分节符的地方。

（2）打开"页面布局"选项卡,在"页面设置"组中单击"分隔符"按钮。

（3）在"分隔符"下拉列表框中选择一种合适的类型,如"连续",即可得到如图4-77所示的结果。

那么如何删除分节符呢?方法非常简单,只需把光标定位到节的结尾处（分节符之前）,按Delete键即可。

图4-77 插入"分节符"的效果

4.8.6 设置页码

设置页码就是为文本中的页进行编号，以便于用户阅读和查找。页码可以当作页眉或页脚的一部分进行设置，也可以添加到文本的其他位置。

为文本设置页码的操作步骤如下。

（1）打开需要设置页码的文本。

（2）在"插入"选项卡中选择"页眉和页脚"选项组，单击"页码"按钮。

（3）在下拉列表中选择相应的命令为文本设置页码，如图 4-78 所示。

图 4-78　设置页码

4.8.7 打印预览与打印设置

将文本编辑完成并进行格式编排后，就可以打印输出了。在打印之前可以先预览打印效果，这样可以避免各种错误或造成纸张的浪费。进行打印预览与打印设置的操作步骤如下。

（1）打开需要进行打印预览的文本。

（2）单击文件按钮，在弹出的下拉列表中选择"打印"命令。

（3）弹出如图 4-79 所示的"打印"面板。在其中可以选择打印机，并设置打印的页面范围和打印份数、预览打印效果等。

图 4-79　"打印"面板

4.9 文档的保护

4.9.1 设置文档保护

我们平时容易忽略 Word 文档的安全性，以为只要关闭就没事了。如果文档非常重要，不允许别人更改或查看，就要给自己的文档"上一把锁"。

其操作步骤如下。

（1）打开需要进行文档保护设置的文档。

（2）选择"审阅"选项卡，在"保护"组中单击"限制编辑"按钮 。

（3）弹出"限制格式和编辑"任务窗口，如图 4-80 所示。勾选"限制对选定的样式设置格式"复选框，再单击"设置"文字链接，弹出"格式设置限制"对话框，如图 4-81 所示。对其进行相关设定后单击"确定"按钮，弹出提示对话框，如图 4-82 所示，在此单击"否"按钮。

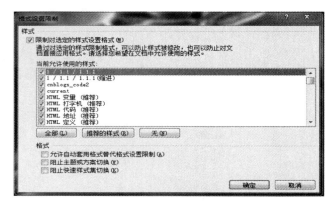

图 4-80 "限制格式和编辑"任务窗口　　　　图 4-81 "格式设置限制"对话框

（4）在"限制格式和编辑"任务窗口中对"编辑限制"按照需要进行相关设定。

（5）回到 Word 文档，此时可对文档进行保护，限制对文档格式和样式等内容的编辑。在"限制格式和编辑"任务窗口中单击"是，启动强制保护"按钮，弹出"启动强制保护"对话框，如图 4-83 所示，在"新密码"和"确认新密码"文本框中输入相同的密码，然后单击"确定"按钮，即可对选定的 Word 文档进行保护，限制用户对该文档内容进行修改。

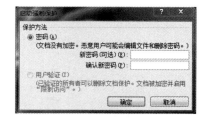

图 4-82　提示对话框　　　　　　　　图 4-83 "启动强制保护"对话框

4.9.2 取消文档保护

如果想要取消文档保护功能，可以先打开设置了保护功能的文档，然后在其"限制格式和编辑"任务窗口（见图 4-84）中单击"停止保护"按钮。在弹出的"取消保护文档"对话框（见图 4-85）中输入密码，然后单击"确定"按钮，即可取消文档保护。

图 4-84　设置文档保护后的"限制格式和编辑"任务窗口　　　图 4-85　"取消保护文档"对话框

4.10　Word 2010 中的超链接

在 Word 2010 中，用户可以使用超链接将不同的应用程序或文本甚至网络中不同计算机之间的数据和信息链接在一起。文本中的超链接通常以蓝色下画线标识，单击后就可以从当前的文本跳转到被链接的文件。

1．创建超链接

创建超链接的操作步骤如下。

（1）将光标定位到需要插入超链接的位置。

（2）在"插入"选项卡的"链接"选项区域中单击"超链接"按钮。也可以在需要创建超链接的位置单击鼠标右键，然后从弹出的快捷菜单中选择"超链接"命令。

（3）弹出"插入超链接"对话框，如图 4-86 所示。在"要显示的文字"文本框中输入超链接的名称，在"链接到"列表框中可以选择链接的位置，进行相应的设置。

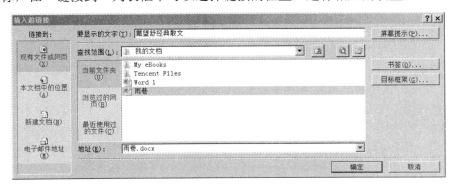

图 4-86　"插入超链接"对话框

- "现有文件或网页"表示链接到一个文件或一个网页。
- "本文档中的位置"表示链接到本文档中的某一处。
- "新建文档"表示链接到一个尚未创建的文件。
- "电子邮件地址"表示链接到某个电子邮件地址。

（4）通过设定"查找范围"或"地址"选择超链接对象。

（5）还可以在"插入超链接"对话框中单击"屏幕提示"按钮，打开"设置超链接屏幕提示"对话框，在其中可以输入系统对该超链接的屏幕提示。

（6）单击"确定"按钮，完成超链接设置。

2. 删除超链接

选择已显示为超链接的文本或图片，单击鼠标右键，在弹出的快捷菜单中单击"取消超链接"命令，即可删除超链接。

习题四

1. 单选题

（1）使用 Word 2010 编辑文本时执行了错误操作，（　　）功能可以帮助用户将文本恢复到原来的状态。

　　A．复制　　　　　　B．撤销　　　　　　C．剪切　　　　　　D．清除

（2）在 Word 2010 中，如果要把整篇文档选定，可以先将鼠标光标移动到任意文本的左侧空白处，在光标变为右向箭头后（　　）。

　　A．单击鼠标左键　　　　　　　　　　B．连续击 3 次鼠标左键
　　C．双击鼠标左键　　　　　　　　　　D．双击鼠标右键

（3）在 Word 2010 中，要把整个文档中的所有"计算机"一词修改为"computer"，可以使用（　　）功能。

　　A．替换　　　　　　B．查找　　　　　　C．编辑　　　　　　D．改写

（4）启动 Word 2010 之后，空白文档的名字是（　　）。

　　A．文档—Microsoft Word　　　　　　B．新文件 1—Microsoft Word
　　C．文档 1—Microsoft Word　　　　　　D．新文档—Microsoft Word

（5）Word 2010 文档的默认扩展名是（　　）。

　　A．docx　　　　　　B．txt　　　　　　C．doc　　　　　　D．htm

（6）Word 2010 是一个功能强大的（　　）。

　　A．工具软件　　　　B．字处理软件　　　C．管理软件　　　　D．系统软件

（7）在 Word 2010 中，想要事先查看当前文档的打印效果，应进行（　　）。

　　A．页面设置　　　　B．打印　　　　　　C．全屏显示　　　　D．打印预览

（8）在 Word 2010 的标题栏中，单击（　　）按钮，可以最小化文档编辑窗口。

　　A．-　　　　　　　B．×　　　　　　　C．□　　　　　　　D．?

（9）（　　）位于窗口底端，它显示了当前文档页数、文档总页数、包含的字数、拼写检查、输入法状态等。

　　A．状态栏　　　　　B．标题栏　　　　　C．快速访问工具栏　D．帮助

（10）在文档中按下 Backspace 键时，将（　　）。
A．删除光标左侧的一个字符　　　　B．删除光标左侧的一个单词
C．删除光标右侧的一个字符　　　　D．删除光标右侧的一个单词
（11）在功能选项卡的最右端有一个帮助按钮，单击它或按快捷键（　　）可以将帮助功能打开。
A．F5　　　　　　B．F1　　　　　　C．F11　　　　　　D．F8
（12）下列字号的字体最大的是（　　）。
A．小五　　　　　B．五号　　　　　C．小四　　　　　D．四号
（13）在 Word 2010 中，实现"恢复"功能的快捷键是（　　）。
A．Ctrl+Z　　　　B．Ctrl+C　　　　C．Ctrl+Y　　　　D．Ctrl+X
（14）下列关于"选定 Word 2010 操作对象"的叙述中，不正确的是（　　）。
A．鼠标左键双击文本选定区可以选定一个段落
B．将光标移到行的左侧空白处，在光标变为右向箭头后单击鼠标，可选择整行文本
C．在按 Alt 键的同时拖动鼠标左键可以选定一个矩形区域
D．将光标移动到段落左侧空白处，在光标变为右向箭头后双击鼠标，可选中当前段落
（15）在 Word 2010 中，将所选定的文本字体设置为加粗的操作是：单击"开始"选项卡"字体"选项组中的（　　）按钮。
A．U　　　　　　B．I　　　　　　C．x²　　　　　　D．B
（16）Word 2010 中的段落对齐方式默认设置为（　　）。
A．左对齐　　　　B．右对齐　　　　C．居中对齐　　　　D．两端对齐
（17）在 Word 2010 的下列操作中，（　　）与其他操作实现的功能不同。
A．按快捷键 Alt+F4
B．按快捷键 Alt+F5
C．单击 Word 窗口右上角的"关闭"按钮
D．在 Office 按钮的下拉菜单中单击"退出 Word"按钮
（18）Word 2010 是（　　）公司研制的字处理软件产品。
A．Microsoft　　　B．Intel　　　　C．IBM　　　　　D．华为
（19）在拖动图片过程中按住（　　）键，可以直接复制一个对象到新的位置。
A．Shift　　　　　B．Ctrl　　　　　C．Alt　　　　　D．Tab
（20）光标位于表格的最后一个单元格时，按下（　　）键将为表格添加新的一行。
A．Shift　　　　　B．Ctrl　　　　　C．Alt　　　　　D．Tab
（21）在"页面设置"对话框的（　　）选项卡中，可以设置纸张方向和页码范围。
A．纸张　　　　　B．文档网格　　　C．页边距　　　　D．版式
（22）在 Word 2010 文档中使用（　　）功能，可以从当前的文本跳转到当前文本的其他位置或另一个应用程序或文本。
A．标签　　　　　B．索引　　　　　C．宏　　　　　　D．超链接
（23）在 Word 2010 中，下列关于"页码"的叙述中，正确的是（　　）。
A．页码必须从 1 开始编号
B．页码的位置必须位于编辑区的下方
C．页码只能是页脚的一部分

D．无须对每一页都使用"页眉和页脚"命令进行设置

（24）在 Word 2010 编辑状态下，若选择了整个表格，然后按 Delete 键，则（　　）。
　　A．整个表格被删除　　　　　　　　B．表格中的一行被删除
　　C．表格中的一列被删除　　　　　　D．表格中的所有字符被删除

（25）"页眉和页脚"选项组位于（　　）选项卡中。
　　A．开始　　　　B．插入　　　　C．页面布局　　　　D．视图

（26）下列选项中不属于 Word 2010 缩进方式的是（　　）。
　　A．首行缩进　　B．尾行缩进　　C．左缩进　　　　D．悬挂缩进

（27）在 Word 2010 中，光标的形状是（　　）。
　　A．闪动的竖线　　B．闪动的横线　　C．沙漏　　　　D．箭头

（28）在使用 Word 2010 编辑文本时，要把一段文字移动到另一段文字的尾部，可以使用的操作是（　　）。
　　A．复制+粘贴　　B．剪切　　　　C．复制　　　　D．剪切+粘贴

（29）在 Word 2010 "视图"选项卡的"文档视图"选项区域中，不存在的视图工具是（　　）。
　　A．预览视图　　B．页面视图　　C．Web 版式视图　　D．大纲视图

（30）在 Word 2010 软件中，设置文字字体时，不能设置的是（　　）。
　　A．字体　　　　B．字体颜色　　C．字形　　　　D．行间距

（31）Word 2010 不包含的功能是（　　）。
　　A．编译　　　　B．打印　　　　C．排版　　　　D．编辑

（32）对 Word 软件的功能说法不正确的是（　　）。
　　A．它可以编辑文字，也可以编辑图形
　　B．可以在 Word 2010 中制作表格
　　C．不能在 Word 2010 中打开使用 Word 2003 编辑的文档
　　D．不能在 Word 2003 中打开扩展名是.docx 的文档

（33）使用 Word 2010 对表格进行拆分与合并操作时，（　　）。
　　A．一个表格只能拆分成上下两个或左右两个
　　B．一个表格只能拆分成上下两个
　　C．一个表格只能拆分成左右两个
　　D．可以对上下或左右的单元格进行单元格合并操作

（34）在 Word 2010 窗口中，决定在窗口工作区中显示文档哪部分内容的是（　　）。
　　A．滚动条　　　B．最大化按钮　　C．标尺　　　　D．控制框

（35）在执行"查找"命令时，查找内容为"MICROSOFT"，如果选择了搜索选项（　　），则"Microsoft"不会被查找到。
　　A．区分全/半角　　B．区分大小写　　C．使用通配符　　D．全字匹配

（36）在 Word 2010 中，图片可以有多种环绕方式和文本混排方式，（　　）不是它提供的环绕方式。
　　A．四周型　　　B．上下型　　　C．左右型　　　D．穿越型

（37）Word 2010 具有插入功能，下列关于插入的说法中错误的是（　　）。
　　A．可以插入多种类型的图片　　　　B．插入后的对象无法更改
　　C．可以插入艺术字　　　　　　　　D．可以插入超链接

（38）在 Word 2010 文档窗口中，若选定的文本块中包含有几种字体的汉字，则"开始"选项卡"字体"选项组的字体框中显示（　　）。

　　A．空白　　　　　　　　　　　　　B．第一个汉字的字体
　　C．系统默认字体：宋体　　　　　　D．文本块中使用最多的文字字体

2. 填空题

（1）在 Word 2010 编辑状态下，"格式刷"按钮的作用是_____。

（2）Word 2010 提供的文档显示方式称为视图，包括_____、_____、_____、阅读版式视图、大纲视图 5 种视图。

（3）在 Word 2010 中，段落缩进后，文本相对于打印纸边界的距离为_____。

（4）利用快捷键_____可以在安装的各种输入法之间切换。

（5）想插入版权符号@，可以通过_____选项卡_____选项区域中的_____按钮来实现。

（6）插入/改写状态的转换，可以通过单击键盘上的_____键来实现。

（7）使用键盘上的_____键可以将光标移动到行首。

（8）剪切文本使用的快捷键是_____，复制文本使用的快捷键是_____，粘贴文本使用的快捷键是_____。

（9）在 Word 2010 中，当输入文本满一页时，会自动插入一个分页符，这称为_____。

（10）Word 2010 中的_____最初只有"保存""撤销""恢复"3 个固定的快捷按钮。

（11）在创建表格时，在网格框顶部出现的"$m×n$ 表格"表示要创建的表格是_____行_____列。

（12）项目符号或编号可以在文本输入时自动创建，在以"1.""（1）""A"等字符开始的段落中按回车键，在下一段文本开始处将会自动出现_____、_____、_____等字符。

3. 简答题

（1）Office 2010 办公软件主要包括哪些组件，其作用分别是什么？
（2）Word 2010 的窗口由哪几部分组成？各个部分包含哪些内容？
（3）Word 2010 中的文本选定是什么含义？如何选定文本？
（4）Office 2010 的安装步骤有哪些？
（5）页面设置主要包括哪些部分，各自的作用是什么？
（6）如何在文档中插入图片？
（7）创建表格有哪些途径？
（8）为文本设置页眉和页脚的具体步骤有哪些？

4. 操作题

按以下要求对 Word 文本进行编辑和排版。

（1）输入如下文本内容。

"假如你不知道自己的方向，你就会谨小慎微，裹足不前。"

不少人终生都像梦游者一样，漫无目标地游荡。他们天天都按熟悉的"老一套"生活，从来不问自己："我这一生要干什么？"他们对自己的作为不甚了解，因为他们缺少目标。

制定目标，是意志朝某个方向努力的高度集中。不妨从你渴望的一个清楚的构想开始，把你的目标写在纸上，并定出达到它的时间。莫将全部精力用在获得和支配目标上，而应当集中

于为实现你的愿望去做、去创造、去奉献。制定目标可以带给我们都需要的真正的满足感。

　　自己设想正在迈向你的目标，这尤为重要。失败者经常预想失败的不良后果，成功者则设想成功的奖赏。从运动员、企业家和演说家，我屡屡看到过这样的情况。

　　（2）将第一自然段的段落格式设为：段前 5 磅，段后 5 磅，其余不变。

　　（3）将第二自然段分为 2 栏，栏宽相等，加分隔线。

　　（4）在文章中的第三自然段第二行"达到它的时间。"后插入一幅图片：图片高 2.5 厘米、宽 3.5 厘米；图片环绕方式为衬于文字下方。

　　（5）插入页码：页码位置为"页面底部（页脚）"，对齐方式为"居中"。

第5章 Excel 2010 电子表格数据处理

本章主要内容
- 创建和管理工作簿及工作表。
- 数据输入与编辑。
- 设置工作表格式。
- 使用公式和函数。
- 数据分析与管理。
- 使用图表。
- 打印工作表。

5.1 Excel 2010 的基本知识

5.1.1 启动和退出 Excel 2010

启动 Excel 2010 的方法主要有如下几种。

(1) 选择"开始"→"所有程序"→Microsoft Office→Microsoft Excel 2010 命令。

(2) 双击桌面上 Excel 2010 的快捷方式图标。

通过以上方法可以打开一个空白的 Excel 2010 文档。

退出 Excel 2010 有如下几种方法。

(1) 单击 Excel 2010 窗口右上角的 ⊠ 按钮。

(2) 单击"文件"菜单,在弹出的菜单中选择"退出"命令。

(3) 使用 Alt+F4 快捷键。

(4) 双击窗口左上角的 Excel 图标。

需要注意的是,在 Excel 2010 界面的右上角有两个 ⊠ 按钮。单击下面的 ⊠ 按钮,只关闭当前文档,不会退出 Excel 程序;单击上面的 ⊠ 按钮,则退出整个 Excel 程序。

5.1.2　Excel 2010 窗口的组成

启动 Excel 2010 后，显示的界面如图 5-1 所示。

图 5-1　Excel 2010 的界面

（1）标题栏：位于窗口的顶部，用来显示当前打开或新建的 Excel 文件名和应用程序名称，如图 5-1 中的"工作簿 1-Microsoft Excel"。标题栏最右端有 3 个按钮，依次控制窗口的最小化、最大化和关闭。

（2）"文件"菜单：位于 Excel 界面左上角。单击该选项卡，将打开"文件"菜单。用户可以利用其中的选项新建、打开、保存、打印、发送或关闭工作簿。

（3）快速访问工具栏：位于 Excel 界面左上角，其中包含了最常用操作的快捷按钮，默认有"保存"、"撤销"、"恢复"3 个按钮。快速访问工具栏可以与功能区互换位置。

单击快速访问工具栏右侧的下拉按钮，可以通过"自定义快速访问工具栏"来添加其他功能按钮。

（4）功能区：位于标题栏的下方，几乎包含了 Excel 的所有命令集合。功能区内默认有 8 个选项卡，单击选项卡名称，会显示相应的详细功能组，用户可以从中选取需要的操作。

（5）编辑栏：包含按钮选择区和数据编辑区，用于编辑工作表中单元格的内容。当向某个单元格中输入内容时，编辑栏就会出现 3 个按钮。

✗ 按钮：用于取消对当前单元格的编辑。

✓ 按钮：用于确认当前单元格中的输入内容。

f_x 按钮：用于插入函数，可从弹出的"插入函数"对话框中选择所需函数进行计算。

（6）工作表格区：用于记录 Excel 数据内容。工作表由单元格组成，同一水平位置的单元格构成一行，行号为 1、2、3 等，单击某个行号可选中所在的整行；同一垂直位置的单元格构成一列，列标为 A、B、C 等，单击某个列标可选中所在的整列。每个单元格的位置都可以采用所在列的列标和所在行的行号组合来表示，也称为单元格的地址。例如，C6 表示第 C 列和第 6 行交叉处的单元格。

（7）工作表标签：位于工作表格区的底部，用于显示所有工作表的名称。呈白底显示的标签为当前活动工作表的标签，如图 5-1 中的 "Sheet1"。

（8）状态栏、显示模式与显示比例：均位于窗口底部。状态栏用来显示当前工作区的状态。显示模式包括 "普通" 模式、"页面布局" 模式与 "分页预览" 模式，单击 Excel 2010 窗口右下角的 按钮可以进行切换。显示比例用于控制工作表的缩放，可以直接拖动滚动条或单击百分比数字打开 "显示比例" 对话框进行设置。

5.1.3 工作簿的创建和管理

一个 Excel 文档就是一个工作簿，工作簿由若干工作表组成。工作表是在 Excel 中用于存储和管理数据的主要文档，它存在于工作簿中。如图 5-1 所示，新建 "工作簿 1" 默认由 Sheet1、Sheet2、Sheet3 三张工作表组成。工作簿与工作表的关系就像账簿与账页的关系。

1. 创建空白工作簿

创建空白工作簿的方法有如下 3 种。

（1）启动 Excel 2010 后，系统将自动创建一个新工作簿 "工作簿 1"。

（2）选择 "文件" 菜单中的 "新建" 命令，在 "可用模板" 中单击 "空白工作簿" 按钮，再单击右侧的 "创建" 按钮即可创建一个新的空白工作簿。

（3）在 Excel 2010 工作界面中，可直接使用 Ctrl+N 快捷键。

新建的 Excel 工作簿将默认以工作簿 1、工作簿 2……这样的名称命名。

2. 基于现有工作簿创建工作簿

如果要创建的工作簿格式和现有的某个工作簿相同或类似，则可基于现有工作簿创建新的工作簿。具体操作步骤如下：选择 "文件" 菜单中的 "新建" 命令，在 "可用模板" 中单击 "根据现有内容新建" 按钮，在弹出的对话框中选择一个已经存在的 Excel 文件，单击 "新建" 按钮，即可建立一个与所选 Excel 文件结构完全相同的工作簿。

3. 使用模板快速创建工作簿

Excel 2010 提供了很多具有不同特定用途的工作簿模板，如贷款分期付款、账单及考勤卡等。选择 "文件" 菜单中的 "新建" 命令，在 "可用模板" 中单击 "样本模板" 按钮，然后在 "样本模板" 列表中选择需要的模板来创建工作簿。

4. 保存工作簿

保存工作簿分为两种情况。

（1）保存新建工作簿时，需要为工作簿指定一个保存的位置和名称。保存被修改的工作簿，也就是覆盖原工作簿。保存方法有如下 3 种。

- 选择 "文件" 菜单中的 "保存" 命令。
- 使用 Ctrl+S 快捷键。
- 单击 "快速访问工具栏" 上的 "保存" 按钮。

（2）另存工作簿即另外重新保存工作簿，也就是将已有的工作簿以其他文件格式、其他文件名或选择其他位置等方式进行再次保存。操作方法如下：选择 "文件" → "另存为" 命令，在弹出的对话框中选择保存位置，输入文件名，然后单击"保存"按钮即可。

5. 隐藏和显示工作簿

打开需要隐藏的工作簿，在"视图"选项卡的"窗口"选项组中单击"隐藏"按钮，当前工作簿即被隐藏起来。

在"视图"选项卡的"窗口"选项组中单击"取消隐藏"按钮，则隐藏的工作簿可以重新显示。

5.1.4 工作表的创建和管理

1. 新建工作表

新建的工作簿默认包含了3张独立的工作表，用户可以根据需要增加工作表的数目，最多可达255张。新建工作表的操作方法有如下3种。

（1）打开工作簿，选择"开始"选项卡→"单元格"选项组→"插入"→"插入工作表"命令，即可添加新工作表。

（2）打开工作簿，用鼠标右键单击工作表标签，在弹出的快捷菜单中选择"插入"命令。在弹出的"插入"对话框中选择"常用"→"工作表"命令，如图5-2所示，单击"确定"按钮后即插入了新工作表。

图5-2 "插入"对话框

（3）直接单击工作表标签上的"插入工作表"按钮 。

2. 删除工作表

单击工作表标签，选定要删除的工作表，然后选择"开始"选项卡→"单元格"选项组→"删除"→"删除工作表"命令，即可删除该工作表。也可以用鼠标右键单击选定的工作表标签，选择快捷菜单中的"删除"命令。

3. 选择工作表

默认状态下，当前工作表为Sheet1。

用鼠标选择Excel工作表是最常用、最快速的方法。只需在Excel表格下方要选择的工作表标签上单击，即可选择该工作表为当前活动工作表。

按下Shift键，同时依次单击第1个和最后1个需要选择的工作表标签，即可选择连续的Excel工作表。

要选择不连续的Excel工作表，只需在按下Ctrl键的同时选择相应的Excel工作表标签。

4. 移动/复制工作表

（1）移动工作表

单击要移动的工作表标签，按下鼠标的同时，沿着标签行拖放至目标位置即可移动工作表。也可以右键单击选定的工作表标签，选择快捷菜单中的"移动或复制"命令，在弹出的"移动或复制工作表"对话框中进行设置即可。

（2）复制工作表

复制工作表与移动工作表类似。在用鼠标按下工作表标签拖动时，同时按下 Ctrl 键，出现符号"+"则表示复制工作表。

5. 重命名工作表

双击要重命名的工作表标签，标签以反白显示，在其中输入新的名称并确认。也可以右键单击选定的工作表标签，选择快捷菜单中的"重命名"命令进行操作。

5.2 数据输入与编辑

5.2.1 选择单元格和区域

将光标指向需选定的单元格并单击，或利用键盘的上、下、左、右方向键，均可选定不同的单元格。

如果要用鼠标选定一个连续的单元格区域，先用鼠标单击区域左上角的单元格，按下鼠标左键并拖动至区域右下角的单元格，然后释放鼠标即可。

选择多个不连续单元格区域时，先单击或拖动鼠标选定第一个区域，然后按下 Ctrl 键再去选定其他区域。

单击某一列单元格的列标，可以选定整个列；单击某一行单元格的行号，可以选定整个行。同样，单击列标或行号，并按下鼠标左键拖动，则可以选定连续的多列或多行。

5.2.2 在单元格中输入数据

Excel 单元格中可以输入不同的内容，一般分为以下 3 种。

（1）在单元格中输入文本

在 Excel 中，文本可以是数字、空格和非数字字符的组合。所有文本在单元格中默认为左对齐显示。

（2）在单元格中输入数字

在 Excel 中，数字一般是 0～9、+、()、/、E、e 等符号的组合，可以是整数、小数、分数，也可以是用科学计数法表示的数字。所有数字在单元格中默认为右对齐显示。

（3）在单元格中输入日期和时间

在 Excel 单元格中输入日期有两种方式：一种是用"/"分隔的年月日，如 2017/1/23；另一种是用"-"分隔的年月日，如 2017-1-23。两种方式输入后均显示为后一种格式。

在 Excel 单元格中输入时间是需要带上冒号的，如 12:34，11:22:33。显示的格式以第一次输入的格式为准。

日期和时间在单元格中默认为右对齐显示。

5.2.3 在单元格中自动填充数据

在 Excel 表格中输入内容时，经常会遇到一些有规律的数据，如 10、20、30 等。对于这样的数据，可以利用自动填充技术来实现快速输入。

当选中一个单元格时，该单元格的右下角会有一个黑色的小方块，这个小方块称为填充柄。当鼠标指针指向填充柄时，鼠标指针形状会由一个空心"十"字变成一个黑色实心"十"字。按下填充柄并进行横向或纵向拖动，即可在相邻的单元格中完成数据序列的填充。

例如，从工作表的 B5 单元格开始，沿 B 列向下依次填入 5、10、15、20、25 这样一组数据，可以采用以下 3 种方法。

方法一：利用鼠标拖动填充柄填充数据。在 B5 单元格中输入 5，在 B6 单元格中输入 10，用鼠标选定 B5、B6 连续单元格后，左键按下 B6 右下角的填充柄，向下拖动至 B9 单元格。

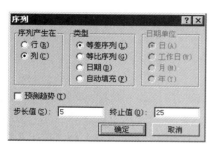

图 5-3 "序列"对话框

方法二：利用"序列"对话框填充数据。在 B5 单元格中输入 5，执行"开始"选项卡→"编辑"选项组→"填充"→"系列"命令，在弹出的"序列"对话框中，在"序列产生在"栏中选择"列"，在"类型"栏中选择"等差序列"，在"步长值"文本框中输入 5，在"终止值"文本框中输入 25，如图 5-3 所示，然后单击"确定"按钮即可。

方法三：利用鼠标右键填充数据。在 B5 单元格中输入 5，鼠标右键按下填充柄向下拖动，至 B9 单元格时释放，在弹出的快捷菜单中选择"序列"选项，弹出如图 5-3 所示的"序列"对话框，完成对话框中各项的设置，单击"确定"按钮即可。

5.2.4 移动与复制单元格数据

选中需要操作的数据单元格或区域，执行"开始"选项卡→"剪贴板"选项组→"剪切"或"复制"命令，然后选中需要放置该数据的目标单元格，执行"粘贴"命令，即可完成移动或复制数据操作。

5.2.5 清除与删除单元格

清除单元格会删除单元格中的内容、格式、批注或全部，但是空白单元格仍然保留在工作表中。删除单元格，则会从工作表中移除掉所选单元格，并调整周围的单元格以填补删除后的空缺。

清除单元格内容时，可以直接单击 Delete 键，或执行"开始"选项卡→"编辑"选项组→"清除"→"清除内容"命令，或单击右键后选择"清除内容"命令。

删除单元格时，选中需要删除的单元格或区域，执行"开始"选项卡→"单元格"选项组→"删除"→"删除单元格"命令，在弹出的"删除"对话框中，根据需要选择左移或上移单元格，如图 5-4 所示。

图 5-4 "删除"对话框

5.2.6 查找与替换数据

1. 查找单元格数据

单击任意单元格，执行"开始"选项卡→"编辑"选项组→"查找和选择"→"查找"命令，在弹出的对话框中打开"查找"选项卡，如图 5-5 所示。在"查找内容"文本框中输入要查找的目标内容，单击"查找全部"或"查找下一个"按钮即可完成简单的查找。

单击"选项"按钮，可以对"查找内容"进行格式、查找范围等其他设置，完成复杂的查找工作。

图 5-5 "查找"选项卡

2. 替换单元格数据

单击任意单元格，执行"开始"选项卡→"编辑"选项组→"查找和选择"→"替换"命令，在弹出的对话框中打开"替换"选项卡，如图 5-6 所示。在"查找内容"文本框中输入要被替换的内容，在"替换为"框中输入新的内容，单击"替换"或"全部替换"按钮即可完成简单的替换。

单击"选项"按钮，可以对"查找内容"和"替换为"内容进行格式、查找范围等其他设置，完成复杂的替换工作。

图 5-6 "替换"选项卡

5.2.7 合并与拆分单元格

1. 合并单元格

选中需要合并的相邻单元格区域，执行"开始"选项卡→"对齐方式"选项组→"合并后居中"→"合并单元格"命令。

2. 拆分单元格

选中合并后的需要拆分的单元格，执行"开始"选项卡→"对齐方式"选项组→"合并后居中"→"取消单元格合并"命令。

5.3 工作表的格式设置

5.3.1 设置单元格格式

对于简单的单元格格式设置，可以直接通过"开始"选项卡中的不同选项功能来实现，如设置字体、对齐方式、数字格式等。对于比较复杂的格式操作，选择一个单元格或单元格区域后，执行"开始"选项卡→"单元格"选项组→"格式"→"设置单元格格式"命令，或者单击鼠标右键选择"设置单元格格式"命令，即可弹出含有多个选项卡的"设置单元格格式"对话框。下面依次介绍各个选项卡的功能及其操作。

1. "数字"选项卡

"数字"选项卡的左侧"分类"列表框中列举了常用的数字格式类型，包括货币、会计专用、日期、百分比、科学计数、文本等。用户可以直接套用这些内置的数字格式。

例如，将数字"2017"设置为"中文小写数字"格式，可以选择列表中的"特殊"选项，如图5-7所示，在右侧的"类型"中选择"中文小写数字"，单击"确定"按钮即可。

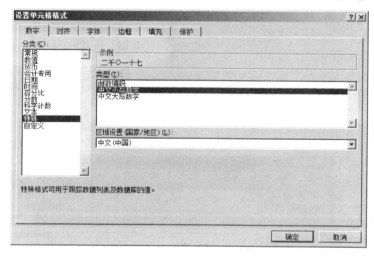

图5-7 "数字"选项卡

2. "对齐"选项卡

在没有格式化的单元格中，文本默认采用左对齐格式，数字默认采用右对齐格式。用户可以根据需要设置单元格内容的对齐方式。在"设置单元格格式"对话框中选择"对齐"选项卡。如图5-8所示，"水平对齐"和"垂直对齐"分别用来设置文本在水平和垂直方向上的对齐方式。"方向"可以控制单元格中文本的显示角度。"文本控制"区域包括常用的"自动换行"、"缩小字体填充"和"合并单元格"，各自的设置效果如图5-9所示。

3. "字体"选项卡

打开"字体"选项卡，可以看到Excel中有关字体的各种设置，包括字体、字形、字号、下画线、颜色、特殊效果等，如图5-10所示。用户可以根据需要来设置字体格式，美化文本。

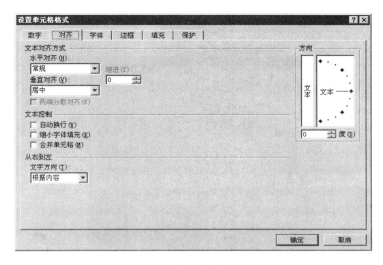

图 5-8 "对齐"选项卡

图 5-9 "文本控制"效果

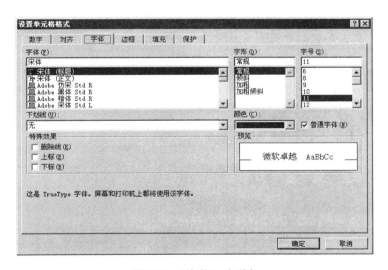

图 5-10 "字体"选项卡

4. "边框"选项卡

默认情况下,所有单元格都是没有边框的,仅仅以网格线显示。为了增加工作表的清晰度和条理性,一般需要给单元格设置边框。

打开"设置单元格格式"中的"边框"选项卡,如图 5-11 所示。利用"线条"和"颜色"选项,可以为边框选择不同的线条样式和颜色搭配。利用"预置"选项中的不同按钮,可以直接给选定单元格区域加上"外边框"、"内部"边框或设置为"无"边框。单击"边框"选项中的不同按钮,可以给选定单元格区域在不同的位置上加边框。

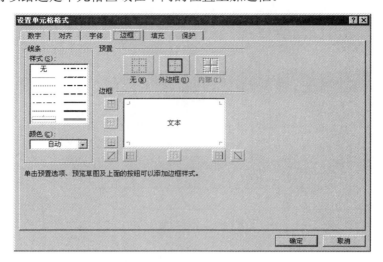

图 5-11 "边框"选项卡

5. "填充"选项卡

打开"填充"选项卡,如图 5-12 所示,利用"背景色"、"图案颜色"和"图案样式"中的选项设置,可以为单元格区域加上各种底纹和颜色,为工作表增添色彩。

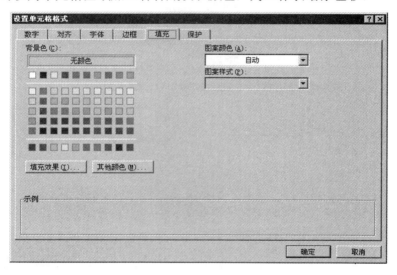

图 5-12 "填充"选项卡

6. "保护"选项卡

选择"保护"选项卡中的"锁定"或"隐藏"命令,可以对单元格区域实现锁定单元格或隐藏公式的设置。要使该"保护"设置有效,必须在"审阅"选项卡→"更改"选项组中单击"保护工作表"按钮,进行保护工作表的设置。相反地,也可以在"更改"选项组中撤销对工作表的保护。

5.3.2 设置行和列

1. 插入行和列

选定工作表某一行中的任意单元格或单击行号选中整行，然后执行"开始"选项卡→"单元格"选项组→"插入"→"插入工作表行"命令，即在所选行的上方插入了新的一行，原有的行将自动下移。

选定工作表某一列中的任意单元格或单击列标选中整列，然后执行"开始"选项卡→"单元格"选项组→"插入"→"插入工作表列"命令，即在所选列的左侧插入了新的一列，原有的列将自动右移。

2. 删除行和列

选中需要删除的行或列中的任意单元格，执行"开始"选项卡→"单元格"选项组→"删除"→"删除工作表行"或"删除工作表列"命令，即可删除当前行或列。

3. 隐藏行和列

选中需要隐藏的行或列中的任意单元格，执行"开始"选项卡→"单元格"选项组→"格式"→"隐藏和取消隐藏"→"隐藏行"或"隐藏列"命令，即可隐藏当前行或列。

4. 调整行高和列宽

如果在一个单元格中存放有大量的数据，为了方便阅读，必须适当地调整行高和列宽。调整行高和列宽有如下两种方法。

方法一：用鼠标手动调整。

将光标移动到行号或列标的分隔线处，当鼠标形状由白色空心"十"字变成黑色实心"十"字时，按下鼠标左键，按箭头方向拖动至合适的位置后，释放鼠标。

方法二：精确设置行高和列宽。

设置行高时，选择"开始"选项卡→"单元格"选项组→"格式"→"行高"命令，弹出如图 5-13 所示的"行高"对话框，输入具体的行高数值，单击"确定"按钮即可。行高的单位是"磅"。

设置列宽时，选择"开始"选项卡→"单元格"选项组→"格式"→"列宽"命令，弹出如图 5-14 所示的"列宽"对话框，输入具体的列宽数值，单击"确定"按钮即可。列宽的单位是"字符"。

图 5-13 "行高"对话框

图 5-14 "列宽"对话框

5.3.3 套用单元格样式

样式就是字体、字号和缩进等格式设置的组合，Excel 将这一组合作为集合加以命名和存储。Excel 2010 自带了多种单元格样式，用户可以直接对单元格套用这些样式。另外，用户也可以自定义所需的单元格样式。

使用 Excel 2010 的内置单元格样式，可以先选中需要设置样式的单元格或单元格区域，然后选择"开始"选项卡→"样式"选项组→"单元格样式"命令，再单击对应的选项来直接套用内置的样式，如图 5-15 所示。

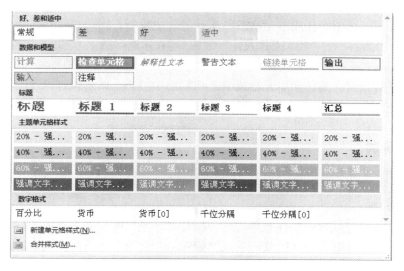

图 5-15 "单元格样式"列表

如果要删除某个不再需要的单元格样式，可以单击任意已经设置样式的单元格，在"单元格样式"选项中右键单击已突出显示的样式，然后在弹出的快捷菜单中选择"删除"命令。也可以通过执行"开始"选项卡→"编辑"选项组→"清除"→"清除格式"命令来完成。

5.3.4 套用表格格式

"套用表格格式"就是将 Excel 内置的表格格式直接整体应用到工作表中，既能美化工作表，又能节约设计格式的时间。

执行"开始"选项卡→"样式"选项组→"套用表格格式"命令，打开工作表样式选项，选择需要的内置表格样式，在弹出的对话框中设置使用的目标区域后单击"确定"按钮，如图 5-16 所示。

图 5-16 "套用表格格式"对话框

设置完成后，在 Excel 功能区中，会增加一个"设计"选项卡。用户可以选择其中的选项功能，完成相应的表格设计。

在 Excel 2010 中，图标 称为"折叠按钮"，主要用于单元格区域的选择。通过单击对话框中的"折叠按钮"，能够将当前对话框缩小显示，用户通过拖动鼠标来选择目标区域。选定后，再次单击该按钮，还原并返回原始对话框。

5.3.5 条件格式

条件格式功能即可以根据指定的公式或数值来确定搜索条件，如果满足指定的条件，Excel 自动将预置格式应用于单元格。这些格式可以是字体格式、图案、边框和颜色等。

选定需要设置格式的单元格区域，执行"开始"选项卡→"样式"选项组→"条件格式"命令,选择"突出显示单元格规则"中的某个条件来建立一个条件格式规则,如图 5-17 所示。例如,选择了"大于"选项,则弹出"大于"对话框。如图 5-18 所示,在前面的文本框中输入或选择条件数值,在后面的"设置为"列表框中设置预置格式,单击"确定"按钮。图 5-18 中的设置可将目标区域中满足数值大于"90"的单元格设置为"红色文本"格式。

图 5-17 "条件格式"菜单

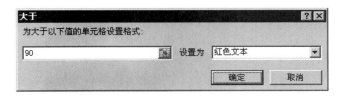

图 5-18 "大于"对话框

5.3.6 添加批注

所谓批注,就是帮助理解的批语或注解,一般可以用简短的提示性文字来描述。在 Excel 2010 中,用户可以为某个单元格或单元格区域添加批注。

选中需要添加批注的单元格或单元格区域,执行"审阅"选项卡→"批注"选项组→"新建批注"命令,在弹出的批注文本框中输入批注内容。

当鼠标指针指向单元格右上角的红色标记时,会显示已添加的批注内容,如图 5-19 所示。

图 5-19 添加批注

5.4 公式和函数

分析和处理 Excel 2010 工作表中的数据离不开公式和函数。公式是函数的基础。公式是单元格中的一系列值、单元格引用、名称和运算符的组合,用户可以利用公式计算得到新的值。函数是 Excel 预定义的内置公式。每个函数都有其自身特定的功能、格式及参数,可以完成数学、文本、逻辑的运算或查找工作表的信息等功能。

5.4.1 引用单元格

单元格的地址引用就是对工作表中的一个或一组单元格进行标识。通过地址引用,可以明确在公式和函数中使用哪些单元格的值来进行计算。在 Excel 2010 中,引用单元格地址的方式有以下 3 种。

1. 相对地址引用

相对地址引用是指公式所在单元格与公式中引用的单元格之间的位置关系是相对的。若公式所在单元格的位置发生改变，则公式中引用的单元格的位置也将随之发生变化。例如，在D6单元格中输入公式“=C6+1”，C6就是一个相对引用的地址格式。当把公式复制到E7单元格后，E7中的公式显示为“=D7+1”。

在使用公式时，默认情况下一般使用相对地址来引用单元格的位置。

2. 绝对地址引用

绝对地址引用是指公式所在单元格与公式中引用的单元格之间的位置关系是绝对的。无论公式所在单元格的位置发生什么变化，公式中引用的单元格的位置都不会发生改变。绝对地址引用格式是在行和列前面分别加上一个“$”。例如，在D6单元格中输入公式“=$C$6+1”，$C$6就是一个绝对引用的地址格式。当把公式复制到E7单元格后，E7中的公式显示为“=$C$6+1”。

3. 混合地址引用

混合地址引用是指引用单元格地址的行和列之中一个是相对的，一个是绝对的。在复制公式时，只需行或只需列保持不变时，就需要使用混合地址引用。例如，在D6单元格中输入公式“=$C6+1”，$C6就是一个混合引用的地址格式。当把公式复制到E7单元格后，E7中的公式显示为“=$C7+1”。

5.4.2 使用公式

公式遵循一个特定的语法和次序：最前面是等号“=”，后面是参与计算的数据对象和运算符。数据对象可以是常数、单元格地址或引用的单元格区域等。运算符用来连接要运算的数据对象，并说明进行了哪种运算。

在工作表中输入运算数据后，选中需要存放公式的单元格，在编辑栏或单元格中直接输入公式。如图5-20所示，在G4单元格中输入公式内容，并按回车键结束输入。

FREQUENCY　=D4*$D$2+E4*$E$2+F4*$F$2

	A	B	C	D	E	F	G
1	期中成绩表						
2	各科在总评中所占比例			40%	30%	30%	(按百分比折合)
3	序号	姓名	性别	计算机	数学	英语	总评成绩
4	1	刘明	女	96	80	88	=D4*$D$2+E4*$E$2+F4*$F$2
5	2	李芳	女	85	98	72	

图5-20　使用公式

在图5-20中，在G4单元格中输入公式并确定后，即可在单元格中得到运算结果。鼠标左键按下G4单元格右下角的填充柄，向下拖动至G11后释放鼠标，可将G4中的公式复制到其下方的单元格区域中，如图5-21所示。

	A	B	C	D	E	F	G
1	期中成绩表						
2	各科在总评中所占比例			40%	30%	30%	(按百分比折合)
3	序号	姓名	性别	计算机	数学	英语	总评成绩
4	1	刘明	女	96	80	88	88.8
5	2	李芳	女	85	98	72	85
6	3	张林	男	70	90	65	74.5
7	4	王强	男	95	78	80	85.4
8	5	许志强	男	60	57	70	62.1
9	6	马小雨	女	98	84	90	91.4
10	7	文斌	男	75	56	78	70.2
11	8	张红文	男	67	45	50	55.3

图5-21　公式复制

5.4.3 使用函数

Excel 将具有特定功能的一组公式组合在一起以形成函数。Excel 中的函数都是内置的,每个函数都有其自身特定的功能和语法格式。函数一般包含 3 个组成部分:等号、函数名和参数。例如,"=SUM(C1:G10)",该公式表示对 C1:G10 区域内所有单元格中的数据求和。其中,SUM 是内置求和函数的名称,C1:G10 表示以 C1 至 G10 为起止的单元格区域。

Excel 2010 中包括 11 种类型的数百个函数,每个函数的应用各不相同。常用的几种函数包括求和、平均值、计数、最大值、最小值、条件统计等。

要在工作表中使用函数,首先要插入函数。选中需要存放函数结果的单元格后,直接单击编辑栏中的 f_x 按钮,或者执行"公式"选项卡→"函数库"选项组→"插入函数"命令,打开"插入函数"对话框,如图 5-22 所示。在"插入函数"对话框中,可通过"或选择类别"后的下拉列表框来选择函数的分类,在"选择函数"列表框中选择正确的函数名称,并且可以在列表框下方查看该函数的简单说明。下面介绍几种常用的函数。

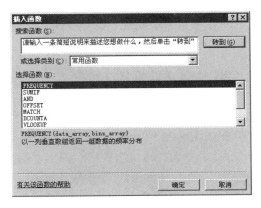

图 5-22 "插入函数"对话框

1. AVERAGE 函数

AVERAGE 函数用于计算参数的算术平均值。其语法格式为:AVERAGE(Number1,Number2,……)。其中:Number1,Number2,……是要计算平均值的 1~30 个参数。

在如图 5-22 所示的"插入函数"对话框中,选定"或选择类别"为"统计","选择函数"为 AVERAGE,单击"确定"按钮,弹出"函数参数"对话框。如图 5-23 所示,根据对话框中的文字提示,完成 Number1 等参数的设置。通过折叠按钮选择需要求取平均值的单元格区域。单击"确定"按钮,得到函数运算结果。

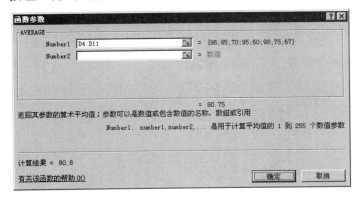

图 5-23 AVERAGE "函数参数" 对话框

如图 5-24 所示,在单元格 D13 中插入 AVERAGE 函数,求解计算机课程的平均分。与公式填充一样,拖动填充柄也可以将函数复制到临近的单元格中。如图 5-24 所示,可以通过填充得到各科课程及总评成绩的平均分。

	A	B	C	D	E	F	G
1				期中成绩表			
2	各科在总评中所占比例			40%	30%	30%	(按百分比折合)
3	序号	姓名	性别	计算机	数学	英语	总评成绩
4	1	刘明	女	96	80	88	88.8
5	2	李芳	女	85	98	72	85
6	3	张林	男	70	90	65	74.5
7	4	王强	男	95	78	80	85.4
8	5	许志强	男	60	57	70	62.1
9	6	马小云	女	98	84	90	91.4
10	7	文斌	男	75	56	78	70.2
11	8	张红文	男	67	45	50	55.3
12							
13	各科课程及总评平均分			80.8	73.5	74.1	76.6

图 5-24 AVERAGE 函数求平均分

2. MAX 函数和 MIN 函数

MAX 函数用于计算参数列表中的最大值。其语法格式为：MAX（Number1，Number2，……）。其中：Number1，Number2，……是要计算最大值的 1～30 个参数。

在如图 5-22 所示的"插入函数"对话框中，选定"或选择类别"为"统计"，"选择函数"为 MAX，单击"确定"按钮，弹出"函数参数"对话框。如图 5-25 所示，根据对话框中的文字提示，完成 Number1 等参数的设置。通过折叠按钮选择需要求取最大值的单元格区域。单击"确定"按钮，得到函数运算结果。

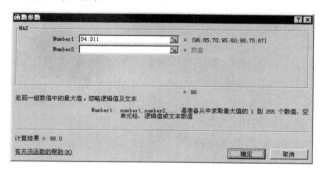

图 5-25 MAX"函数参数"对话框

如图 5-26 所示，在单元格 D14 中插入 MAX 函数，求解计算机课程的最高分。通过拖动填充柄，可以得到各科课程及总评成绩的最高分。

	A	B	C	D	E	F	G
1				期中成绩表			
2	各科在总评中所占比例			40%	30%	30%	(按百分比折合)
3	序号	姓名	性别	计算机	数学	英语	总评成绩
4	1	刘明	女	96	80	88	88.8
5	2	李芳	女	85	98	72	85
6	3	张林	男	70	90	65	74.5
7	4	王强	男	95	78	80	85.4
8	5	许志强	男	60	57	70	62.1
9	6	马小云	女	98	84	90	91.4
10	7	文斌	男	75	56	78	70.2
11	8	张红文	男	67	45	50	55.3
12							
13	各科课程及总评平均分			80.8	73.5	74.1	76.6
14	各科课程及总评最高分			98.0	98.0	90.0	91.4

图 5-26 MAX 函数求最高分

MIN 函数用于计算参数列表中的最小值,其语法格式和使用方法同 MAX 函数基本一致。

3. IF 函数

IF 函数用于对数值和公式进行条件检测,即根据逻辑计算的真假值返回不同结果。其语法格式为:IF(Logical_test,Value_if_true,Value_if_false)。其中:Logical_test 表示计算结果为 TRUE 或 FALSE 的任意值或表达式。Value_if_true 表示 Logical_test 为 TRUE 时 IF 函数返回的值;Value_if_false 表示 Logical_test 为 FALSE 时 IF 函数返回的值。

在如图 5-22 所示的"插入函数"对话框中,选定"或选择类别"为"逻辑","选择函数"为 IF,单击"确定"按钮,弹出"函数参数"对话框。如图 5-27 所示,根据对话框中的文字提示,完成 Logical_test 等 3 个参数的设置。单击"确定"按钮,得到函数运算结果。

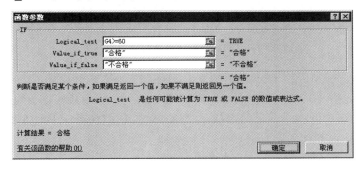

图 5-27 IF"函数参数"对话框

如图 5-28 所示,在单元格 H4 中插入 IF 函数,求解总评成绩评定是否合格。通过拖动填充柄,可以得到每个人的总评成绩评定结果。

	A	B	C	D	E	F	G	H
1					期中成绩表			
2	各科在总评中所占比例			40%	30%	30%	(按百分比折合)	总评成绩评定
3	序号	姓名	性别	计算机	数学	英语	总评成绩	
4	1	刘明	女	96	80	88	88.8	合格
5	2	李芳	女	85	98	72	85	合格
6	3	张林	男	70	90	65	74.5	合格
7	4	王强	男	95	78	80	85.4	合格
8	5	许志强	男	60	57	70	62.1	合格
9	6	马小云	女	98	84	90	91.4	合格
10	7	文斌	男	75	56	78	70.2	合格
11	8	张红文	男	67	45	50	55.3	不合格

图 5-28 IF 函数求总评成绩评定

4. COUNT 函数和 COUNTIF 函数

COUNT 函数用于在 Excel 中统计参数列表中的数字项的个数。其语法格式为:COUNT(Value1,Value2,……)。其中:Value1,Value2,……是包含或引用各种类型数据的 1~30 个参数。COUNT 函数在计数时,将把数字、空值、逻辑值、日期或以文字代表的数计算进去;但是错误值或其他无法转化成数字的文字将被忽略。

COUNTIF 函数用于统计单元格区域中满足给定条件的单元格的个数。其语法格式为:COUNTIF(Range,Criteria)。其中:Range 为需要计算的单元格区域。Criteria 为确定哪些单元格将被计算在内的条件,其形式可以为数字、表达式或文本。

在如图 5-22 所示的"插入函数"对话框中,选定"或选择类别"为"统计","选择函数"为 COUNTIF,单击"确定"按钮,弹出"函数参数"对话框。如图 5-29 所示,根据对话框中的文字提示，完成 Range、Criteria 等参数的设置。单击"确定"按钮，得到函数运算结果。

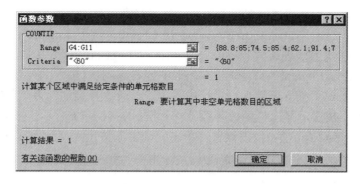

图 5-29　COUNTIF"函数参数"对话框

如图 5-30 所示，在单元格 D15 中，插入 COUNTIF 函数求解总评成绩不合格（即低于 60 分）的人数。在单元格 G15 中，先输入"=D15/"，然后插入 COUNT 函数（用于计算总评成绩的有效人数）。在该单元格中，最终形成了"=D15/COUNT(G4:G11)*100&"%""的公式，用于计算总评成绩不及格率。

Excel 2010 中每个函数的分类、语法格式、函数功能都各有不同。在使用的时候，要注意各种对话框中不同位置的文字提示，这对于用户灵活使用数量繁多的 Excel 函数帮助极大。

图 5-30　使用 COUNTIF 函数和 COUNT 函数求总评成绩不及格率

5.5　数据分析与管理

在 Excel 数据表中，用户按各列标题输入的每一行原始数据都可以称为一条记录。输入完成后，经常需要对数据记录进行各种分析和管理，以便进行决策和深层应用。

5.5.1　排序

数据排序是指按一定的规则对数据记录进行整理、排列，这样可以为数据的进一步处理做好准备。Excel 2010 提供了多种方法对数据进行排序。

1. 按单列内容排序

先选中要排序的列中的任意一个单元格，然后执行"开始"选项卡→"编辑"选项组→"排序和筛选"命令，选择"升序"或"降序"选项，也可以通过"数据"选项卡→"排序和筛选"选项组来完成选择。如图 5-31 所示，按"姓名"排序的依据是各个姓名拼音字符串的字母先后顺序。

2. 按多列内容排序

先选中要排序的多列数据中的任意一个单元格，然后执行"数据"选项卡→"排序和筛选"选项组→"排序"命令，在弹出的"排序"

期中成绩表						
序号	姓名	性别	计算机	数学	英语	总分
2	李芳	女	85	98	72	255
1	刘明	女	96	80	88	264
6	马小云	女	96	84	90	270
4	王强	男	95	78	80	253
7	文斌	男	75	56	78	209
5	许志强	男	60	57	70	187
8	张红文	男	67	45	50	162
3	张林	男	75	90	65	230

图 5-31　按单列内容排序

对话框中，"添加条件"和"删除条件"按钮分别用来添加和删除排序条件。以图 5-31 中的数据为例，分别设置"主要关键字"和两个"次要关键字"为排序条件，各个条件按照前后顺序依次优先执行。如图 5-32 所示，在排序时，如果"性别"相等，则按"计算机"的数值大小排序，以此类推。

单击"选项"按钮，打开"排序选项"对话框，如图 5-33 所示，可以对排序方向、方法及是否区分大小写进行设置。

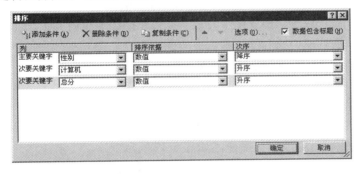

图 5-32　多列"排序"对话框　　　　　　　图 5-33　"排序选项"对话框

5.5.2　筛选

数据输入完成后，用户通常需要从中查找和分析出满足特定条件的记录，而筛选就是一种快速查找数据记录的方法。经过筛选后的数据表只显示标题行及满足指定条件的数据行，以供用户浏览、分析。Excel 2010 中提供了自动筛选和高级筛选两种筛选方式。

1. 自动筛选

自动筛选为用户提供了在具有大量记录的数据表中快速查找符合某种条件的记录的功能。

使用自动筛选功能筛选记录时，执行"数据"选项卡→"排序和筛选"选项组→"筛选"命令，标题行中的各个字段名称将变成一个带有下拉列表按钮的框名，如图 5-34 所示。单击任意一个字段名后的下三角按钮，将显示该列中所有的数据筛选清单，如图 5-35 所示。选择其中一个，可以立即隐藏所有不包含选定值或不符合"数字筛选"条件的行。选择"全选"，则可以取消对该字段的筛选操作，即显示筛选前的原始数据。

期中成绩表						
序号	姓名	性别	计算机	数学	英语	总分
1	刘明	女	96	80	88	264
2	李芳	女	85	98	72	255
3	张林	男	75	90	65	230
4	王强	男	95	78	80	253
5	许志强	男	60	57	70	187
6	马小云	女	96	84	90	270
7	文斌	男	75	56	78	209
8	张红文	男	67	45	50	162

图 5-34 自动筛选

图 5-35 筛选清单

单击已选中的"筛选"按钮，可以退出自动筛选状态，显示数据表中所有的记录。

2. 高级筛选

高级筛选是指以指定区域为条件的筛选操作。使用高级筛选功能的步骤如下。

（1）建立一个用于实现筛选的条件区域，用来指定数据所要满足的筛选条件。条件区域的第一行是所有筛选条件的字段名，这些字段名与原始数据表中的字段名必须完全一致。条件区域的第二行是指定的条件值。如图 5-36 所示，条件区域描述的含义为"总分>=250 并且计算机>95"。

（2）执行"数据"选项卡→"排序和筛选"选项组→"高级"命令，弹出"高级筛选"对话框，"列表区域"用来选择原数据表中需要进行筛选的单元格区域。选择好"列表区域"和"条件区域"后，单击"确定"按钮即可完成筛选操作，如图 5-37 所示。

期中成绩表						
序号	姓名	性别	计算机	数学	英语	总分
1	刘明	女	96	80	88	264
2	李芳	女	85	98	72	255
3	张林	男	75	90	65	230
4	王强	男	95	78	80	253
5	许志强	男	60	57	70	187
6	马小云	女	96	84	90	270
7	文斌	男	75	56	78	209
8	张红文	男	67	45	50	162
			总分	计算机		
			>=250	>95		

图 5-36 "高级筛选"数据区与筛选条件

图 5-37 "高级筛选"对话框

图 5-38 筛选结果

筛选后，如图 5-38 所示，数据区域中仅剩下标题行和满足筛选条件的数据记录。

单击"排序和筛选"选项组→"清除"按钮，可以清除所有的筛选结果，显示数据表中所有的记录。

5.5.3 分类汇总

分类汇总是对数据表进行统计分析的一种常用方法。分类汇总对数据表中指定的字段进行分类，然后对同一类记录的有关信息进行汇总、分析。汇总的方式可以由用户指定，可以统计同一类记录的记录条数，也可以对某些数值段求和、求平均值、求最大值等。

要对数据表进行分类汇总，首先要求数据表中的每一列都要有列标题。同时，要求汇总前数据表必须先对分类字段进行排序。

以图 5-31 中的数据为例，在完成"性别"字段排序的基础上，实现分类汇总的具体操作步骤如下。

（1）选中数据区域中的任意单元格。

（2）执行"数据"选项卡→"分级显示"选项组→"分类汇总"命令，打开如图 5-39 所示的"分类汇总"对话框。其中，"分类字段"表示分类的条件依据，"汇总方式"表示对汇总项进行统计的方式，"选定汇总项"表示需要进行汇总统计的数据项。

在"分类字段"中选择"性别"，在"汇总方式"中选择"平均值"，在"选定汇总项"中选择"计算机"和"总分"复选框，最后单击"确定"按钮即可。汇总后的结果如图 5-40 所示。

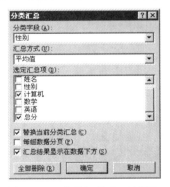

图 5-39 "分类汇总"对话框

1 2 3		A	B	C	D	E	F	G	H
	1				期中成绩表				
	2								
	3		序号	姓名	性别	计算机	数学	英语	总分
	4		1	刘明	女	96	80	88	264
	5		2	李芳	女	85	98	72	255
	6		6	马小云	女	96	84	90	270
	7				女 平均值	92.3333			263
	8		3	张林	男	75	90	65	230
	9		4	王强	男	95	78	80	253
	10		5	许志强	男	60	57	70	187
	11		7	文斌	男	75	56	78	209
	12		8	张红文	男	67	45	50	162
	13				男 平均值	74.4			208.2
	14				总计平均值	81.125			228.75

图 5-40 分类汇总结果

在如图 5-40 所示的分类汇总结果中，在表格的左上角有"1"、"2"、"3"三个数字按钮，称为"分级显示级别按钮"。单击这些按钮可以分级显示汇总结果。表格左侧的"+"按钮是显示明细数据按钮，单击此按钮可以显示该按钮所包含的明细数据，并切换到"-"按钮。"-"按钮是隐藏明细数据按钮，单击此按钮可以隐藏该按钮上方中括号所包含的明细数据，并切换到"+"按钮。

在含有分类汇总结果的数据区域中，单击任意一个单元格，执行"数据"选项卡→"分级显示"选项组→"分类汇总"命令，在打开的"分类汇总"对话框中单击"全部删除"按钮即可退出"分类汇总"结果界面。

5.5.4 数据透视表

数据透视表是一种对大量数据快速汇总和建立交叉列表的交互式 Excel 报表。数据透视表不仅可以转换行和列以查看源数据的不同汇总结果，也可以显示不同页面以筛选数据，还可以根据需要显示区域中的细节数据。源数据可以来自 Excel 数据区域、外部数据库或多维数据集，或者另一张数据透视表。

下面以图 5-34 中的工作表为例，讲解创建数据透视表的具体操作过程。

（1）选中结果区域的任意单元格。

（2）选择数据来源。执行"插入"选项卡→"表格"选项组→"数据透视表"→"数据透视表"命令，弹出"创建数据透视表"对话框。选中"选择一个表或区域"单选按钮，并设置"表/区域"的内容为整个数据区域。选中"现有工作表"单选按钮，并指定"位置"为工作表中一个空白区域，如图 5-41 所示，单击"确定"按钮。

图 5-41 "创建数据透视表"对话框

（3）设置数据透视表的布局。在右侧如图 5-42 所示的"数据透视表字段列表"的"选择要添加到报表的字段"中，将"姓名"拖至下方的"行标签"中，将"性别"拖至下方的"列标签"中，将"平均分"拖至下方的"数值"中，并单击"数值"中的下拉按钮，将"值字段设置"中的"计算类型"设置为"最大值项"。

（4）设置完成后，显示如图 5-43 所示的透视表。单击表中"行标签"和"列标签"后的下拉按钮，可选择隐藏或显示满足指定条件的字段值。

最大值项:计算机	列标签		
行标签	男	女	总计
李芳		85	85
刘明		96	96
马小云		96	96
王强	95		95
文斌	75		75
许志强	60		60
张红文	67		67
张林	75		75
总计	95	96	96

图 5-42 "数据透视表字段列表"对话框　　　　图 5-43 数据透视表显示结果

数据透视表可以动态地改变表格的版面布置，以便按照不同方式分析数据，也可以重新设置行标签、列标签和值字段。每一次改变版面布置，数据透视表会立即按照新的布置重新计算数据。另外，如果原始数据发生更改，也可以通过右键单击→"刷新"操作来更新数据透视表。

5.6 图表

世界是丰富多彩的，几乎所有的知识都来自于视觉。也许无法记住一连串的数字，以及数字之间的关系和趋势，但是用户可以很轻松地记住一幅图画或一条曲线。因此灵活使用图表，会使得用 Excel 编制的工作表更易于理解和交流。

5.6.1 创建图表

图表是指将工作表中的数据用图形表示出来。使用图表可以方便地对数据进行查看，并对数据进行对比和分析。

以图 5-34 所示数据为例，创建图表的操作如下。

（1）单击空白数据区域的任意单元格。打开"插入"选项卡，在"图表"选项组中选择图表的类型，单击某种类型下方的下拉按钮，选择具体的图表样式，如"簇状圆柱图"，弹出如图 5-44 所示的"设计"选项卡。

图表可以用来表现数据间的某种相对关系。在通常情况下，一般采用柱形图比较数据间的大小关系，用折线图反映数据间的趋势关系，用饼图表现数据间的比例分配关系。本例中选择的是"柱形图"中的"簇状圆柱图"。

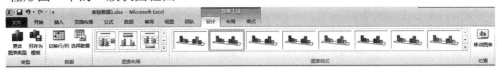

图 5-44　图表"设计"选项卡

（2）执行"设计"选项卡→"数据"选项组→"选择数据"命令，弹出"选择数据源"对话框。在"图表数据区域"中选择需要生成图表的数据列，如本例中的"姓名"、"计算机"、"数学"、"英语"四列。如图 5-45 所示，在"图例项（系列）"和"水平（分类）轴标签"中将自动填充内容。用户也可以编辑这些选项。

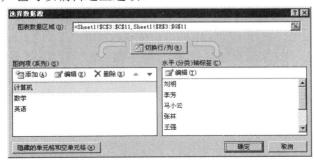

图 5-45　"选择数据源"对话框

（3）单击"确定"按钮，生成如图 5-46 所示的图表。

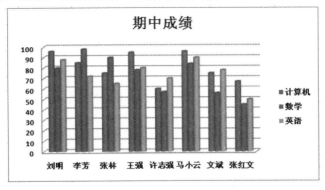

图 5-46　图表显示结果

5.6.2 图表工具

建立图表后,单击要设置格式的图表的任意位置,或单击要更改的图表元素,将显示"图表工具",其中包含"设计"、"布局"和"格式"三个选项卡。用户可执行相关操作,来改变和修饰生成的图表。例如,用户可以更改图表元素来美化图表或强调某些信息。大多数图表元素可被移动或调整大小。用户也可以用图案、颜色、对齐、字体及其他格式属性来设置这些图表元素的格式。

Excel 提供了多种预定义图表布局和样式,用户可以快速将其应用于图表中,修改图表外观。打开"设计"选项卡,在"图表布局"组中,单击选择要使用的图表布局。在"图表样式"组中,单击选择要使用的图表样式。图表"布局"选项卡如图 5-44 所示。用户可以继续通过手动方式,更改单个图表元素的布局和格式来进一步自定义外观样式。

在"布局"选项卡中,执行不同操作可以手动更改图表元素的布局。如图 5-47 所示,在"插入"组中,可以找到用于添加图片、形状或文本框的选项。在"标签"组中,可以找到更改图表标签的布局选项。在"坐标轴"组中,可以找到更改坐标轴或网格线的布局选项。在"背景"组中,可以找到更改背景的布局选项。在"分析"组中,可以找到添加或更改任何线条或栏的布局选项。

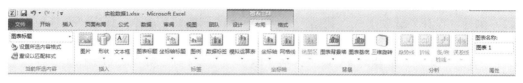

图 5-47　图表"布局"选项卡

在"格式"选项卡中,执行不同操作可以手动更改图表元素的格式,如图 5-48 所示。在"当前所选内容"组中,单击"设置所选内容格式",然后在"设置<图表元素>格式"对话框中选择所需的格式选项,可以为选择的任意图表元素设置格式。在"形状样式"组中,可以单击"其他"按钮,选择所需的样式,可以单击"形状填充"、"形状轮廓"或"形状效果",选择所需的格式选项。在"艺术字样式"组中,可以单击一个艺术字样式选项,或单击"文本填充"、"文本轮廓"或"文本效果",选择所需的文本格式选项。

图 5-48　图表"格式"选项卡

5.7　打印工作表

5.7.1　页面设置

在"页面布局"选项卡中,单击"页面设置"右下角的箭头,将弹出"页面设置"对话框,如图 5-49 所示。在该对话框中可以完成页面、页边距、页眉页脚及工作表等相关选项的设置，如纸张大小、居中方式、网格线、打印区域等。

要精确打印 Excel 2010 里的部分数据内容，需要通过设置打印区域来完成。按下鼠标左键，拖动选中需要打印的目标数据区域。然后执行"页面布局"选项组→"页面设置"选项组→"打印区域"→"设置打印区域"命令，就可以看到设置区域的边界线，如图 5-50 所示。也可以通过其他操作完成"取消打印区域"和"添加到打印区域"。

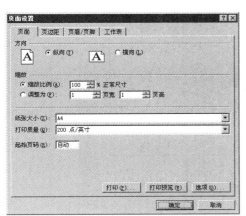

图 5-49 "页面设置"对话框

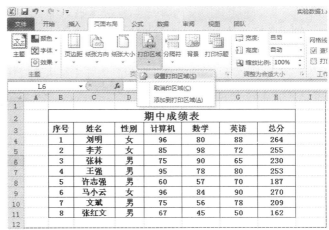

图 5-50 设置打印区域

设置打印区域后，有时会出现两条或更多条竖向虚线或横向虚线，这说明打印区域被分开打印在几张纸上。选择"页面布局"里的"缩放比例"命令，调节比例，可以使打印区域集中在一张纸上。

在 Excel 中，默认情况下打印出来的工作表或工作簿不会显示网格线。在"页面布局"选项卡上的"工作表选项"组中，选择"网格线"下的"打印"复选框，则可以在打印时打印出网格线。

5.7.2 打印预览与打印

在 Excel 中，不需要实际打印即可方便地预览打印时的布局效果。屏幕上显示的打印图像称为"打印预览"。即使打印机未连接到计算机，也可以显示"打印预览"。打开"文件"选项卡，然后单击"打印"按钮，此时将在屏幕的右侧显示工作表的打印预览，如图 5-51 所示。当工作表中有多页时，可以单击打印预览底部的左、右箭头来显示打印预览的上一页或下一页。

查看并调整打印版式后，可以开始实际打印。打开"文件"选项卡，然后单击"打印"按钮，此时将显示打印预览屏幕。单击"打印机"中的箭头，选择所需打印机。在打印预览屏幕的"设置"中选择打印范围、打印页面及进行页面设置。最后单击"打印"按钮，将在所选打印机上按照设置的要求打印所选工作表。

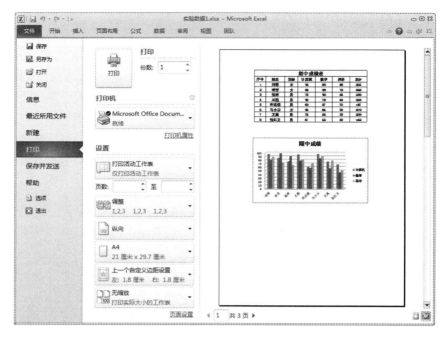

图 5-51 打印预览

习题五

1. 单选题

（1）Excel 2010 可以创建多个工作表，每个表由多行和多列组成，它的最小单位是（　　）。
　　A．工作簿　　　　　　B．工作表　　　　　　C．单元格　　　　　　D．字符

（2）在 Excel 工作簿中，某图表与生成它的数据相链接，当删除该图表中某一数据系列时，（　　）。
　　A．清除表中对应的数据　　　　　　　　B．删除表中对应的数据及单元格
　　C．工作表中数据无变化　　　　　　　　D．工作表中对应数据变为 0

（3）在 Excel 2010 中保存的工作簿默认的文件扩展名是（　　）。
　　A．xls　　　　　　B．doc　　　　　　C．docx　　　　　　D．xlsx

（4）Excel 中处理并存储数据的基本工作单位叫（　　）。
　　A．工作簿　　　　　　B．工作表　　　　　　C．单元格　　　　　　D．活动单元格

（5）在 Excel 工作表单元格中输入字符型数据 5118，下列输入中正确的是（　　）。
　　A．'5118　　　　　　B．"5118　　　　　　C．"5118"　　　　　　D．'5118'

（6）在 Excel 中，某个单元格显示为"######"，其原因可能是（　　）。
　　A．与之有关的单元格数据被删除了　　　　B．单元格列的宽度不够
　　C．公式中有除以 0 的运算　　　　　　　　D．单元格行的高度不够

（7）在 Excel 编辑状态下，若要调整单元格的宽度和高度，利用下列（　　）更直接、快捷。

A．工具栏 B．格式栏
C．菜单栏 D．工作表的行标签和列标签

（8）如果要在单元格中输入当天的日期，需使用（　　）快捷键。
A．Ctrl+；（分号） B．Ctrl+Enter C．Ctrl+：（冒号） D．Ctrl+Tab

（9）如果要在单元格中输入当前的时间，需使用（　　）快捷键。
A．Ctrl+Shift+；（分号） B．Ctrl+Shift+Enter
C．Ctrl+Shift+，（逗号） D．Ctrl+Shift+Tab

（10）对某个数据库进行分类汇总前必须进行的操作是（　　）。
A．查询 B．筛选 C．检索 D．排序

（11）单元格A1中为数值1，在B1中输入公式：=IF（A1>0,"Yes","No"），B1的结果为（　　）。
A．Yes B．No C．不确定 D．空白

（12）假定单元格内的数字为2008，将其格式设定为"#,##0.0"，则将显示（　　）。
A．2,008.0 B．2.008 C．2.008 D．2008.0

（13）在公式框中输入23+45后，下列说法正确的是（　　）。
A．相应的活动单元格内立即显示23 B．相应的活动单元格内立即显示45
C．相应的活动单元格内立即显示68 D．相应的活动单元格内立即显示23+45

（14）在Excel 2010表格中，按某一字段内容进行归类，并对每一类做出统计的操作是（　　）。
A．分类排序 B．分类汇总 C．筛选记录 D．单处理

（15）对图表对象的编辑操作，下面叙述中不正确的是（　　）。
A．图例可以在图表区的任何位置
B．改变图表区中某个对象的字体，将同时改变图表区内所有对象的字体
C．用鼠标拖动图表区的8个方向控制点之一，可对图表进行缩放
D．工作表的数据和相应的图表是关联的，如果工作表中的数据变化了，图表就会自动更改

（16）某个Excel工作表C列所有单元格的数据都是利用B列相应单元格数据通过公式计算得到的，此时如果将该工作表的B列删除，那么删除B列操作对C列（　　）。
A．不产生影响 B．产生影响，但C列中的数据正确无误
C．产生影响，C列中数据部分能用 D．产生影响，C列中的数据失去意义

（17）在Excel中的某个单元格中输入文字，若要文字能自动换行，可利用"设置单元格格式"对话框的（　　）选项卡，选择"自动换行"。
A．数字 B．对齐 C．字体 D．保护

（18）在Excel的单元格内输入日期时，年月日分隔符可以是（　　）（不包括引号）。
A．"/"或"-" B．"."或"|" C．"/"或"\" D．"\"或"-"

（19）单元格右上角有一个红色三角形，意味着该单元格（　　）。
A．被插入批注 B．被选中 C．被保护 D．被关联

（20）已在某工作表的K6单元格输入了9月，再拖动该单元格的填充柄往下移动，请问在K7、K8、K9依次填入的内容是（　　）。
A．10月、11月、12月 B．9月、9月、9月
C．8月、7月、6月 D．根据具体情况才能确定

（21）在 Excel 2010 工作表中，选定某单元格，单击鼠标右键，在弹出的快捷菜单中选择"删除"命令，不可能完成的操作是（   ）。

A．删除该行　　　　　　　　　　　　B．右侧单元格左移

C．删除该列　　　　　　　　　　　　D．左侧单元格右移

（22）要完全关闭整个 Excel 2010，下面方法中不正确的是（   ）。

A．单击"文件"菜单，选择"退出"命令

B．单击"文件"菜单，选择下拉菜单中的"关闭"命令

C．双击左上角的 Excel 图标

D．使用 Alt+F4 快捷键

（23）在 Excel 2010 中，当公式中出现除数为 0 的现象时，产生的错误值是（   ）。

A．#N/A!　　　　B．#DIV/0!　　　　C．#NUM!　　　　D．#VALUE!

（24）在 Excel 2010 工作表中，单元格区域 D2:E4 所包含的单元格个数是（   ）。

A．5　　　　　　B．6　　　　　　C．7　　　　　　D．8

（25）SUM（A2:A4）*2^3 的含义为（   ）。

A．A2 与 A4 之比值乘以 2 的 3 次方

B．A2 与 A4 之比值乘以 3 的 2 次方

C．A2、A3、A4 单元格的和乘以 2 的 3 次方

D．A2 与 A4 单元单元格的和乘以 3 的 2 次方

（26）在 Excel 2010 中，若根据某列数据进行排序，可以利用"编辑"选项组中的"降序"按钮，此时用户应先（   ）。

A．单击该表标签　　　　　　　　　　B．选取整个数据表

C．单击该列数据中的任一单元格　　　D．单击数据表中的任一单元格

（27）在 Excel 中，输入到单元格中的数值数据，如果没有另外指定格式，则输入内容会自动（   ）。

A．左对齐　　　　B．右对齐　　　　C．居中对齐　　　D．填充对齐

（28）在进行 Excel 操作时，如果将某一单元格选中，再按 Delete 键，将删除单元格中的（   ）。

A．全部内容（包括格式、批注）

B．数据和公式，只保留格式

C．输入的内容（数据和公式），保留格式和批注

D．批注

（29）Excel 允许使用 3 种地址引用，即相对地址引用、（   ）和混合地址引用。

A．首地址引用　　B．末地址引用　　C．偏移地址引用　　D．绝对地址引用

（30）输入结束后按回车键、Tab 键或用鼠标单击编辑栏中的（   ）按钮均可确认输入。

A．Esc　　　　　B．√　　　　　　C．×　　　　　　D．Tab

2．填空题

（1）Excel 单元格引用中，单元格地址不会随位移方向与大小的改变而改变的称为_____。

（2）在 Excel 中输入等差数列，可以先输入第一、第二个数列项，接着选定这两个单元格，再将鼠标指针移到_____上，按下左键，按一定方向进行拖动即可。

（3）当选择插入整行或整列时，插入的行总在活动单元格的_____，插入的列总在活动单元格的_____。

（4）若某工作表的 C2 单元格中的公式是"=A1+$B$1"，将 C2 单元格复制到 D3 单元格中，则 D3 单元格中的公式是_____。

（5）公式"=SUM(C2:F2)-G2"的意义是_____。

（6）Excel 中数字串 080427 当作字符输入时，应从键盘上输入字符串_____。

（7）若要在单元格中输入分数 5/9，应当输入_____，并设置单元格格式的数字类型为_____。

（8）工作表中第 6 行第 E 列单元格的绝对地址引用方式是_____，相对引用方式是_____。

（9）在 Excel 中，输入到单元格中日期的默认对齐方式为_____。

（10）单元格内数据对齐的默认方式为：文本靠_____对齐，数值靠_____对齐。

（11）在 Excel 中，单击_____，则该整行被选中；单击_____，则该整列被选中。

（12）在工作表中选取不连续区域，可用鼠标与_____键。

（13）用鼠标拖动方法复制单元格时一般应按下_____键。

（14）要对某单元格中的数据加以说明，一般在该单元格插入_____，然后输入说明性文字。

（15）函数 AVERAGE(A1：A3)相当于用户输入的公式_____。

3．判断题

（1）Excel 的单元格中可输入公式，但单元格真正存储的是其计算结果。（   ）

（2）利用 Excel 的"自动筛选"功能只能实现对数据表单个字段的查询。（   ）

（3）"删除"一个单元格等于"清除"一个单元格的"全部"。（   ）

（4）"高级筛选"功能可以将筛选结果复制到另一张工作表。（   ）

（5）退出 Excel 2010 可使用 Alt+F4 快捷键。（   ）

（6）$B4 中为"50"，C4 中为"=$B4"，D4 中为"=B4"，则 C4 和 D4 中的数据没有区别。（   ）

（7）单元格的清除与删除是相同的。（   ）

（8）在 Excel 中使用键盘输入数据，所输入的文本将显示在单元格及编辑栏中。（   ）

（9）如果字体过大，将占 2 个或更多的单元格。（   ）

（10）Excel 只能对同一列的数据进行求和。（   ）

（11）选定数据列表中的某个单元格，选择"自动筛选"命令，此时系统会在数据列表的每一列标题的旁边显示下拉菜单。（   ）

（12）在 Excel 中可以将多个工作表以成组的方式操作，以快速完成多个相似工作表的建立。（   ）

（13）在同一工作簿中不能引用其他表。（   ）

（14）Excel 中的"另存为"操作是将现在编辑的文件按新的文件名或路径存盘。（   ）

（15）在 Excel 中，插入图表后，就不能对图表进行修改了。（   ）

4．简答题

（1）什么是单元格、工作表和工作簿？简述它们之间的关系。

（2）如何完成工作表的插入、复制和移动？

（3）Excel 中的"清除"和"删除"各有什么作用？数据的"移动"和"复制"又有什么不同？

（4）怎样进行数据表的自动筛选？怎样取消筛选，显示原来的数据列表？

（5）请使用至少 3 种不同的方法对同一行中 5 个连续单元格的数据进行求和。

（6）在 Excel 中，数据汇总有何作用？

（7）相对引用和绝对引用有何区别？

（8）怎样使用"自动填充"功能在 B 列中输入 1997, 2001, …2017？

（9）简述创建 Excel 图表的操作步骤。

（10）如何在多个工作表的单元格中输入相同的数据？

第6章

PowerPoint 2010 演示文稿制作

本章主要内容
- 幻灯片的插入及其版式设置。
- PowerPoint 2010 的文本编辑方法。
- 在演示文稿中插入表格、图片与绘制图形。
- 在演示文稿中插入视频与声音。
- 幻灯片放映与打印。

在制作幻灯片之前,首先要准备好幻灯片所需要的素材,如文字、图片、图表、声音、视频等。这些素材可以从现有的文件中提取,或者从网络上下载,也可以用专门的图形图像、音频视频软件来制作。

6.1 幻灯片的插入及其版式设置

6.1.1 新建演示文稿与 PowerPoint 视图

PowerPoint 2010 的启动方式与其他 Office 系列程序的启动方式相同。选择"开始"→"所有程序"→Microsoft Office→Microsoft PowerPoint 2010 命令即可启动 PowerPoint 2010。

启动 PowerPoint 2010 后会默认建立一个空白幻灯片,界面如图 6-1 所示。

PowerPoint 2010 与 Word 2010、Excel 2010 一样,使用了新风格的界面,在界面的右下角新增了"视图模式"切换按钮和"显示比例"轨迹条。从上到下依次是标题栏、菜单栏、功能区,接下来是当前幻灯片的编辑区——幻灯片窗格,在这里可以添加文本、图形、图表及动画等,编辑区的下面有个备注窗格,用来添加与幻灯片内容相关的备注。编辑区的左侧是"幻灯片"和"大纲"选项卡,"大纲"选项卡可以将演示文稿中的每一张幻灯片的文本大纲显示出来,"幻灯片"选项卡可以显示每一张幻灯片的缩略图。

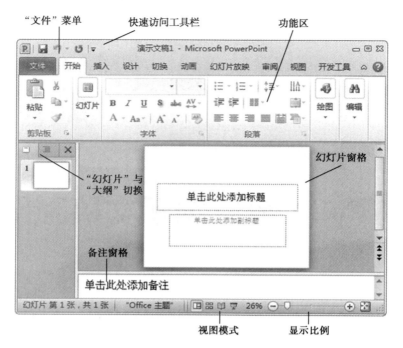

图 6-1　PowerPoint 2010 的界面

PowerPoint 提供了 5 种视图，分别是普通视图、幻灯片浏览视图、备注页视图、阅读视图和幻灯片放映视图，PowerPoint 默认以普通视图方式打开幻灯片。

（1）普通视图。普通视图是主要的编辑视图，可用于编写或设计演示文稿。该视图有 4 个工作区域。

- 大纲选项卡。"大纲"选项卡以大纲形式显示幻灯片文本。
- 幻灯片选项卡。此区域是在编辑时以缩略图大小的图像在演示文稿中观看幻灯片的主要场所。使用缩略图能方便地浏览演示文稿，并观看任何设计或更改的效果。在这里还可以轻松地重新排列、添加或删除幻灯片。
- 幻灯片窗格。在 PowerPoint 窗口的右上方，"幻灯片窗格"显示当前幻灯片的大视图。可以在此添加文本、图片、表、SmartArt 图形、图表、图形对象、文本框、电影、声音、超链接和动画等格式的对象，并能为这些对象设置各种显示效果。
- 备注窗格。在幻灯片窗格下的备注窗格中，可以输入应用于当前幻灯片的备注。用户可以打印备注，并在展示演示文稿时进行参考。还可以打印备注后将它们分发给观众，也可以将备注包含在发送给观众或在网页上发布的演示文稿中。

（2）幻灯片浏览视图。以缩略图的形式将演示文稿的所有幻灯片显示出来，编辑完演示文稿后可以利用该视图方式查看整个演示文稿的状况，并能方便地重新排列、添加或删除某些幻灯片，但不能进行编辑。

（3）备注页视图。通过普通视图中幻灯片窗格下方的备注窗格可以为幻灯片添加备注信息，备注信息在放映时不显示。如果要以整页格式查看和使用备注，可以在"视图"选项卡的"演示文稿视图"选项组中单击"备注页"按钮。

（4）阅读视图。该视图下，可以在一个设有简单控件以方便审阅的窗口中查看演示文稿。如果不想使用全屏的幻灯片放映视图，则可以在自己的计算机上使用阅读视图。

(5) 幻灯片放映视图。放映时，幻灯片占据整个计算机屏幕，可以看到文字、图形、动画在实际放映中的效果。

普通视图、幻灯片浏览视图、阅读视图和幻灯片放映视图是 4 种常用视图，可以通过窗口右下角的 4 个按钮 来切换。

6.1.2　幻灯片的版式与插入新的幻灯片

幻灯片的版式决定了幻灯片中的文字、图形等内容在幻灯片上的位置和排列方式。默认的第一张幻灯片自动采用了"标题幻灯片"版式，生成两个文本框，分别用于输入标题和副标题。

在实际应用中,可以选择其他合适的版式风格。更改的方法很简单：展开 PowerPoint 2010 功能区中的"开始"选项卡，单击"幻灯片"选项组中的"版式"下拉按钮，在弹出的窗口中列出了可供选择的幻灯片版式，单击需要的版式即可。当前正在使用的版式以橙色标明，如图 6-2 所示。

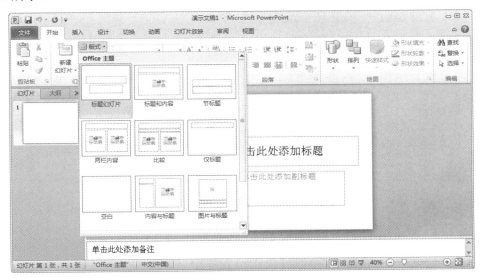

图 6-2　幻灯片版式

插入新幻灯片有多种方式，常用的方式有如下 4 种。

- 从功能区新建幻灯片。打开"开始"选项卡，单击"幻灯片"选项组中的"新建幻灯片"按钮，将新建一个与当前幻灯片版式相同的新幻灯片。
- 从功能区复制幻灯片。打开"开始"选项卡，单击"幻灯片"选项组中的"新建幻灯片"的下拉按钮，从版式列表中选取一种新幻灯片的版式，如图 6-3 所示。另外，使用此下拉列表下方的"复制所选幻灯片"，可在当前幻灯片之后建立一个与当前幻灯片版式、内容均相同的新幻灯片。
- 从"幻灯片视图"中新建幻灯片。在左侧的"幻灯片视图"选项卡中单击鼠标右键（幻灯片或选项卡空白区域均可），从弹出的菜单中选择"新建幻灯片"命令，将新建一个新幻灯片。若是在幻灯片上单击鼠标右键，则创建一个与选中幻灯片同版式的新幻灯片；若是在空白区域单击鼠标右键，则创建一个与最后一张幻灯片同版式的新幻灯片。
- 从"幻灯片视图"选项卡中复制幻灯片。在左侧的"幻灯片视图"选项卡中选择一张幻灯片，按"Ctrl+C"快捷键或选择右键菜单中的"复制"命令进行复制，再粘贴到需要插入的位置。也可以选中需要复制的幻灯片后按住鼠标左键不放，拖动到需要插入的位置后，按住 Ctrl 键，当光标右上角出现一个"+"的符号时松开鼠标左键，即可插入新幻灯片。

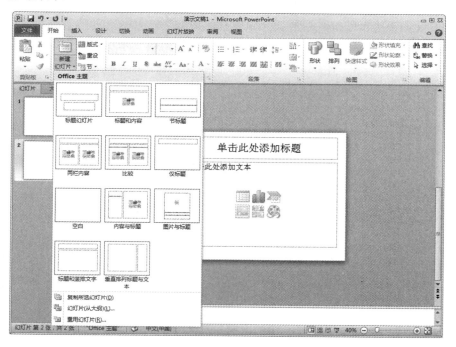

图 6-3 "新建幻灯片"下拉列表

6.1.3 幻灯片主题、背景与母版

PowerPoint 2010 的版面设计功能很强大，能修饰、美化演示文稿，使其更漂亮、更具有感染力。下面主要介绍幻灯片的主题、背景及母版的设计。

1. 主题

可以通过 PowerPoint 2010 主题简单地更改整个演示文稿的外观。更改演示文稿主题不仅可以更改背景颜色，而且可以更改图表、表格、趋势图或字体的颜色，甚至可以更改演示文稿中项目符号的样式。通过应用主题，可以使用户的整个演示文稿具有专业和一致的外观。

（1）软件提供的主题

PowerPoint 2010 提供了一系列背景主题供用户选择，单击"设计"选项卡，就会出现如图 6-4 所示的内容。中间部分即为幻灯片主题，第一个主题为当前正在应用的幻灯片主题。事实上，只需要将鼠标移动到某个主题之上，就可以在选择主题前看到一个实时的预览效果图，根据预览的效果来决定选择哪一种主题更合适。

图 6-4 "设计"选项卡

主题列表的右侧有 3 个按钮,上面两个分别是上、下翻页按钮,最下面一个按钮为"所有主题"下拉列表,单击后所有主题将在弹出的下拉列表中显示,如图 6-5 所示。

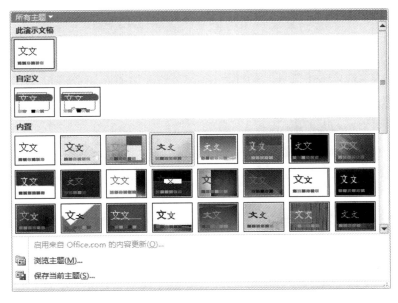

图 6-5 "所有主题"下拉列表

(2) 自定义主题

选取一种主题后,还可以对主题的颜色、字体、图形显示效果进行设定,设计出具有自己风格的主题,如图 6-6~图 6-8 所示。

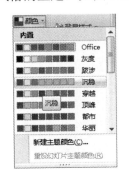
图 6-6 "颜色"菜单

图 6-7 "字体"菜单

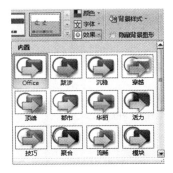
图 6-8 "图形显示效果"菜单

2. 背景

PowerPoint 2010 的默认背景是白色的，太过单一，可以通过以下方式来对背景进行美化。如图 6-4 所示，"设计"选项卡的最右侧即为"背景"选项组。PowerPoint 2010 为每一个主题都配备了 12 种不同的背景，如图 6-9 所示。把光标移动到背景图片上可以预览背景在文档中的显示效果，单击选中后，当前主题的背景即被替换为新的背景。

3. 母版

所谓母版，实际就是一个模板，如果更改了母版中的某些设计元素，就会将这些更改应用到文稿中所有的这类幻灯片中。例如，在幻灯片母版中插入制作者的姓名，那么在所有幻灯片的相应位置都添加了该姓名。PowerPoint 2010 提供的母版有 3 种，分别是幻灯片母版、讲义母版、备注母版，常用的是第一种。

"幻灯片母版"常用于插入要显示在多张幻灯片上的图片，如徽标；还可以用于更改文本对象的位置、大小、格式等属性。设置幻灯片母版的方法如下。

（1）在"视图"选项卡中选择"幻灯片母版"，出现如图 6-10 所示的幻灯片母版。

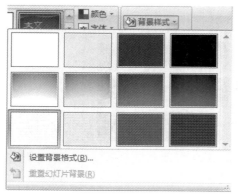

图 6-9 "背景样式"列表

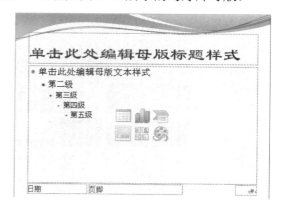

图 6-10 设计幻灯片母版

（2）可以像更改普通幻灯片一样更改幻灯片母版，但要注意的是，母版上的文本只用于修改样式，实际幻灯片中的文本内容应该在普通视图的幻灯片中输入，页眉和页脚则在"页眉和页脚"对话框中输入。

（3）修改完毕，单击"关闭母版视图"按钮，即可返回幻灯片视图。

6.2 文本编辑方法

6.2.1 输入文字

在 PowerPoint 2010 中输入文字必须使用文本框，具体步骤如下。

（1）打开功能区中的"插入"选项卡，单击"文本"选项组中的"文本框"按钮（在下拉列表中可以选择文字横排、竖排）。

（2）在幻灯片中画出文本框。单击鼠标得到的文本框只能随文字的变化自动改变宽度，不能自动换行；通过按下鼠标左键并拖动的方式得到的文本框能限制文本框的宽度，当文字超过文本框边缘时，会自动换行。

（3）在文本框中输入文本内容。

需要说明的是，文本框的高度是不能手工调整的，但它可以随着文本字号的大小而自动改变。

6.2.2 简单的文字编辑

首先区分编辑对象：当用鼠标选中一个文本框时，可以操作文本框内的所有文字；当用鼠标拖动选中文本框内的某些文字时，操作的只是选中的那部分文字，两者有所区别。

对文本框的操作包括如下内容。

（1）移动：选中文本框后，用鼠标拖动文本框，可以实现文本框位置的移动。

（2）复制：按下 Ctrl 键的同时拖动文本框，可以实现文本框的复制。

（3）删除：选中文本框后，按下 Delete 键，可以删除文本框和其中的文字。

（4）设置文字格式：选中文本框内的文字后，会出现一个半透明的编辑框，如图 6-11 所示。鼠标指针移动到该编辑框上时，该编辑框不再透明，通过该编辑框可以设置字体、字号、对齐方式、增大和缩小字号、背景或边框颜色等；选中整个文本框后，使用"开始"选项卡中的"字体"选项组，可以对整个文本框内文字的属性进行设置。

（5）文本框的设置：选中文本框，打开"开始"选项卡，使用"绘图"选项组即可对文本框进行设置，如图 6-12 所示。"形状"选项可以用来向幻灯片中插入各种形状的文本框；"排列"选项可以更改文本框在幻灯片中的层次位置；"快速样式"选项提供了已经定义好的文本框格式，可以直接选用；"形状填充"选项可以更改文本框的背景颜色和背景图片；"形状轮廓"选项可以更改文本框的边框形式和颜色；"形状效果"选项可以设置文本框的 3D 显示效果。

图 6-11　设置文字格式

图 6-12　"绘图"选项组

6.2.3 项目符号与段落格式的设置

一个文本框中的内容有时由几个条目组成，为了节省时间和精力，PowerPoint 能为它们自动编号或自动添加项目符号。其设置方法与 Word 中一样：在"开始"选项卡的"段落"选项组中单击"项目符号"下拉按钮，从图 6-13 所示的选项中选择一种"项目符号"。另外，可以通过图 6-13 中的"项目符号和编号"按钮打开"项目符号和编号"对话框，如图 6-14 所示，从该对话框中可以选择项目符号或编号，还可以更改符号的图片形式或编号的起始号码。

图 6-13　项目符号

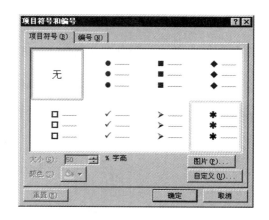
图 6-14　"项目符号和编号"对话框

如果一个文本框中有若干个段落，每个段落由若干行组成，还可以设置段间距、行间距和缩进。具体操作是：选中文本，然后在选中的文本上单击鼠标右键，选择"段落"命令，弹出如图 6-15 所示的"段落"对话框。在这个对话框中修改行距、段前、段后、缩进的值即可。

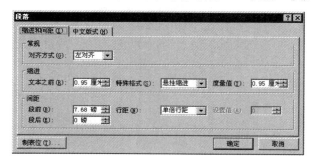
图 6-15　"段落"对话框

6.3　插入图片与绘制图形

6.3.1　插入图片

在 PowerPoint 中插入图片的方法与 Word 中相同：在"插入"选项卡中选择"图像"选项组，单击"图片"或"剪切画"，参照 Word 中插入图片的方法将需要的图片插入文档即可。此外，还可以从剪切板中直接将图片复制到幻灯片中。

6.3.2　绘制自选图形

绘制自选图形的具体步骤如下。

（1）在"插入"选项卡的"插图"选项组中，单击"形状"下拉按钮，打开"形状"列表，如图 6-16 所示。在该列表中选取一种自选图形，此时鼠标指针变为"+"形。

（2）在幻灯片编辑区按下鼠标左键并拖动，画出图形。

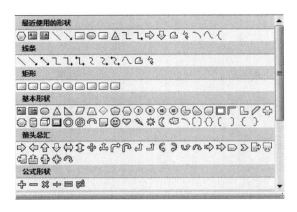

图 6-16 "形状"列表

（3）选中图形后，菜单栏中将新增"绘图工具格式"选项卡，使用该选项卡可以对图形进行编辑，包括设置图形的形状样式、填充颜色、边框的线形和颜色等。

如果希望向图形中添加文字，操作方式如下。

（1）选中需要添加文字的图形，单击鼠标右键，选择"编辑文字"命令。

（2）在图形中输入文字。

（3）设置文字字体、字号、颜色和对齐方式等。

6.4 插入表格

在演示文稿中插入（制作）表格的常用方法有 4 种，即直接插入表格、绘制表格、插入 Excel 电子表格和插入 Word 表格。打开"插入"选项卡，单击"表格"选项组中的"表格"按钮，在弹出的下拉菜单中选择表格相关操作。

1. 插入表格

插入表格时，既可以在对话框的表格区域用鼠标拖动来选取一定行列数量的表格；也可以单击下拉列表中的"插入表格"命令，在弹出的对话框中设置表格的行列数量。添加表格后，菜单栏中新增"设计"和"布局"两个"表格工具"选项卡。设置表格的操作方式与操作 Word 中表格的方式完全相同。

2. 绘制表格

单击下拉菜单中的"绘制表格"命令，即可绘制出表格的边框。绘制边框后，功能区中也会新增"设计"和"布局"两个"表格工具"选项卡，利用选项卡可以对表格进行设计。

3. 插入 Excel 电子表格

单击"表格"下拉菜单中的"Excel 电子表格"，即可在幻灯片中插入一个 Excel 电子表格，此时 PowerPoint 2010 的功能区被替换为 Excel 2010 的功能区，表格的操作方式与在 Excel 中的操作方式完全相同。

需要注意的是，当插入的 Excel 电子表格失去焦点时，它将变成普通的 PowerPoint 表格，不再具备 Excel 表格的编辑功能，上部功能区将恢复为 PowerPoint 2010 功能区样式。如果想再次在 Excel 模式下编辑表格，只需双击该 Excel 表格的外边框，即可恢复 Excel 编辑模式。

4. 插入 Word 表格

选择"插入"选项卡,单击"文本"选项组中的"对象"按钮。在弹出的"插入对象"对话框中选择"由文件创建",选取一个已经存在的包含表格的 Word 文档,单击"确定"按钮,该 Word 文档即被添加到幻灯片中,如图 6-17 所示。

图 6-17 "插入对象"对话框

与插入 Excel 电子表格类似,操作被插入的 Word 表格与在 Word 中编辑时相同,编辑结束后恢复编辑状态的方法也相同。

6.5 添加 SmartArt 图形

PowerPoint 2007 及 2010 版本中新增了叫作"SmartArt 图形"的功能,该功能可以轻松地辅助用户制作出各种不同的示意图,用于演示流程、层次结构、循环或关系等。

添加 SmartArt 图形有两种方式。

1. 直接添加 SmartArt 图形

(1) 在"插入"选项卡的"插图"选项组中单击"插入 SmartArt 图形"按钮 。

(2) 在弹出的"选择 SmartArt 图形"对话框中选取一种图形模板,如图 6-18 所示。

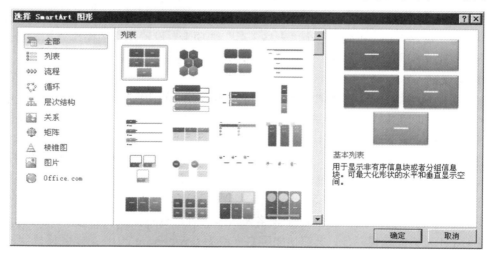

图 6-18 "选择 SmartArt 图形"对话框

(3) 选择后单击"确定"按钮,所选图形即被添加到 PowerPoint 编辑区。
(4) 在图形内编辑需要显示的文字,如图 6-19 所示。

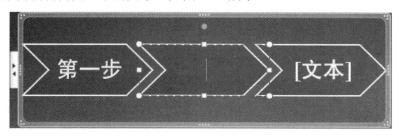

图 6-19　编辑 SmartArt 图形内文本

2. 将文本转换成 SmartArt 图形

选中幻灯片上带有项目符号文字的文本框,在"开始"选项卡的"段落"选项组中,单击"转换为 SmartArt 图形"按钮 ,即可从其下拉列表中挑选所要套用的图形,如图 6-20 所示。此时,原本的列表式文字,通过"转换为 SmartArt 图形"就可以轻松地转换成丰富的图形。另外,用户只要将鼠标指针停在上面便可立即预览其效果,如图 6-21 所示。

一旦选择了 SmartArt 图形框,选项区域将增加"设计"和"格式"两个"SmartArt 工具"选项卡。使用这两个选项卡可以方便地对现有的 SmartArt 图形的布局、样式、形状、填充、字体等进行重新设计。

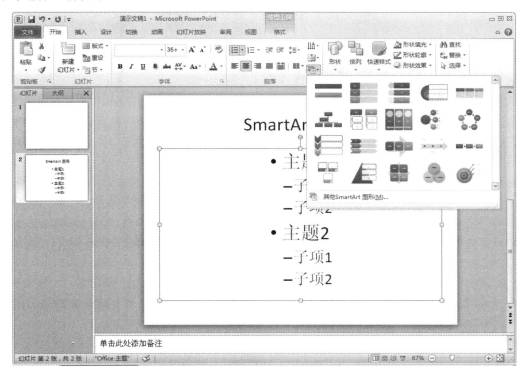

图 6-20　选择 SmartArt 图形样式

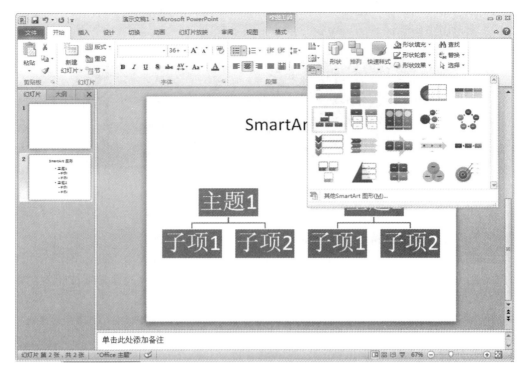

图 6-21 转换为 SmartArt 图形后的效果

6.6 为内容增添动画效果

动画效果是指给幻灯片中的对象添加预设视觉效果。每个方案通常包含幻灯片标题效果和应用于幻灯片的项目符号或段落的效果。例如，幻灯片上的文本、图形、图表等对象具有了动画效果，就可以突出重点，并增加文稿演示时的趣味性。

PowerPoint 2010 中有以下 4 种不同类型的动画效果。

- "进入"效果。这些效果包括使对象逐渐淡入焦点、从边缘飞入幻灯片或跳入视图等。
- "退出"效果。这些效果包括使对象飞出幻灯片、从视图中消失或从幻灯片中旋出等。
- "强调"效果。这些效果包括使对象缩小或放大、更改颜色或沿着其中心旋转等。
- 动作路径。使用这些效果可以使对象上下移动、左右移动或沿着星形或圆形等图案移动（与其他效果一起）。

在设置动画时，首先选择要制作动画的对象，可以是占位符、文本框，也可以是图片、表格等。然后单击"动画"选项卡，在"动画"选项组中，单击右边的"其他"小三角按钮，弹出"进入"、"强调"、"退出"、"动作路径"选项，如图 6-22 所示，选择所需的动画效果。在动画库中，进入效果图标呈绿色、强调效果图标呈黄色、退出效果图标呈红色。

图 6-22　设置动画效果

如果没有看到所需的进入、退出、强调或动作路径动画效果，则单击图 6-22 中"更多进入效果"、"更多强调效果"、"更多退出效果"或"其他动作路径"，选择其他动画效果。例如，在"更多进入效果"里面可以看到，进入方式共有 4 大类：基本型、细微型、温和型和华丽型。

在"动画"选项卡上的"计时"选项组中，可以将动画效果的开始时间设置为"单击时"、"与上一动画同时"或"上一动画之后"，同时也可以设置"持续时间"和"延迟"时间。

一个对象上可以单独使用任何一种动画，也可以将多种效果组合在一起，在设置的时候可以让一个对象按照上述几种方式先后或同时运动。例如，可以对一行文本应用"飞入"进入效果及"放大/缩小"强调效果，使它在从左侧飞入的同时逐渐放大。若要对同一对象应用多个动画效果，首先选择要制作动画的对象，然后单击"动画"选项卡，在"高级动画"选项组中，单击"添加动画"。

在"动画"选项卡上的"高级动画"选项组中，单击"动画窗格"，可以查看幻灯片上所有动画的列表。如图 6-23 所示。"动画窗格"窗口显示有关动画效果的重要信息，如效果的类型、多个动画效果之间的相对顺序、受影响对象的名称及效果的持续时间。该窗格还可以实现修改动画的开始时间、修改效果选项及删除动画等功能。

图 6-23　"动画窗格"窗口

动作路径是一种不可见的轨迹，可以将幻灯片上的图片、文本或形状等项目放在自定义的动作路径上，使它们沿着动作路径运动。例如，可以使用系统提供的各种预设路径（如弹簧形、心跳形）或手绘路径将文本或图形对象从幻灯片上的一个位置移动到另一个位置。还可以对路径进行编辑和修改，以符合各种需要。

6.7 插入视频与声音

6.7.1 插入视频

PowerPoint 允许在演示文稿中插入视频文件以增强表现力，插入视频的方法如下。

（1）在要插入视频的幻灯片中，打开"插入"选项卡，在"媒体"选项组中单击"视频"按钮。

（2）在弹出的"插入视频文件"对话框中查找所需的视频文件，单击"插入"按钮。

（3）单击新插入的视频，选项区域将增加"格式"和"播放"两个"视频工具"选项卡。可以利用相关选项调整视频样式、排列、大小及编辑视频等。

如果要在切换到幻灯片时自动播放影片，则在"播放"选项卡→"视频选项"组中选择"开始"→"自动"命令，若仅在单击鼠标时才播放它，则选择"单击时"命令。

6.7.2 插入声音

插入声音的方法与插入视频类似。

（1）打开"插入"选项卡，在"媒体"选项组中单击"音频"按钮。

（2）在弹出的"插入音频文件"对话框中查找所需的音频文件，单击"插入"按钮。

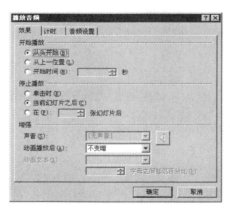

图 6-24 "播放音频"对话框

（3）单击新插入的音频，选项区域将增加"格式"和"播放"两个"音频工具"选项卡。可以利用相关选项调整图片样式、排列、大小及编辑音频等。

如果要在切换到幻灯片时自动播放音频，则在"播放"选项卡→"音频选项"组中选择"开始"→"自动"命令，若仅在单击鼠标时才播放它，则选择"单击时"命令。

另外，可以根据需要更改视频或音频文件的动画效果。

（1）选择已添加的视频或音频图标，在右侧的"动画窗格"窗口中单击动画名称右方的下拉按钮，选择"效果选项"，弹出如图 6-24 所示的对话框。

（2）设置所需要的视频或音频效果，单击"确定"按钮。

6.8 幻灯片切换与顺序调整

6.8.1 幻灯片切换

前面介绍过如何为文字、图片等对象添加动画效果。实际上，还可以设置切换到某一页幻灯片时幻灯片的动画效果，其方法如下。

（1）打开"切换"选项卡，在"切换到此幻灯片"选项组中选择切换效果。

（2）在如图 6-25 所示的列表中，提供了"淡出"、"擦除"、"覆盖"、"随机"等多种类型的切换效果。选择一种切换方式，根据实际需要还可以对效果选项、切换声音、换片方式等进行设置。

图 6-25　幻灯片切换列表

（3）如果有必要，可以使用"全部应用"按钮将这张幻灯片的切换方式应用于所有幻灯片。

在制作了多张幻灯片后，如果要调整幻灯片的演示顺序，只需要在窗口左侧的"幻灯片视图"选项卡中，用鼠标拖动要调整的幻灯片，上下移动到合适的位置，然后松开鼠标即可。

6.8.2　超链接与动作按钮

1. 超链接

在放映演示文稿时，如果希望从一张幻灯片跳转到另外一张幻灯片，或者跳转到某个文件、网页或应用程序，就需要设置超链接，方法如下。

（1）用鼠标右键单击需要设置超链接的对象或文本，选择"超链接"命令，或者选中对象后使用"插入"选项卡"链接"选项组内的"超链接"按钮，弹出如图 6-26 所示的"插入超链接"对话框。

图 6-26　"插入超链接"对话框

图 6-27 "动作设置"对话框

(2) 选择链接到的位置,单击"确定"按钮即可。

当放映该页幻灯片时,鼠标指向超链接对象,指针就变成"手"形,表明单击它可以跳转到预先设置好的位置。

2. 动作按钮

所谓动作按钮,是指单击设置动作的对象可以触发其他对象的动作。实际上,动作可看作另外一种形式的超链接。设置动作按钮的方法如下。

(1) 单击选中要设置为动作按钮的对象,在"插入"选项卡的"链接"选项组中单击"动作"按钮,弹出"动作设置"对话框,如图 6-27 所示。

(2) 选择"超链接到"或"运行程序"单选按钮,可以设置超链接或运行程序。

6.9 幻灯片的放映与打印

6.9.1 幻灯片放映

幻灯片放映分 4 种情况,即"从头开始"、"从当前幻灯片开始"、"广播幻灯片"和"自定义幻灯片放映"。打开"幻灯片放映"选项卡,在左侧的"开始放映幻灯片"选项组中可以看到这 4 种放映方式。

选择"从头开始"放映或按"F5"键,将从第一张幻灯片开始顺序放映。

选择"从当前幻灯片开始"放映或单击状态栏右侧的"幻灯片放映"视图按钮,则忽略前面的幻灯片,从选中的这张幻灯片开始放映。

选择"自定义幻灯片放映"则允许只放映演示文稿中的一部分,这就需要设置自定义放映,其方法如下。

(1) 打开"幻灯片放映"选项卡,单击"开始放映幻灯片"选项组中的"自定义幻灯片放映"按钮,选择"自定义放映"。

(2) 在弹出的对话框中单击"新建"按钮,新建自定义幻灯片放映,弹出如图 6-28 所示的"定义自定义放映"对话框。

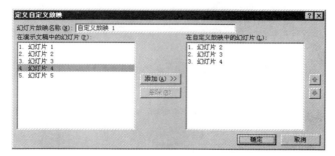

图 6-28 "定义自定义放映"对话框

（3）先设置幻灯片放映名称（默认名称为"自定义放映1"），然后从左边的列表中选取需要放映的幻灯片（使用鼠标拖动可以进行多选），单击"添加（A）>>"按钮即可添加到自定义放映列表中。如果想从已经添加的自定义放映列表中删除某张幻灯片，只需要在右边的列表中选中该幻灯片，单击"删除（R）"按钮即可。如果需要调整幻灯片在自定义放映中的放映次序，可以使用对话框右侧的上移按钮、下移按钮进行调整。编辑结束，单击"确定"按钮，该自定义放映就被保存在文档中。

（4）放映自定义放映时，只需要单击"幻灯片放映"选项卡，单击"开始放映幻灯片"选项组中的"自定义幻灯片放映"按钮，设定过的自定义放映名称就出现在该按钮的下拉列表中。单击某个自定义放映名称，就可以按照该自定义方式放映幻灯片。

广播幻灯片是 Office 2010 中的一项新增功能，演示者使用该功能可以从 PowerPoint 2010 向使用 Web 浏览器观看的远程观看者广播幻灯片。广播幻灯片利用 Web 或网络连接，通过公共 PowerPoint 广播服务向远程参与者演示幻灯片，或同时为远程参与者和现场参与者演示同样的内容，无须安装任何其他客户端软件。

演示者单击"幻灯片放映"选项卡，选择"开始放映幻灯片"选项组→"广播幻灯片"命令后，会为演示者提供广播服务列表。此列表可能包括内部和外部提供商，并且可由管理员集中控制。演示者单击"启动广播"按钮，将为演示者提供一个 URL，参与者可以使用该 URL 通过 Web 连接到幻灯片放映。

然后，演示者可以通过多种方式将该 URL 发送给参与者。在广播过程中，演示者可以随时暂停幻灯片放映、将广播 URL 重新发送给任何参与者，或切换到另一应用程序，而不会中断广播或将计算机桌面显示给参与者。

幻灯片放映时如果需要切换到其他页面，可以单击鼠标右键，在快捷菜单中选择"下一张"命令可以直接切换到下一张幻灯片，选择"上一张"命令可以切换到上一张幻灯片，选择"定位至幻灯片"命令，再从弹出菜单中选择相应幻灯片的标题，可以跳转到不相邻的幻灯片位置播放。

6.9.2 幻灯片放映方式的设置

可以为幻灯片选择不同的放映模式和放映方式，还可进行多项设置，以适应不同的场合。

1. 设置放映模式

放映模式一般分为自动放映和手动放映两种，系统默认是后一种。如果设置成自动放映模式，需要打开"切换"选项卡的"计时"选项组，在"换片方式"中勾选"设置自动换片时间"复选框，并调整好时间，再单击"全部应用"按钮，会将自动切换应用到所有幻灯片页面。

2. 设置放映类型

打开"幻灯片放映"选项卡，在"设置"选项组中单击"设置幻灯片放映"选项，打开"设置放映方式"对话框，如图 6-29 所示。

在"设置放映方式"对话框中，PowerPoint 2010 为用户提供了"演讲者放映（全屏幕）（P）"、"观众自行浏览（窗口）（B）"和"在展台浏览（全屏幕）（K）"3 种不同的放映类型，供用户在不同的环境中选用，第一种方式为手动放映模式，后两种为自动放映模式。

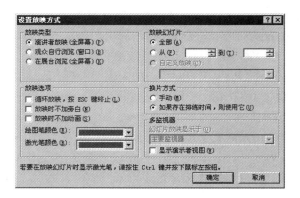

图 6-29 "设置放映方式"对话框

- "演讲者放映"类型由用户手动切换幻灯片,播放时为全屏显示。
- "观众自行浏览"类型为自动放映模式,该类型按设定时间自动切换幻灯片,不能用鼠标单击来切换,但可以通过右侧的垂直滚动条来快速前进或后退。该放映类型下右键菜单有效,能进行前进或后退、复制、编辑、全屏显示、结束放映等操作。按 ESC 可结束放映。
- "在展台浏览"类型为自动放映模式,该放映模式下鼠标不能操作,幻灯片按设定时间自动切换,默认为循环播放,只能按 ESC 键退出放映。

6.9.3 打印幻灯片

在 PowerPoint 中,用户可以将制作好的演示文稿通过打印机打印出来。在打印时可以根据不同的目的将演示文稿打印为不同的形式,常用的打印形式有幻灯片、讲义、备注和大纲视图 4 种。

在打印文稿前,用户可以先打开"页面设置"对话框,根据需要对页面进行设置,使打印效果更符合需求。选择"文件"→"打印"命令,打开"打印"窗口,如图 6-30 所示。

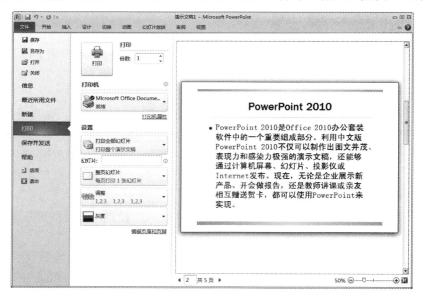

图 6-30 "打印"窗口

第6章　PowerPoint 2010演示文稿制作

在"份数"文本框中可以设置当前演示文稿打印的份数；在"设置"选项组中，单击"打印全部幻灯片"选项可以设置打印范围，系统默认打印当前演示文稿中的所有幻灯片，用户也可以选择打印当前幻灯片，或在"幻灯片"文本框中输入要打印的幻灯片编号；单击"整页幻灯片"选项可以选择打印版式、每页打印的幻灯片数量、边框等；用户还可以调整打印顺序、设置颜色灰度。

6.10　保存与退出

通过保存操作，可以随时将所编辑的演示文稿妥善保存到计算机硬盘上。为防止发生意外，建议用户养成随时保存的好习惯。PowerPoint 2010 制作的演示文稿默认扩展名为"pptx"。

PowerPoint 2010 同时提供了"另存为"命令，是保存演示文稿的另外一种方法，但与"保存"命令稍有不同。"保存"命令用于保存新建或更改后的演示文稿；而"另存为"命令用于保存已打开的文档，使用"另存为"命令时，用户可以更改文档名称、类型和保存路径等，使用"另存为"命令后，原来打开的文档不受影响，而是保存和原有文档内容相同的副本。

"另存为"还提供了将演示文稿保存为放映模式的命令——"PowerPoint 放映（*.ppsx）"，如图 6-31 所示。演示文稿保存为该模式后将不允许再被编辑，只能用于放映。

图 6-31　"另存为"对话框

为了使利用 PowerPoint 2010 制作的演示文稿能在早期版本的 PowerPoint 中编辑和修改，在保存演示文稿时，采用"另存为"中的"PowerPoint 97-2003 模板（*.ppt）"形式，用此命令保存的演示文稿文件格式与 PowerPoint 早期版本兼容。需要注意的是，如果演示文稿中使用了 SmartArt 图形，以这种方式保存后，演示文稿中的 SmartArt 图形和其中的所有文本不能被早期 PowerPoint 版本编辑。

除了能保存为幻灯片及相关格式外，"另存为"命令还能将演示文稿保存为其他格式。例如，PDF 文件、图片（*.gif、*.jpg、*、png、*.bmp)、大纲（*.rtf）等。

退出演示文稿只需要关闭当前 PowerPoint 窗口，关闭时可以使用标题栏上的"关闭"按钮关闭，也可以使用标题栏菜单中的"关闭"命令关闭，还可以使用 Alt+F4 快捷键来关闭。如果关闭前演示文稿被修改过，在关闭窗口时会提示是否保存，需要保存单击"是"按钮，不需要保存单击"否"按钮，取消关闭状态单击"取消"按钮；如果关闭前演示文稿没有被修改过或已经保存，将直接关闭。

习题六

1. 单选题

（1）PowerPoint 2010 中可以对幻灯片进行移动、删除、添加、复制、设置动画效果，但不能编辑幻灯片中具体内容的视图是（　　）。

A．普通视图　　　　　　　　　　　　B．幻灯片浏览视图
C．幻灯片视图　　　　　　　　　　　D．大纲视图

（2）放映幻灯片有多种方法，在默认状态下，以下（　　）可以不从第一张幻灯片开始放映。

A．使用"幻灯片放映"选项卡中的"从当前幻灯片开始"命令
B．单击"幻灯片放映"选项卡中的"从头开始"按钮
C．按 F5 快捷键
D．在"资源管理器"中，用鼠标右键单击演示文稿文件，在快捷菜单中选择"显示"命令

（3）在 PowerPoint 2010 中，为了在切换幻灯片时添加声音，可以使用（　　）选项卡的"声音"命令设置。

A．设计　　　　　B．动画　　　　　C．切换　　　　　D．视图

（4）在 PowerPoint 2010 中选择不连续的多张幻灯片，应借助于（　　）键。

A．Tab　　　　　B．Alt　　　　　C．Shift　　　　　D．Ctrl

（5）在 PowerPoint 2010 中，若想浏览文件中的标题和正文内容应选择（　　）视图。

A．备注页　　　　B．幻灯片　　　　C．大纲　　　　　D．幻灯片浏览

（6）在幻灯片浏览视图下，不能完成的操作是（　　）。

A．调整个别幻灯片的位置　　　　　　B．删除个别幻灯片
C．编辑个别幻灯片　　　　　　　　　D．复制个别幻灯片

（7）幻灯片内的动画效果，通过"动画"选项卡的（　　）命令来设置。

A．预览　　　　　B．动画　　　　　C．切换声音　　　D．切换速度

（8）下面（　　）类型文件能在 Windows 的桌面上直接放映。

A．ppt　　　　　B．pps　　　　　C．lst　　　　　D．pot

（9）在 PowerPoint 2010 中，（　　）命令可以用来改变某一幻灯片的布局。

A．背景样式　　　　　　　　　　　　B．幻灯片版面设置
C．幻灯片主题　　　　　　　　　　　D．字体

10．在 PowerPoint 2010 中，采用"另存为"命令，不能将文件保存为（　　）。

A．文本文件（*.txt）　　　　　　　　B．Web 页（*.htm）
C．大纲/RTF 文件（*.rtf）　　　　　　D．PowerPoint 放映（*.pps）

2. 判断题

（1）幻灯片上可以插入多种对象，除可以插入图片、图表外，还可插入公式、声音和视频

等。（　　）

（2）PowerPoint 的幻灯片视图在任意时刻，主窗口内只能查看或编辑一张幻灯片。（　　）

（3）PowerPoint 的普通视图中只能看到文字信息。（　　）

（4）PowerPoint 2010 演示文稿的文件扩展名默认为 ppt。（　　）

（5）在幻灯片中插入 Word 表格时，表格必须事先在 Word 中编辑好。（　　）

3. 简答题

（1）如何为幻灯片中的多媒体对象（如图片、表格等）添加动画？

（2）在幻灯片播放的过程中，如何跳转到某张指定幻灯片？

（3）PowerPoint 有几种视图方式，有几种母版视图？

（4）如何将文本转换为 SmartArt 图形？

（5）如何使 PowerPoint 2010 演示文稿能够在以前的版本中进行编辑和修改？

第 7 章

Access 2010 的使用

本章主要内容
- 数据库基础。
- Access 2010 数据库的创建与备份。
- Access 2010 数据库的打开与关闭。
- Access 2010 数据表的创建和字段设计。
- Access 2010 主键的创建与删除。
- Access 2010 表关系的创建。
- Access 2010 查询的创建。
- Access 2010 窗体的创建。
- Access 2010 报表的创建。

7.1 数据库基础

7.1.1 数据库简介

1. 数据库概述

数据库实际上就是一个用于专门存储数据的"仓库"。在日常工作中，常常需要把某些相关的数据放进这样的"仓库"，并根据用户的需要对这些数据进行相应的处理。对数据库进行管理的软件称为"数据库管理系统"。

数据库技术是 20 世纪 60 年代中后期发展起来的一项技术，它的主要目的就是有效地存取和管理大量的数据。把大量的数据按照一定的结构存储起来，在数据库管理系统的管理下，实现数据的查询与维护。

例如，学校常常要把学生的基本情况（如学号、姓名、年龄、性别、籍贯、电话、专业等）和学生的课程成绩（如学号、课程号、成绩）存放在数据库中。有了这个数据库，就可以根据需要随时查询学生的基本情况，也可以查询成绩在某个范围内的学生人数等。

数据处理就是对信息进行收集、整理、存储、加工等一系列活动的总和，其基本目的是从大量的、杂乱无章的数据中，提取出人们所需要的有价值、有意义的数据，借以作为决策的依据。数据的组织、存储、检查和维护等工作是数据处理的基本环节，这些工作一般称为数据管理。

2. 数据库技术的发展

随着计算机软、硬件技术的发展，数据管理技术经历了由低级到高级发展的 3 个阶段，即人工管理阶段、文件管理阶段和数据库管理阶段。

（1）人工管理阶段（20 世纪 50 年代中期以前）。这是利用计算机进行数据处理的初级阶段，数据依赖于程序，一组数据对应一个程序，一个程序的数据不能被其他程序使用，程序间存在大量重复数据，有大量的数据冗余。

（2）文件管理阶段（20 世纪 50 年代后期至 60 年代中期）。文件管理阶段，将数据按一定格式组织成数据文件，与应用程序分开，单独放在外部存储介质上。应用程序通过文件管理系统创建、读取和存储文件。它比人工管理阶段对数据的处理有了改进，同一个数据文件可以对应一个或多个程序。

（3）数据库管理阶段（20 世纪 60 年代后期以来）。采用特定模型组织数据，程序和数据之间使用数据库管理系统来进行统一的数据控制和管理。程序和数据完全独立，基本克服了文件管理阶段的弊病，解决了数据冗余和数据独立性问题。

数据库实质是一个所有存储在计算机内的相关数据所构成的集合，其主要目标是要对所有的数据实行统一、集中、独立的管理，数据独立于程序而存在，并可以提供给各类不同的程序和用户使用。

3. 常见的数据库简介

目前有许多数据库产品，如 IBM 公司的 DB2、甲骨文公司的 Oracle、微软公司的 SQL Server 和 Access 数据库等，它们以各自特有的功能在数据库市场上占有一席之地。

（1）Oracle

Oracle 是美国 Oracle 公司（甲骨文公司）开发的一种关系型数据库管理系统，支持多种不同的硬件和操作系统平台，覆盖了大、中、小型机等机型。Oracle 作为一个通用的数据库管理系统，不仅具有完整的数据管理功能，还是一个分布式数据库系统，支持各种分布式功能。Oracle 数据库已经成为世界上使用最广泛的关系型数据库管理系统之一。

（2）Microsoft SQL Server

Microsoft SQL Server 是一种典型的关系型数据库管理系统，可以在许多操作系统上运行，它使用 Transact—SQL 语言完成数据操作。目前，SQL Server 已经成为世界上使用最广泛的关系型数据库管理系统之一。

（3）Microsoft Access

作为 Microsoft Office 组件之一的 Microsoft Access，是在 Windows 操作系统中非常流行的桌面型数据库管理系统。与其他数据库管理系统相比，更加简单易学。

使用 Microsoft Access 无须编写任何代码，只需通过直观的可视化操作就可以完成大部分数据管理任务。它具有界面友好、易学易用、开发简单等特点。

Access 功能比较强大，足以应付一般的数据管理要求，适用于中小企业的数据管理需要。

7.1.2 数据库系统

数据库系统（DataBase System）由数据库及其管理软件组成，它是由硬件、数据库、数据库管理系统和用户 4 部分组成的一个整体。

1. 硬件

硬件即运行数据库系统的计算机硬件系统。运行数据库系统的计算机需要有足够大的内存来存放系统软件，需要有足够大容量的磁盘等存储设备存储庞大的数据，需要有足够多的脱机存储介质来存放数据备份。

2. 数据库

数据库（DataBase，DB）是保存在计算机存储设备中相互有联系的数据集合，是数据库系统的核心和管理对象。

3. 数据库管理系统

数据库管理系统（DataBase Management System，DBMS）是管理数据库的软件，是数据库系统的核心。数据库管理包括数据的收集、整理、组织、存储、查询、维护及传输等。有效地对数据进行管理可以提高数据的使用效率，减轻使用人员的负担。

4. 用户

数据库系统中存在的各种用户，包括管理数据库人员（称为数据库管理员（DBA））、开发应用程序来访问数据库的人员及使用数据库的人员（终端用户）。

7.1.3 关系数据库的基本概念

关系数据库是 20 世纪 70 年代提出的一种典型的数据库模型，关系模型容易掌握，使用广泛。目前常用的 SQL Server、Access、Oracle 等都属于关系数据库管理系统。

我们目前采用的数据库设计模型主要是关系模型，关系模型也称表格模型，是目前最重要的数据模型，也是目前最流行的数据模型。该模型使用二维表来表示数据之间的关系，数据库中数据被组织成一个二维表的结构，称为关系表。表中的行称为记录，列称为字段，每列的名称称为字段名。

表 7-1 所示为学生成绩表。

表 7-1 学生成绩表

学 号	姓 名	计 算 机	英 语	高 等 数 学
098001	王洪	68	89	86
098002	李军	87	90	94

下面是关系数据库的基本概念和特点。

1. 关系的基本概念

关系：一个关系就是一个二维表，其中记录了关系的各种属性，每个关系（表）都有一个名称。

关系模型：在一个二维表中有多个记录，这些记录和记录之间的联系可以看成是一个关系模型。其表示格式为"关系名（属性名 1，属性名 2，属性名 3，…）"。如"产品信息表"可表示为"产品信息（ID 号，产品名称，产品类型，产品价格，…）"。

元组：元组也称为记录。在一个表中，每一行称为一个元组。

属性：在 Access 数据库中，属性也称为字段，也就是表中每一列的列名，如"学生成绩表"中的"学号"、"姓名"等。

域：表示每个属性的值的取值范围。

主关键字：也称为主键，由一个或多个属性组成，用于唯一标志一条记录，如"学生成绩表"中的"学号"。

2. 关系的特点

关系是一个二维表，通过它可以直接了解数据的构成和数据间的关系。关系具有如下特点。
- 原子性：一个二维表的属性不可再分。
- 唯一性：二维表中，属性和元组具有唯一性，也就是说一个二维表中不能有两个相同的属性，也不能有两个完全一样的元组。
- 次序无关性：二维表中的属性和元组与它们所在的位置无关，可以交换位置。

7.1.4 数据库的设计

对一个数据库来说，合理的设计能保证利用数据库有效、正确、及时地完成各种任务。

数据库设计包括以下步骤：

（1）确定设计数据库的目的；

（2）确定数据库的功能模块；

（3）确定数据库中所含的表，根据项目开发的目的确定数据库中的表；

（4）确定各表中包含的字段及字段类型；

（5）确定表与表之间的关系；

（6）测试数据库，创建好数据库后还要对其进行测试，以保证数据和功能都能正常使用。

7.2 Access 2010 的基本操作

Access 2010 是一种关系型桌面数据库管理系统，作为 Office 组件之一，具有与 Word、Excel 等组件风格统一的操作界面，用户很容易掌握其使用方法。

7.2.1 启动数据库

启动 Access 2010 主要有以下 3 种方法。

（1）对于 Windows XP 和 Windows 7 操作系统，选择"开始"→"所有程序"→"Microsoft Office"→Microsoft Office Access 2010 命令即可成功启动 Access 2010。对于 Windows 8 操作系统，则可在开始屏幕界面中找到 Microsoft Office Access 2010 应用程序图标后单击启动。

（2）如果已经在桌面上创建了 Access 2010 的快捷方式图标，直接双击图标即可成功启动。

（3）双击资源管理器中已存在的 Access 2010 数据库文件（扩展名为.accdb）。

7.2.2 创建数据库

启动 Access 2010 后，打开的界面如图 7-1 所示。在这个界面中可以进行数据库的创建操作，步骤如下。

（1）选择数据库模板。

在"文件"选项卡中选择"新建"命令后，在窗口中间区域显示"可用模板"和"Office.com 模板"两类模板供选择（Office.com 模板需要下载）。由于在实际应用中，已有的数据库模板常常无法满足用户的实际需求，因此一般情况下选择"可用模板"中的"空数据库"模板选项，然后根据实际需要对数据库进行设计。选择空数据库模块后右侧显示"空数据库"提示。

（2）修改数据库名称和保存位置。

如图 7-1 所示，文件名文本框中显示新建的数据库的名称（默认为 Database[n].accdb，n 取值从 1 开始递增），可以根据实际情况进行修改，此处将数据库名修改为"学生信息数据库"。（注意：在修改数据库文件名时，不能修改文件的扩展名".accdb"）。

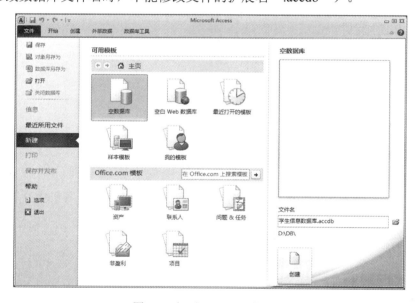

图 7-1 打开 Access 后的界面

若要改变数据库的保存位置，可以单击"文件名"文本框右边的图标，在弹出的对话框中重新选择数据库的保存路径，此处选择的路径为 "D:\DB\"。最后单击"创建"按钮，即可在选择的路径下创建一个新的空数据库并打开它。空数据库创建成功后进入 Access 2010 的工作界面，如图 7-2 所示。

7.2.3 备份数据库

由于数据库中保存的数据都很重要，为了避免出现计算机软/硬件故障和错误操作导致数据丢失的情况，需要定时对数据库进行备份操作，备份方法如下。

在"文件"选项卡中选择"数据库另存为"命令，在弹出的"另存为"对话框中，选择数据库备份的位置并按需要修改文件名后，单击"保存"按钮即可，如图 7-3 所示。

第7章 Access 2010的使用

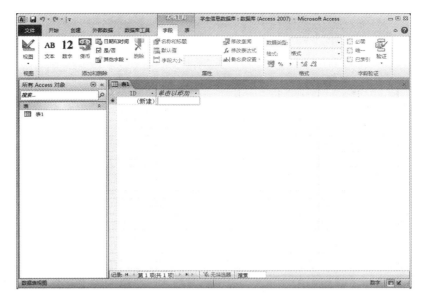

图 7-2　Access 2010 工作界面

图 7-3　备份数据库

7.2.4　打开与关闭数据库

若要查看或编辑已有的 Access 数据库，需要先打开数据库。使用完数据库后，也需要关闭数据库。

可以采用以下方法打开已有的数据库。

（1）通过"文件"选项卡中的"打开"按钮打开数据库。单击"文件"选项卡中的"打开"按钮　　　，在弹出的"打开"对话框中查找数据库文件，如图 7-4 所示，然后单击"打开"按钮。

注意：在 Access 2010 中，一次只能打开一个数据库，即打开一个数据库后，将关闭以前打开的数据库。

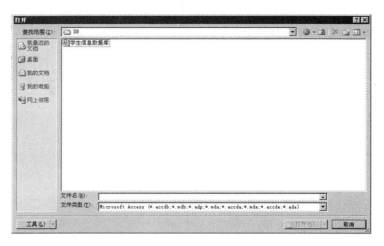

图 7-4 "打开"对话框

（2）通过快速访问工具栏中的"打开"按钮打开数据库。单击快速访问工具栏中的"打开"按钮，在弹出的"打开"对话框中查找数据库文件，然后单击"打开"按钮。

（3）直接打开数据库。直接双击资源管理器中的 Access 数据库文件（.accdb）的图标。

使用完 Access 2010 数据库后，需要将其关闭。关闭 Access 2010 的方法主要有以下几种。

（1）选择"文件"选项卡，在打开的菜单中单击"退出"按钮即可关闭 Access 2010。

（2）单击右上角的"关闭"按钮。

（3）使用快捷键 ALT+F4。

7.3 数据表的基本操作

Access 2010 操作简单，主要是因为它提供了一个功能强大的且易于开发的数据库工作环境。它将数据库中不同功能的组件提取出来，形成了 5 大对象。用户只要利用这 5 大对象，就能实现数据库的建立，数据的录入、查询、界面设计等。5 大对象分别是：表格、查询、窗体、报表、宏与代码。

创建新数据库就是在计算机上创建一个新文件，作为容纳数据库中所有对象的容器。其中，表是数据库中存储数据的基本对象，同时也为其他对象提供数据来源，是数据库的核心，因此建立数据库后的首要任务就是建立表并对表中的字段进行设计。对表的操作是本节的重点。

7.3.1 数据表的视图

在 Access 2010 中，有时需要利用不同的视图方式查看数据库中的表，Access 2010 提供了 4 种视图模式：数据表视图、数据透视表视图、数据透视图视图和设计视图。

本节主要介绍常用的数据表视图和设计视图。

1. 数据表视图

数据表视图是 Access 2010 中默认的显示视图，如图 7-5 所示。在该视图模式下可以添加、编辑、删除或查看表中的数据，也可以对数据进行排序和筛选，还可以通过添加或删除列来更改表的结构。

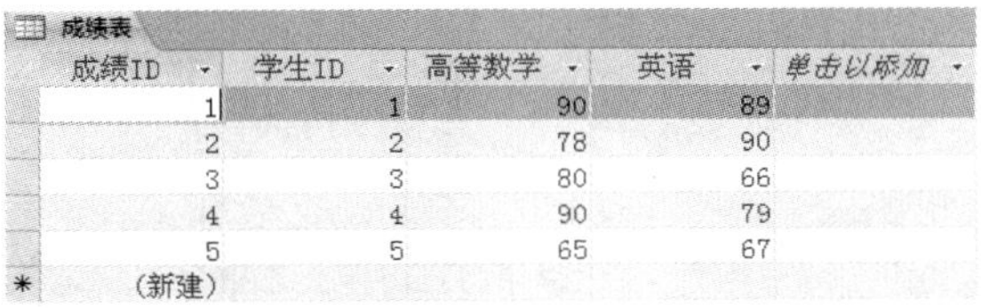

图 7-5 数据表视图

2. 设计视图

表的设计视图如表 7-6 所示。在该视图中，主要用于表字段的设计与修改，包括修改字段名称、修改数据类型、设置字段大小与格式等。

在 Access 2010 中，可以在各种视图之间进行切换。切换视图模式前需要先打开一个数据表才能进行，具体方法如下。

打开数据库中的一个表，打开"开始"选项卡，单击"视图"按钮，会弹出一个下拉列表，如图 7-7 所示，在弹出的下拉列表中选择需要的视图模式，单击该视图模式即可。

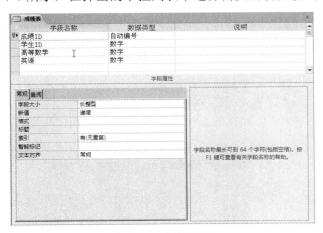

图 7-6 设计视图

图 7-7 "视图"下拉列表

7.3.2 数据表的创建

一个数据库可以包含一个表，也可以包含多个表。创建新表的步骤如下。

（1）新建一个数据库或打开一个已创建的数据库。此处打开在 7.3.1 节创建的"学生信息管理"数据库。

（2）在"创建"选项卡的"表格"组中，单击"表"按钮，如图 7-8 所示。

图 7-8 "创建"选项卡的"表格"组

这时，一个新表将被插入该数据库中，并以数据表视图方式打开，如图 7-9 所示。该表的第一个字段是 ID 字段，这是 Access 2010 为每个新表默认添加的字段，其默认数据类型为"自动编号"数据类型，该字段是不需要输入数据的，系统会自动为其填充相应的编号值。

图 7-9 新创建的表

（3）在"开始"选项卡的"视图"组中单击"视图"按钮下方的下拉按钮，在弹出的下拉列表中选择"设计视图"。

（4）如果表没有被保存，这时会弹出"另存为"对话框，在该对话框的"表名称"文本框中输入"学生信息"，为新表命名，如图 7-10 所示。

（5）设计字段：在该表的设计视图的"字段名称"列中输入"学生 ID"，在"数据类型"下拉列表中选择"自动编号"选项。接下来，以同样的方法为该表添加其他字段和字段的数据类型，如图 7-11 所示。

图 7-10 "另存为"对话框

图 7-11 学生信息表字段设计

注意：对于需要删除的字段，可将光标移动要删除的字段的左边，单击鼠标右键，在弹出的菜单中选择"删除行"命令即可。

（6）保存：可以通过单击快速访问工具栏中的"保存"按钮 来保存新创建的表，也可以通过快捷键 **Ctrl+S** 对表进行保存。

（7）在"设计"选项卡的"视图"组中单击"视图"按钮的下拉按钮，切换到"数据表视图"，为表添加相应的数据，如图 7-12 所示。

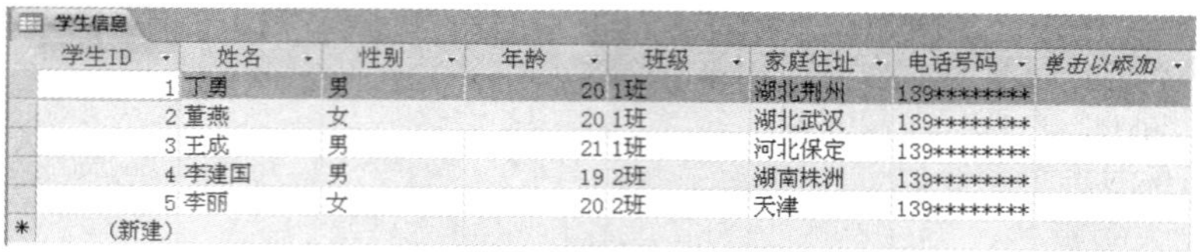

图 7-12 学生信息表数据表视图

7.3.3　Access 2010 中的数据类型

设计表时需要为表中的每个字段定义数据类型。数据类型是表中字段的属性，数据类型对字段的描述起关键作用，字段的属性也因数据类型的不同而不同。

Access 2010 的表中共提供了以下 12 种数据类型。
- 文本：用来存放文本与字符等内容，如表中的姓名、地址等字段可以采用这种类型。
- 备注：用于在数据表中存放说明性的文本。
- 数字：用于存放数值数据，如年龄和数量等。
- 日期/时间：主要用于存放日期和时间数据。
- 货币：主要用于存放与货币有关的数据，如商品单价等。
- 自动编号：如果在表中设置了自动编号类型的字段，添加一个记录后，系统将自动为其设置一个编号（从 1 开始），使这个记录具有唯一性。用户不能自己编辑该类型字段的取值，具体的值由系统分配。
- 是/否：又称"布尔"型数据，主要用于在表中存放逻辑值。
- OLE 对象：主要用于存放 Word 或 Excel 文档、图片、声音数据等。
- 超链接：用于存储通过链接的方式链接的 Windows 对象。通过超链接可以跳转到 Word、Excel 或 PPT 对象，也可以链接到 Internet 中的网页文档。
- 附件：用于存储数字图像或任意类型的二进制文件的首选数据类型。
- 计算：用于编辑一个表达式保存计算的结果。
- 查阅向导：用于启动查阅向导，用户可以创建一个使用组合框在其他表、查询或值列表中查阅值的字段。

7.3.4　数据表主键

主键是表中的一个字段或字段集合，用来唯一地标识表中的每条记录。被设置为主键的字段不允许输入空值，而且任意两条不同记录在主键上的值不能相同。利用主键可以高效地对记录进行排序和查找。

一个表中的主键可以由单个字段组成，称为"单主键"，也可以由多个字段组成，称为"复合主键"。

1．创建主键

主键的创建方法：打开需要创建主键的表，切换到设计视图，选择需要创建为主键的字段，在"设计"选项卡的"工具"组中单击"主键"按钮即可，如图 7-13 所示。

如果需要为表创建复合主键，进入设计视图后，在按住 Ctrl 键的同时选择需要设置为主键的字段，如图 7-14 所示，选择"学生 ID"和"课程 ID"两个字段，再单击"主键"按钮即可。

图 7-13　"主键"按钮　　　　　　　　　图 7-14　选择多字段

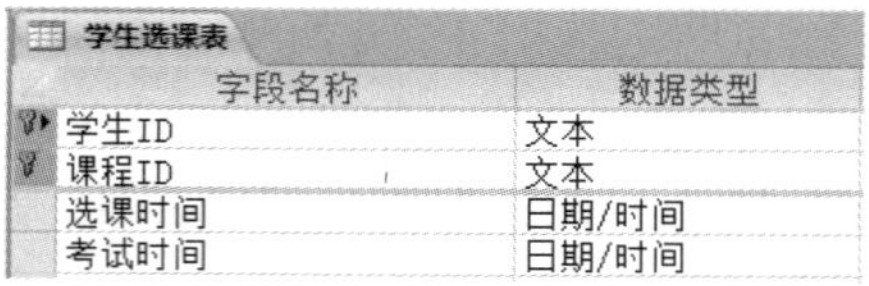

图 7-15 复合主键

主键被创建成功后，成为主键的字段的左侧会出现，如图 7-15 所示。

2. 删除主键

某个字段被设置成主键后，有时可能需要取消该字段的主键，删除某个字段的主键方法如下。

打开表的设计视图，选中需要删除的主键字段，在"工具"组中再次单击"主键"按钮。对于复合主键，选择其中任意一个主键字段，单击"主键"按钮即可。

7.3.5 定义数据表的关系

1. 表关系概述

同一个数据库中的不同的数据表彼此之间存在着各种各样的联系，我们将其称为关系。

在数据库中，单一表的功能非常有限，如果将这种单一的表利用关系网关联起来，那么这些关联起来的表将组成一个功能强大的关系表。

在关系数据库中，通过关系可以防止出现重复数据。

例如，如果设计一个存储书籍相关信息的数据库，可能有一个名为"书籍"的表，该表存储每种书籍的相关信息，如书名、出版日期和出版商，可能还需要存储有关出版商的信息，如出版商的电话号码、地址及邮政编码。如果将所有这些信息都存储在"书籍"表中，对于出版商出版的每种书籍，该出版商的电话号码等信息将是重复的。

更好的解决方案是，只需将出版商信息放在单独的表"出版商"中存储一次，然后在"书籍"表中放置一个"指针"，指向"出版商"表中主键。

为了确保数据保持一致，可以在"书籍"和"出版商"表之间强制执行引用完整性，有助于确保一个表中的信息与另一个表中的信息相匹配。例如，"书籍"表中的每种书籍必须与"出版商"表内的某个特定出版商关联。对于数据库中不存在的出版商，无法向数据库中添加相应的书籍。

大多数情况下，关系将一个表中的主键与另一个表中的外键（指向另一个表的主键的列）匹配。例如，可以在"出版商"表中的 publish_id 列（出版商 ID，主键）和"书籍"表中的 publish_id 列（出版商 ID 号，外键）之间创建关系。

两个表的关系就建立在"主键"和"外键"的基础上，"主键"所在的表称为主表，"外键"所在的表称为从表。表之间的关系主要有一对一、一对多、多对多的关系。

（1）一对一的关系

在一对一的关系中，"主表"中的一条记录只能与"从表"中唯一的一条记录关联。例如，一个学生只能有一个成绩单，则两表在"学生 ID"字段上的关系即为一对一的关系，如图 7-16 所示。

（2）一对多的关系

一对多的关系指"主表"中的一条记录与"从表"中的多条记录关联。例如，一个学生可以上多门课程，每门课程在"学生选课表"中是一条记录，则"学生信息表"与"学生选课表"在"课程 ID"字段上的关系就是一对多的关系，如图 7-17 所示。

图 7-16　一对一的关系　　　　　　　　图 7-17　一对多的关系

（3）多对多的关系

多对多的关系可以看作两个表相互的一对多的关系。例如，一个老师可以教多个班级，一个班级也可以有多个老师，则老师和班级就是多对多的关系。

要表示多对多的关系，必须创建第三个表，该表通常称为连接表，它将多对多的关系划分为两个一对多关系。将这两个表的主键都插入到第三个表中。因此，第三个表记录关系的每个匹配项或实例。

例如，对于存储老师和班级信息的数据库，可以分成以下 3 个表：

- 教师属性表（教师 ID，教师姓名，电话，地址等）；
- 班级信息表（班级 ID，班级名称，系部，人数等）；
- 授课情况表（授课 ID，教师 ID，班级 ID，课程名称等）。

2．创建表的关系

上面介绍了表与表之间可以创建关系，下面讲解如何建立表的关系。要建立表的关系，数据库中至少要有两张表。

通过以下实验来说明如何创建表的关系。

（1）打开之前创建的"学生信息管理"数据库，为该数据库再创建一个新表"成绩表"，存储学生的成绩，其设计视图如图 7-18 所示。

（2）进入数据表视图，为其添加相应的数据，如图 7-19 所示。

图 7-18　成绩表设计视图

（3）单击"数据库工具"选项卡"关系"组中的"关系"按钮，如图 7-20 所示。

图 7-19　成绩表中的数据　　　　　　　　图 7-20　"关系"按组

（4）这时，会弹出"显示表"对话框，在打开的"显示表"对话框的"表"选项卡中选择所有的表，然后单击"添加"按钮，将两张表添加进来。然后单击"关闭"按钮关闭对话框，如图 7-21 所示。

（5）这时会返回到 Access 界面，在"设计"选项卡的"工具"组中单击"编辑关系"按钮，为表编辑关系。这时会弹出"编辑关系"对话框，如图 7-22 所示。

图 7-21 "显示表"对话框

图 7-22 "编辑关系"对话框

（6）在打开的"编辑关系"对话框中单击"新建"按钮，弹出"新建"对话框，如图 7-23 所示。

图 7-23 "新建"对话框

（7）在"新建"对话框的"左表名称"下拉列表中选择"学生信息"，在"右表名称"下拉列表中选择"成绩表"，在"左列名称"和"右列名称"下拉列表中分别选择"学生 ID"，单击"确定"按钮，返回"编辑关系"对话框，在列表框中显示了创建关系的两张表和字段，如图 7-24 所示。

（8）单击"确定"按钮后，会返回到 Access 的关系界面，出现两张表，并显示出它们之间的关系，如图 7-25 所示。

图 7-24 设置完成的"编辑关系"对话框

图 7-25 完成关系创建

（9）在创建关系后，主表的相关记录最前面将出现"+"标记，单击该标记可以将其展开，即可在主表中查到链接的从表中对应记录的信息，如图 7-26 所示。

图 7-26 主表的链接

7.4 查询

Access 2010 为用户提供了强大的查询功能。通过查询，用户可以在大量的数据中快速找到所需的信息，并对相关信息进行处理。

查询可以根据用户的需要，将一个表或多张表中的一个或多个字段的记录经查询后，把查询结果存储起来。

在 Access 2010 中创建查询，主要有两种方法：使用向导创建查询和使用查询设计器创建查询。

7.4.1 查询的创建

使用"简单查询向导"创建查询是创建查询最常用、最简单的方式，主要用于创建基于一个表或多个表的简单查询。

我们这里创建一个查询，用于查询学生的简单信息。

（1）打开在 7.3 节中创建的"学生信息管理"数据库，单击"创建"选项卡，在"查询"组中单击"查询向导"按钮，这时会弹出"新建查询"对话框，如图 7-27 所示。

（2）在打开的"新建查询"对话框的列表框中选择查询类型，这里选择"简单查询向导"，单击"确定"按钮。这时会弹出"简单查询向导"对话框，如图 7-28 所示。

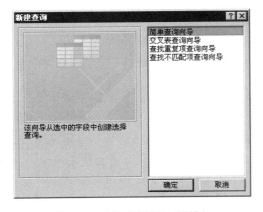

图 7-27 "新建查询"对话框

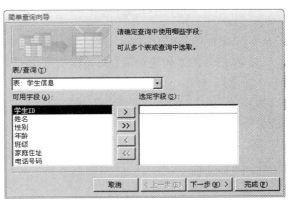

图 7-28 "简单查询向导"对话框

（3）在"表/查询"下拉列表中选择"表：学生信息"选项，在"可用字段"列表中选择要添加的字段，单击 > 按钮将其添加到"选定字段"中。这时把学生信息表中需要显示的字段添加到"选定字段"，然后单击"下一步"按钮。

（4）在打开的对话框中单击"下一步"按钮，这时会弹出一个对话框，用于设置该查询名称，修改查询名称后，单击"完成"按钮。

（5）创建的查询如图 7-29 所示。

图 7-29 "简单查询"结果

7.4.2 交叉表查询

使用"交叉表查询向导"可以将创建查询的字段分为两组：一组以列标题的形式显示在表的顶端，另一组以行标题的形式显示在表的左侧。用户可以在行列交叉的位置对数据进行汇总、求平均值或其他统计运算，并将结果显示在行列的交叉位置。

为说明创建方法，这里重新创建一个数据库，里面有一张表"进货表"，用来存储一个小型超市的进货情况。下面将创建一个查询，按类别显示该超市从不同的供货商处进货的金额。

（1）首先创建数据库，然后在数据库中创建一个新表"进货表"，表的设计和数据分别如图 7-30 和图 7-31 所示。

图 7-30 "进货表"设计　　　　　　图 7-31 "进货表"数据

（2）单击"创建"选项卡，在"其他"组中单击"查询向导"按钮。

（3）在打开的"新建查询"对话框的列表框中选择查询类型，这时选择"交叉表查询向导"，单击"确定"按钮。

（4）在打开的"交叉表查询向导"对话框中选择"表：进货表"选项，如图 7-32 所示，单击"下一步"按钮。

（5）在打开的"交叉表查询向导"对话框的"可用字段："一栏中选择"类别"字段作为行标题，单击 > 按钮将其添加到"选定字段"中，如图 7-33 所示，然后单击"下一步"按钮。

（6）在打开的"交叉表查询向导"对话框中选择"姓名"作为列标题，如图 7-34 所示，单击"下一步"按钮。

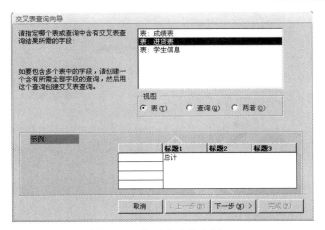

图 7-32 交叉表查询向导一

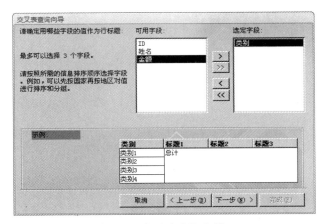

图 7-33 交叉表查询向导二

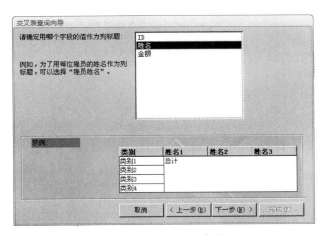

图 7-34 交叉表查询向导三

（7）在打开的"交叉表查询向导"对话框中，在"字段："一栏选择"金额"，在"函数："一栏中选择"Sum"，用于计算每种类别不同供货商供应的总数量，如图 7-35 所示，单击"下一步"按钮。

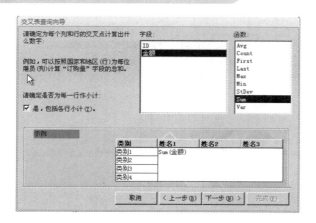

图 7-35　交叉表查询向导四

（8）这时需要为该查询设置名称，如图 7-36 所示，设置好相应名称后，单击"完成"按钮。

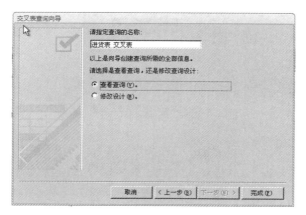

图 7-36　交叉表查询向导五

（9）可看到创建的查询如图 7-37 所示，按类别显示出该超市从不同的供货商处进货的金额及金额总计。

图 7-37　交叉表查询向导结果

7.4.3　查找重复项的查询

在 Access 2010 中，可以使用查找重复项查询向导，查询出一个或多个字段中值相同的记录。

在这里通过"查找重复项查询向导"，查找一个部门中奖金相同的员工名单。

（1）在数据库中创建一个新表"员工工资表"，具体如图 7-38 所示。

（2）单击"创建"选项卡，在"其他"组中单击"查询向导"按钮。

（3）在打开的"新建查询"对话框的列表框中选择查询类型，这时选择"查找重复项查询向导"，如图 7-39 所示，然后单击"确定"按钮。

图 7-38　员工工资表　　　　　　　　　　图 7-39　"新建查询"窗体

（4）在打开的"查找重复项查询向导"对话框中选择"表：员工工资表"选项，如图 7-40 所示，单击"下一步"按钮。

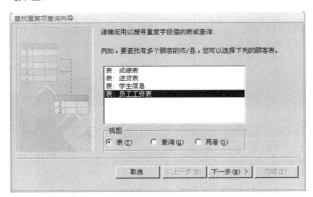

图 7-40　查找重复项查询向导一

（5）接着确定可能包含重复信息的字段，然后单击 > 按钮将其添加到"重复值字段："中，如图 7-41 所示，单击"下一步"按钮。

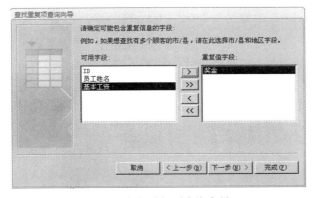

图 7-41　查找重复项查询向导二

（6）在下一个界面中，确定查询结果是否显示除带有重复值字段之外的其他字段，然后单击 > 按钮将其添加到"另外的查询字段"列表框中，这里将"员工姓名"字段添加进去，如图 7-42 所示，单击"下一步"按钮。

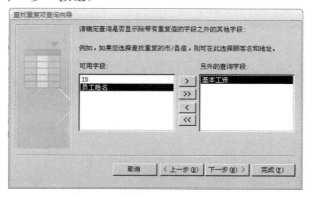

图 7-42　查找重复项查询向导三

（7）设置查询名称，如图 7-43 所示，单击"完成"按钮。
（8）创建的查询如图 7-44 所示。

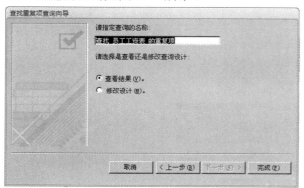

图 7-43　查找重复项查询向导四

图 7-44　查询结果

7.4.4　查找不匹配项的查询

有时需要对两个表进行比较，以识别一个表在另一个表中没有对应记录的记录。识别这些记录的最简便的方式是使用"查找不匹配项查询向导"。

例如，在有关产品销售的数据库中，产品信息存储在"产品"表中，而每个订单中包含的有关产品的数据则存储在"订单明细"表中。由于"产品"表中没有订单的相关数据，因此单独查看"产品"表并不能确定从未售出的产品。而单独查看"订单明细"表也无法确定此信息，因为"订单明细"表仅包含有关已售产品的数据。因此，必须对这两个表进行比较，才能确定从未售出的产品。这时需要使用"查找不匹配项查询向导"。

但它一般使用不多，方法也和上述查询方法类似，在此不再举例。

7.4.5　查询设计器

前面介绍了使用向导创建查询，本节将介绍使用查询分析器创建查询，具体操作步骤如下。

(1) 打开 7.3 节创建的数据库"学生信息管理数据库",再打开"学生信息"表。

(2) 单击"创建"功能区"查询"命令选项卡中的"查询设计"按钮,如图 7-45 所示,这时将打开查询设计窗口和"显示表"对话框。

(3) 在"显示表"对话框中,按住 Ctrl 键,选择"成绩表"和"学生信息"表,如图 7-46 所示,单击"添加"按钮。

图 7-45 查询设计按钮

图 7-46 "显示表"对话框

(4) 关闭"显示表"对话框,此时两张表已添加进查询设计器窗口,如图 7-47 所示。

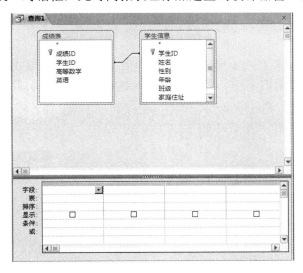

图 7-47 查询设计器窗口

(5) 选择需要在查询结果中显示的字段,方法有如下 3 种。
- 在"学生信息"表中拖动"学生ID"字段到下方的"字段"文本框中,添加查询字段。
- 在"学生信息"表中双击"姓名"字段,将其添加到"字段"文本框中。
- 在下方的"字段"的下拉列表框中,选择"学生信息 性别"选项,将其添加到字段文本框中。

(6) 再把"成绩表"中的"高等数学"和"英语"两个选项分别添加到"字段"栏中,如图 7-48 所示。

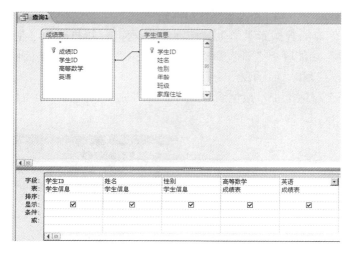

图 7-48　添加"成绩表"中相关字段

在查询设计器的下方可以设置相应的显示条件。
- 在"字段"一行中依次选择查询中需要用到的字段。
- 在要求排序的字段下面的"排序"一行中选择"不排序"、"降序"或"升序"。
- 在"显示"复选框中指定相应字段是否在查询结果中显示。
- 在"准则"文本框中输入查询条件。

例如，如果只想显示性别为"女"的学生信息，就可以在"性别"一列的"条件"栏中输入"女"，如图 7-49 所示。

（7）在"快速访问工具栏"上单击"保存"按钮 保存。如果查询没有命名，在弹出的"另存为"对话框中的"查询名称"文本框中输入名称，如图 7-50 所示，然后单击"确定"按钮。

图 7-49　设置条件　　　　　　　　　　图 7-50　设置查询名称

（8）选择"设计"选项卡，单击"结果"选项组的"运行"按钮，如图 7-51 所示，即可看到查询结果，如图 7-52 所示，显示了女生的成绩信息。

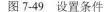

图 7-51　运行按钮　　　　　　图 7-52　查询结果

（9）如果需要对查询进行修改，可以在"设计视图"中修改。单击图 7-51 中的"视图"按钮，在其下拉菜单中选择"设计视图"菜单即可对其进行修改。

7.5 窗体的创建

窗体对象主要是提供人机交互的界面,它将数据库里的数据以界面形式显示,用户可以根据窗口中的提示对数据进行查看和编辑,有助于避免输入错误的数据。

可以使用自动窗体、窗体向导或窗体设计来快速创建一个窗体。

7.5.1 自动创建窗体

"自动创建窗体"可以创建一个显示表或查询表中所有字段和记录的窗体,只需单击一次鼠标便可以创建窗体,然后可以按自己的喜好在"设计"视图中对窗体进行自定义修改。

在 Access 2010 中打开"学生信息管理"数据库后,首先在导航窗格中选中希望在窗体上显示的数据表或查询,如图 7-53 所示,这里选择"学生信息"表。

打开"创建"选项卡,如图 7-54 所示,在其中的"窗体"组中单击"窗体"按钮即可自动生成窗体,如图 7-55 所示,这里自动生成了一个窗体,显示"学生信息"表中的所有字段。

图 7-53 导航窗格

图 7-54 "窗体"按钮

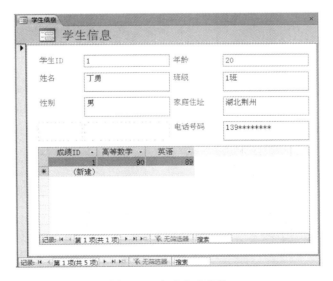

图 7-55 自动生成窗体

7.5.2 保存窗体设计

完成窗体设计后就可以保存窗体了,方法如下。

(1)在"快速访问工具栏"上单击"保存"按钮 ,或按 Ctrl+S 组合键,弹出"另存为"对话框。

图 7-56 窗体"另存为"窗口

(2)如果窗体没有命名,在弹出的"另存为"对话框的"窗体名称"文本框中输入名称,然后单击"确定"按钮。

(3)如果想用新名称保存窗体设计,可以在"文件"选项卡中选择"对象另存为"命令。在弹出的"另存为"对话框的"将'学生信息'窗体,另存为"文本框中输入名称,在"保存类型"列表中选择"窗体",然后单击"确定"按钮,如图 7-56 所示。

7.5.3 窗体视图

在 Access 2010 中,窗体视图主要有 3 种,分别为"窗体视图"、"布局视图"和"设计视图"。

更换窗体的视图的方法主要有 3 种。

方法一:打开窗体后,直接单击窗体窗口右下方的 图标,选择相应的窗体视图即可。

方法二:打开窗体后,在窗口的空白处单击鼠标右键,在弹出的快捷菜单中选择需要的窗体视图即可,如图 7-57 所示。

方法三:打开窗体后,单击"开始"选项卡,在"视图"选项区单击"视图"按钮,在弹出的下拉列表中选择需要的窗体视图即可,如图 7-58 所示。

图 7-57 快捷菜单

图 7-58 "视图"下拉列表

如果对设计的窗体不满意,可以进入窗体的"设计视图"和"布局视图"中对窗体进行修改。

7.6 报表的使用

报表可以用来向用户展示数据,通常会对数据进行相应的处理,如排序或统计等,然后方便用户进行打印输出。

目前比较常用的报表有四种，分别是纵栏式报表、表格式报表、图表报表及标签报表。

创建报表有四种方式，分别是自动创建报表、使用报表设计创建报表、创建空报表和使用报表向导创建报表。以下将介绍自动创建报表和使用报表向导创建报表两种方式。

7.6.1 自动创建报表

自动创建报表是最简单的报表创建方式，以"学生信息"数据库中的学生信息表为例，自动创建报表的具体操作步骤如下。

（1）首先选中"学生信息"表，然后单击"创建"选项卡，在"报表"组中单击"报表"按钮，这时会自动创建学生信息的报表，如图 7-59 所示。

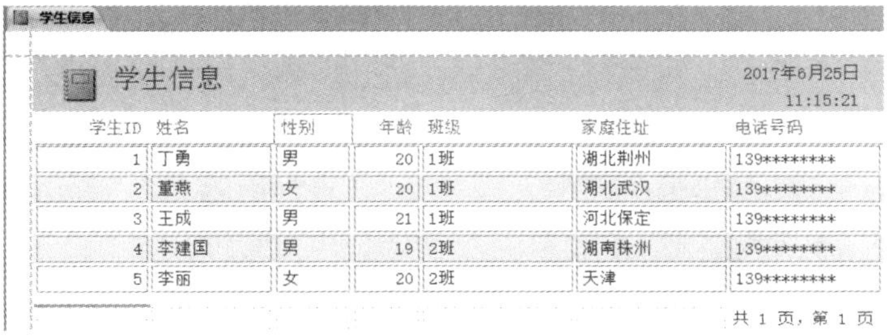

图 7-59　学生信息自动报表设计窗体

（2）单击右键，选择"打印预览"，可以显示打印预览界面。

（3）通过单击快速访问工具栏中的"保存"按钮 来保存新创建的报表，也可以通过快捷键 Ctrl+S 对报表进行保存。

7.6.2 使用报表向导创建报表

使用报表向导能够以更加灵活的方式创建报表，如创建一个按性别统计平均年龄的学生信息报表，具体操作步骤如下。

（1）单击"创建"选项卡，在"报表"组中单击"报表向导"按钮，这时会弹出报表向导窗体，在该窗体中选择"学生信息"表，并选择相应的字段，如图 7-60 所示。

（2）单击"下一步"按钮，在弹出对话框的左侧字段列表中双击"性别"字段，将性别字段添加为分组级别，如图 7-61 所示。

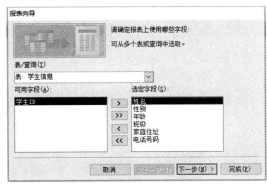

图 7-60　报表向导设计窗体

图 7-61　添加分组级别

(3)单击"下一步"按钮,在弹出对话框的排序选项中选择"年龄"字段,则报表中的数据会对按性别分组后的年龄进行升序排列,如图 7-62 所示。

(4)单击"汇总选项"按钮,在弹出的对话框中勾选年龄字段的"平均"选项后单击"确定"按钮,则报表中的数据会对按性别分组后的年龄求平均值,如图 7-63 所示。

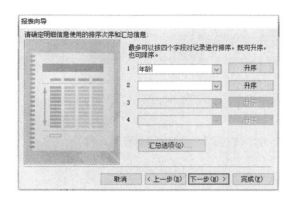
图 7-62　选择排序字段

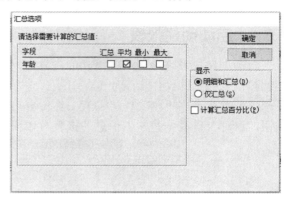
图 7-63　汇总选项设计

(5)单击"下一步"按钮,输入报表的标题后对设计好的报表进行保存,如图 7-64 所示。

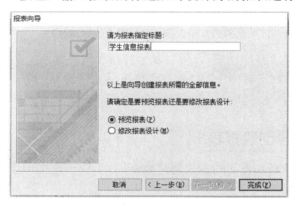

图 7-64　指定报表标题

(6)单击"完成"按钮,显示报表的预览界面,如图 7-65 所示。

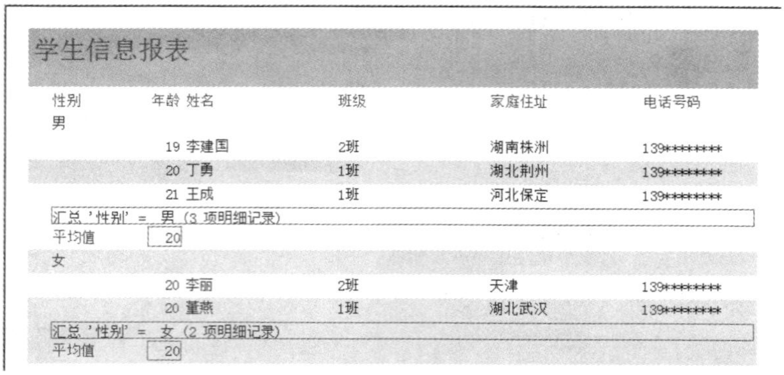

图 7-65　报表预览

至此就创建了一个按照性别进行分组和汇总,并且能够对分组后的学生年龄进行排序、求平均值的学生信息报表,之后就能够对报表进行预览和打印输出了。

习题七

1.单选题

(1)以下( )软件不是数据库管理系统。

A.VB B.Access C.Sybase D.Oracle

(2)Access是( )公司的产品。

A.微软 B.IBM C.Intel D.Sony

(3)数据库是( )。

A)以一定的组织结构保存在辅助存储器中的数据的集合

B.一些数据的集合

C.辅助存储器上的一个文件

D.磁盘上的一个数据文件

(4)数据库技术是从20世纪( )年代中期开始发展的。

A.60 B.70 C.80 D.90

(5)二维表由行和列组成,每一行表示关系的一个( )。

A.属性 B.字段 C.集合 D.记录

(6)在数据表的设计视图中,数据类型不包括( )类型。

A.文本 B.字符 C.数字 D.备注

(7)在Access 2010中,在表的设计视图和数据表视图中转换,要使用( )菜单。

A.文件 B.编辑 C.视图 D.窗口

(8)可用来存储图片的字段对象是( )类型字段。

A.OLE B.备注 C.超级链接 D.查阅向导

(9)学生和课程之间是典型的( )关系。

A.一对一 B.一对多 C.多对一 D.多对多

(10)如果一个订单只能属于一个雇员,一个雇员可以有多张订单,那么雇员和订单的关系是( )关系。

A.一对一 B.一对多 C.多对一 D.多对多

(11)存储学号的字段适合采用( )数据类型。

A.货币 B.文本 C.日期 D.备注

(12)Access 2010中,要改变字段的数据类型,应在( )中设置。

A.数据表视图 B.表设计视图

C.查询设计视图 D.报表图

(13)( )是连接用户和表之间的纽带,以交互窗口方式显示表中的数据。

A.窗体 B.报表 C.查询 D.宏

(14)查询的数据可以来自( )。

A.多个表 B.一个表

C．一个表的一部分　　　　　　　　　D．以上说法都正确

（15）（　　）是表中唯一标识一条记录的字段。

A．外键　　　　　B．主键　　　　　C．外码　　　　　D．关系

（16）二维表由行和列组成，每一列表示关系的一个（　　）。

A．属性　　　　　B．字段　　　　　C．集合　　　　　D．记录

（17）在成绩中要查找成绩≥80且成绩≤90的学生，正确的条件表达式是（　　）。

A．成绩 Between 80 And　　　　　　B．成绩 Between 80 To 90

C．成绩 Between 79 And 91　　　　　D．成绩 Between 79 To 91

2．填空题

（1）Access 数据库中表之间的关系有_____、_____和_____关系。

（2）Access 2010 创建的数据库文件，保存时默认的扩展名是_____。

（3）表是_____的集合，一个数据库中可以有_____个表，在一个表中最多可以创建_____个主键。

（4）添加字段最好使用表的_____视图，添加记录应该打开表的_____视图。

（5）Access 2010 中，使用查询向导可以创建_____、_____、_____及_____4种查询。

（6）数据管理经历了_____、_____和_____3个主要阶段。

（7）报表有4种，分别是_____、_____、_____和_____。

3．简答题

（1）一个数据库系统包含哪几个部分？

（2）简述数据库系统的组成。

（3）退出 Access 2010 的方法有哪些？

（4）创建数据表的方法有哪些？

（5）举例说明 Access 表之间的3种关系。

（6）创建报表的方式有哪几种？

第8章

常用工具软件的使用

本章主要内容
- 病毒安全软件。
- 应用工具软件。
- 网络工具软件。

8.1 病毒安全软件

8.1.1 杀毒软件——瑞星

对于经常上网的用户来说，计算机的安全问题显得尤为重要。为了有效地防范计算机病毒的入侵，应该选择安装一个杀毒软件，以对计算机进行全面监控。常用的计算机杀毒软件有瑞星、360杀毒、卡巴斯基、江民、金山毒霸、诺顿和迈克菲等。本节将以"瑞星"为例介绍杀毒软件的使用。

从面向个人的安全软件到适用超大型企业网络的企业级软件、防毒墙，瑞星公司提供信息安全的整体解决方案。2011年3月18日，瑞星公司宣布旗下瑞星全功能安全软件、瑞星杀毒软件、瑞星防火墙等所有个人安全软件产品实现全面、永久免费。

用户可以通过瑞星官网直接下载瑞星全功能安全软件或瑞星杀毒软件。瑞星杀毒软件主界面功能模块包括病毒查杀、电脑防护、电脑优化和安全工具4个部分。下面介绍如何利用瑞星杀毒软件进行查杀病毒和实时保护。

1. 病毒查杀

（1）启动瑞星杀毒软件，单击主界面上的"病毒查杀"按钮，如图8-1所示。"病毒查杀"选项包括全盘查杀、快速查杀和自定义查杀3个部分，这与绝大多数杀毒软件是一致的。一般地，用户在安装或更新杀毒软件后，建议首先执行一次快速查杀或全盘查杀，而针对某一磁盘或文件夹，如U盘，可以使用自定义查杀。

（2）在主界面上选择查杀的方式，如选择"全盘查杀"，就可以开始进行全盘文件的病毒查杀操作。如图 8-2 所示，在界面中将显示查杀的结果。

图 8-1　瑞星杀毒软件主界面

图 8-2　启动杀毒

（3）瑞星杀毒软件主界面中间显示了计算机的当前安全状态，标示安全状态和可优化项，并提供"一键修复"功能，如图 8-1 所示。

（4）选择主界面上的"菜单"→"系统设置"命令，弹出如图 8-3 所示的瑞星杀毒软件"设置中心"对话框，可以进行扫描设置、软件保护、产品升级、其他设置等操作。例如，可以设置"病毒防御"中的优化选项、网络监控的内容、病毒的处理方式等。

2．实时保护

在杀毒软件的主界面中，单击"电脑防护"按钮，可打开计算机实时监控保护设置。"电脑防护"功能包括"病毒防御"、"内核加固"、"软件保护"、"上网保护"等，如图 8-4 所示。开启这些功能，并进行相关设置，瑞星杀毒软件就能在用户打开文件、收发电子邮件和访问 U 盘等操作时查杀和截获病毒。例如，当计算机插入 U 盘时，瑞星就能很快做出反应，并且检测到病毒威胁进行主动查杀和自动清除。

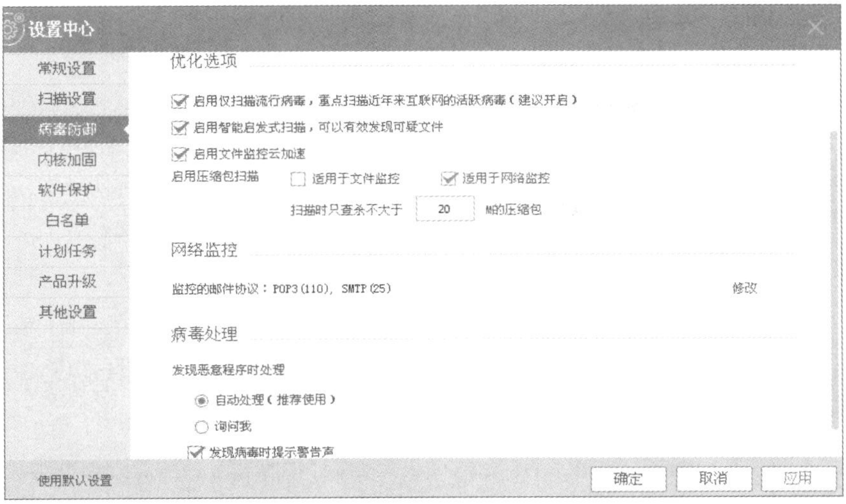

图 8-3 瑞星杀毒软件"设置中心"对话框

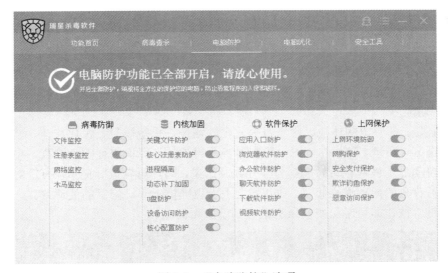

图 8-4 "电脑防护"选项

3. "云安全"

选择主界面上的"菜单"→"系统设置"命令,在瑞星杀毒软件"设置中心"对话框中,选择"常规设置"选项卡,如图 8-5 所示。建议用户勾选"加入瑞星云安全系统"复选框,并勾选下面的启用云查杀等几个复选框。当用户遇到病毒或可疑病毒时,瑞星云安全系统能够快速做出反应,及时判断文件的威胁,并给出相应的处理措施。正是因为云安全,每个用户的病毒提交也能应用到其他用户系统分享,便于堵截病毒的大规模传播。

需要提醒的是,杀毒软件都是靠病毒库来识别病毒的。互联网上的病毒一直在更新,并且在产生越来越多的病毒。如果杀毒软件没有更新,那么该软件就只能识别病毒库里现有的病毒,对新病毒完全没有作用。因此,用户需要及时地更新杀毒软件,时刻保持计算机的安全。

图 8-5 "云安全设置"界面

8.1.2 系统安全——360 安全卫士

360 安全卫士是一款由奇虎 360 公司推出的免费安全软件。360 安全卫士拥有查杀木马、清理插件、修复漏洞、电脑体检、保护隐私等多种功能,并独创了"木马防火墙"、"360 密盘"等功能,依靠抢先侦测和云端鉴别,可全面、智能地拦截各类木马,保护用户的账号、隐私等重要信息。

1. 常用功能

360 安全卫士拥有电脑体检、木马查杀、电脑清理、系统修复、优化加速、软件管家等常用功能。如图 8-6 所示,360 安全卫士正在对当前用户的计算机进行安全检查,电脑体检任务执行完毕将自动显示体检报告。根据体检分数及结果,用户可以按照提示,有针对性地选择相应的操作,对存在的问题进行修复。360 安全卫士也提供了一键修复的处理方式,用户只需单击"一键修复"按钮即可轻松修复所有检测到的安全问题。

图 8-6 360 安全卫士主界面

2. 木马查杀

目前木马威胁之大已远超病毒，木马查杀服务也是一款安全辅助软件非常重要的必选功能，用户使用率比其他功能要高。在默认设置下，360 安全卫士会自动监测计算机使用情况，自动拦截正在威胁计算机安全的木马，如图 8-7 所示，360 安全卫士发现了木马，并自动弹出对话框，提醒用户进行清除操作。另外，360 安全卫士提供了快速、全盘、自定义 3 种木马查杀方案。如图 8-8 所示，360 安全卫生正在使用默认推荐的快速扫描方式查杀木马。

图 8-7 360 安全卫士拦截木马提示

图 8-8 360 安全卫士木马查杀界面

3. 电脑清理

360 安全卫士内置的"电脑清理"模块用于执行计算机垃圾清理服务。该模块提供了包括全面清理及清理垃圾、清理软件、清理插件、清理痕迹、清理注册表等单项清理功能。此外，在扫描完文件后，360 安全卫士还提供了一键清理服务，用户只需一键单击即可轻松完成上述清理任务。另外，360 安全卫士还提供了"查找大文件"功能，可帮助用户轻松找到并删除占用磁盘空间较大的文件。如图 8-9 所示，360 安全卫士正在执行全面清理扫描任务。

图 8-9　360 安全卫士清理扫描界面

　　360 安全卫士自身非常轻巧，同时还具备开机加速、开机时间管理、启动项管理等多种系统优化功能，可大大加快计算机运行速度。内含的 360 软件管家还可帮助用户轻松下载、升级和强力卸载各种应用软件。

8.2　应用工具软件

8.2.1　文件压缩——WinRAR

　　WinRAR 是一个强大的文件压缩、解压工具。它提供了对 RAR 和 ZIP 文件的完美支持，内置程序可以解压 CAB、ARJ、LZH、TAR、GZ、ACE、UUE、BZ2、JAR、ISO 等多种类型的压缩文件。

1．用 WinRAR 压缩文件

　　所谓压缩文件，就是指把一个大文件按照一定的比例转换成一个小文件，其内容保持不变。在已经安装了 WinRAR 的计算机上，压缩文件或文件夹的具体操作如下。

　　（1）用鼠标右键单击要压缩的文件或文件夹，在弹出的快捷菜单中选择"添加到压缩文件"命令。

　　（2）在弹出的"压缩文件名和参数"对话框中，选择"常规"选项卡，如图 8-10 所示。单击"浏览"按钮可以选择压缩文件保存的位置，在"压缩文件名"文本框中为压缩后的文件命名。

　　（3）设置完成后，单击"确定"按钮开始压缩，并且显示压缩进度，如图 8-11 所示。

2．用 WinRAR 解压文件

　　解压缩是压缩的反操作，就是把已经压缩的文件或文件夹中的内容还原出来。在已经安装了 WinRAR 的计算机上，解压缩的具体操作如下。

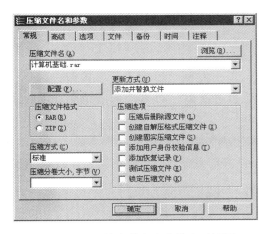

图 8-10 "压缩文件名和参数"对话框

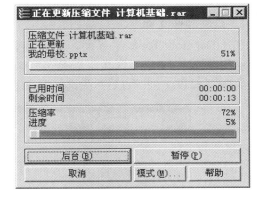

图 8-11 压缩进度

(1) 用鼠标右键单击压缩文件,在弹出的快捷菜单中选择"解压文件"命令。
(2) 在弹出的"解压路径和选项"对话框中,选择"常规"选项卡,如图 8-12 所示。在"目标路径"或右侧树形文件管理区中输入或选择解压后文件或文件夹的存放位置。
(3) 设置完成后,单击"确定"按钮开始解压,并且显示解压进度,如图 8-13 所示。

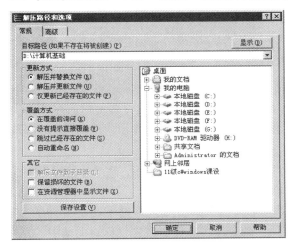

图 8-12 "解压路径和选项"对话框

图 8-13 解压进度

8.2.2 虚拟光驱——Daemon Tools

所谓虚拟光驱,就是一种模拟实际物理光驱工作的工具软件,可以生成和用户计算机上所安装的光驱功能一模一样的虚拟光驱。虚拟光驱最大的好处是可以把从网上下载的映像文件装载成光盘直接使用,而无须经过解压。

由于虚拟光驱和映像文件都是对硬盘进行操作的,因此可以减少真实物理光驱的使用次数,延长光驱寿命。同时,由于硬盘的读写速度要高于光驱很多,因此使用虚拟光驱后速度也大大提高了,安装软件要比用真实光驱快 4 倍以上,游戏、软件安装的读盘停顿现象也会大大减少。

Daemon Tools 就是一个操作简单、使用广泛的虚拟光驱软件。下面介绍如何利用 Daemon Tools 装载映像文件及制作映像文件。

1. 装载映像文件

打开 Daemon Tools 主界面，如图 8-14 所示，单击左侧"添加设备"按钮，选择"虚拟光驱"类型、"DVD 区域"编号、"装载到"位置等参数，可以添加虚拟驱动器设备，添加的驱动器以类似"(L:)"的名称显示在主界面下方。

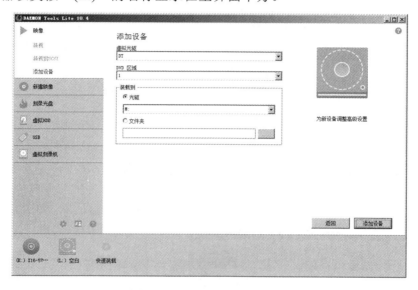

图 8-14　Daemon Tools 主界面

在主界面下方驱动器列表中选择一个虚拟驱动器设备，单击该设备按钮，在弹出的对话框中找到需要加载并能支持的映像文件，将该文件装载到目标驱动器中。如图 8-14 所示，已成功在驱动器"(K:)"中载入了映像文件。

虚拟驱动器将在用户的操作系统中如同真实的光驱盘符一样显示。在"计算机"中找到已经创建的装有光盘映像的虚拟光驱，双击即可开始工作。

另外，也可以在主界面中直接添加虚拟映像文件，添加的文件显示在主界面的"映像"列表中。再单击映像文件右键并选择"装载到"命令，将文件装载到目标驱动器中。

2. 制作光盘映像文件

Daemon Tools 可以制作简单的光盘映像文件，其操作步骤如下。

（1）将需要制作映像的物理光盘插入计算机的光驱，然后打开 DAEMON Tools 主界面。

（2）单击 DAEMON Tools 主界面左侧的"新建映像"选项卡，系统自动搜索光驱设备，打开"新建映像"界面，如图 8-15 所示。

（3）设置映像文件的存储路径和文件名，并设置文件格式、密码保护、是否压缩等参数。设置完毕后，单击"开始"按钮，显示"新建映像进度"界面。打开映像文件存储路径查看，已成功生成映像文件。

Daemon Tools 还支持将映像文件刻录到光盘、创建可引导 U 盘等功能。

图 8-15 "新建映像"界面

8.2.3 PDF 阅读——Adobe Reader

Adobe Reader（也称为 Acrobat Reader）是美国 Adobe 公司开发的一款 PDF 文件阅读软件，是用于打开和使用在 Adobe Acrobat 中创建的 PDF 文件的工具。该软件最大的好处是，文档的撰写者可以向任何人分发自己通过 Adobe Arobat 制作的 PDF 文档，而不用担心被恶意篡改。在 Adobe Reader 中无法创建 PDF 文件，但是可以使用 Adobe Reader 查看、打印和管理 PDF 文件。

打开 Adobe Reader 主界面，如图 8-16 所示，执行"文件"→"打开"命令，找到目标文件。打开 PDF 文件后，用户可以使用多种工具快速查找信息，如"编辑"菜单中的"查找"、"搜索"等功能。Adobe Reader 支持不同的显示模式，支持多种导览面板，并提供了不同的文档选择和缩放工具。

图 8-16 Adobe Reader 主界面

在审阅 PDF 文件时，可以使用注释和标记工具为其添加批注。使用 Adobe Reader 的多媒体工具可以播放 PDF 中的视频和音乐。如果 PDF 中包含敏感信息，则可以利用数字身份证或数字签名对文档进行签名或验证。

8.3 网络工具软件

8.3.1 下载工具——迅雷

迅雷（Thunder）是一个下载软件。迅雷本身不支持上传资源，只是一个提供下载和自主上传的工具软件。

利用网络下载资料时，用户最关心的就是下载的速度了。迅雷使用的多资源超线程技术能够将网络上存在的服务器和计算机资源进行有效的整合，构成独特的迅雷网络。通过迅雷网络，各种数据文件能够以最快的速度进行传递。多资源超线程技术还具有互联网下载负载均衡功能，在不降低用户体验的前提下，迅雷网络可以对服务器资源进行均衡，有效减轻了服务器负载。

简单地说，迅雷的资源取决于拥有资源网站的多少。只有任何一个迅雷用户使用迅雷下载过这个资源，迅雷就能有所记录。如果不同用户能在很多网站上使用迅雷下载过相同的资源，那这个资源就很丰富了，下载速度就更快了。

图 8-17 "新建任务"对话框

利用迅雷下载文件的操作如下。

（1）上网找到需要下载的文件，单击文件的下载链接，或者右键单击该链接，选择快捷菜单中的"使用迅雷下载"命令，弹出迅雷"新建任务"对话框。

（2）如图 8-17 所示，用户可以修改文件的名称，但是不能修改文件下载的原始地址；再输入或选择需要存放文件的目标文件夹，完成这些设置后，单击"立即下载"按钮。

（3）打开如图 8-18 所示的"迅雷"下载界面，可以看到正在下载的任务信息及其下载状态。下载完成后，任务会自动转移到界面左侧"已完成"文件列表中，用户可以转到存放文件的文件夹中查看并使用该文件了。

迅雷还支持注册、登录、私人空间、影视资讯、远程下载等功能，可以提高用户下载速度并提供更多服务。

8.3.2 网络存储——百度网盘

百度网盘（原百度云）是百度推出的一项云存储服务，首次注册即有机会获得 2TB 的空间，已覆盖主流 PC 和手机操作系统。用户将可以轻松地将自己的文件上传到网盘，并可跨终端随时随地查看和分享。

图 8-18 "迅雷"下载界面与设置中心

百度网盘个人版是百度面向个人用户的网盘存储服务,满足用户工作生活各类需求,已上线的产品包括网盘、个人主页、群组功能、通讯录、相册、人脸识别、文章、记事本、短信、手机找回。如图 8-19 所示为登录后显示的个人百度网盘的主界面。

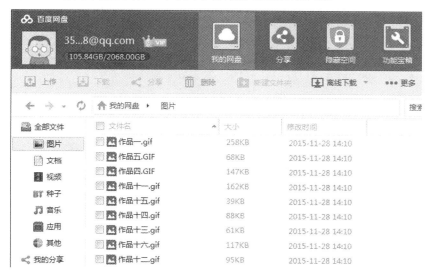

图 8-19 百度网盘主界面

百度网盘最常用的是上传和下载功能。

上传:在如图 8-19 所示的主界面中,单击主界面左上角的"上传"按钮,弹出"请选择文件/文件夹"对话框,如图 8-20 所示。用户选择需要上传的文件或文件夹,单击界面中的"存入百度网盘"按钮即可完成上传操作。

下载:在主界面中找到"我的网盘"目录中需要下载的文件或文件夹,勾选目标文件或文件夹,单击后面的下载按钮,即可完成下载操作。用户还可以右键单击目标,对所选文件或文件夹进行下载、移动、复制、推送设备等操作。

图 8-20　百度网盘上传对话框

习题八

1．单选题

（1）Adobe Reader 默认用于打开（　　）文件。

A．pdf　　　　　　B．Word　　　　　　C．txt　　　　　　D．iso

（2）目前常用的解压缩工具软件为（　　）。

A．HD-COPY　　　B．WinRAR　　　　C．FileSplit　　　D．Daemon Tools

（3）以下不属于杀毒软件的是（　　）。

A．卡巴斯基　　　B．江民　　　　　　C．迅雷　　　　　D．金山毒霸

（4）Adobe Reader 不能对打开的文件进行的操作是（　　）。

A．阅读　　　　　B．打印　　　　　　C．批注　　　　　D．创建

（5）在瑞星杀毒软件的实时监控中，不存在的默认监控方式是（　　）。

A．U 盘保护　　　B．邮件监控　　　　C．视频监控　　　D．文件监控

（6）下列不属于 Daemon Tools 能打开的映像文件形式的是（　　）。

A．iso　　　　　　B．mds　　　　　　C．nrg　　　　　　D．vcd

（7）下列关于百度网盘的功能描述，不正确的是（　　）。

A．支持文件上传　　　　　　　　　　B．支持图片预览
C．支持文件下载　　　　　　　　　　D．支持硬盘杀毒

（8）使用 Daemon Tools 制作简单的光盘映像文件时，不支持的保存类型为（　　）。

A．mds　　　　　　B．mdx　　　　　　C．iso　　　　　　D．nrg

（9）WinRAR 是一个强大的压缩文件管理工具。它提供了对 RAR 和 ZIP 文件的完整支持，但不能解压（　　）格式的文件。

A．CAB B．ARP C．LZH D．ACE

（10）360安全卫士不能完成的功能是（　　）。

A．查杀木马 B．系统分区 C．软件卸载 D．计算机体检

2．简答题

（1）简述利用WinRAR压缩和解压文件的操作方法。

（2）简述利用Daemon Tools制作一个iso映像文件的操作过程。

（3）简述利用迅雷下载"360安全卫士"安装文件的过程。

（4）简述利用百度网盘上传"360安全卫士"安装文件的过程。

第 9 章 计算机网络与信息安全

本章主要内容
- 计算机网络的基本概念。
- 计算机网络系统的组成和主要功能。
- Internet 基础及应用。
- 计算机网络安全的基本知识。

9.1 计算机网络概述

9.1.1 计算机网络的定义

所谓计算机网络,是指将地理位置不同的具有独立功能的多台计算机及其外部设备,通过通信线路连接起来,在网络操作系统、网络管理软件及网络通信协议的管理和协调下,实现资源共享和信息传递的计算机系统。

最简单的计算机网络只有两台计算机和将它们连接在一起的一条链路;最庞大的计算机网络即因特网。

9.1.2 计算机网络的产生与发展

计算机网络源于计算机与通信技术的结合,最早出现于 20 世纪 50 年代。最早的计算机网络通过通信线路将远方终端资料传送给计算机主机处理,形成一种简单的联机系统。随着计算机技术和通信技术的不断发展,计算机网络也经历了从简单到复杂、从单机到多机、由终端与计算机之间的通信到计算机与计算机之间相互通信的发展过程。其演变过程主要可分为以下 4 个阶段:即"主机—终端"网络、"计算机—计算机"网络、计算机互联网络和高速互联网络。

1. "主机—终端"网络

第一代计算机网络是面向终端的计算机网络,又称为联机系统,由地理位置不同的本地或远程终端通过相应的通信设备与一台计算机相连,享受该计算机的资源。这种具有通信功能的较典型的有 20 世纪 50~60 年代美国空军建立的半自动化地面防空系统(SAGE),其结构如图 9-1 所示。主机是网络的中心和控制者,终端分布在各处,并与主机相连,用户通过本地的终端使用远程的主机。网络系统中除主机具有独立的数据处理能力外,系统中所连接的终端设备均无独立处理数据的能力。因此终端设备与中心计算机之间不提供相互的资源共享,网络功能以数据通信为主。

面向终端的计算机网络有以下缺点:

(1)主机负荷较重,既要承担通信工作,又要承担数据处理工作;

(2)在系统中,每个终端与主机之间都必须单独有一条专门的通信线路,因此通信线路利用率低。

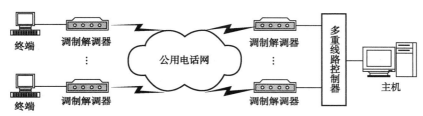

图 9-1 第一代计算机网络结构示意图

2. "计算机—计算机"网络

第二代计算机网络是以资源共享为目的的计算机通信网络,是多台具有自主处理能力的计算机通过通信线路连接起来而为用户服务的。典型的代表是 20 世纪 60 年代后期美国国防部远景研究计划局的 ARPA(Advanced Research Projects Agency)网,它是第一个以实现资源共享为目的的计算机网络。ARPA 网的运行标志着计算机通信网络时代的到来。

第二代计算机网络也存在着许多弊端,主要表现为:

(1)没有统一的网络体系结构及协议标准;

(2)信息传输效率低,网络拥挤和阻塞现象严重。

3. 计算机互联网络

第三代计算机网络又称为互联网络或现代计算机网络,是开放式标准化的互联网络,它具有统一的网络体系结构,遵循国际标准化协议,能方便地将计算机互联在一起。典型的例子就是国际互联网 Internet,它将世界范围的计算机相互连接在一起,实现更广范围、更大规模的数据交换和信息共享。

4. 高速互联网络

第四代计算机网络又称为高速互联网络,是高速发展的网络。通常意义上的计算机互联网络通过数据通信网络来实现数据的通信和共享,此时的计算机网络基本以电信网作为信息的载体,即计算机通过电信网络中的 V.25 网、DDN、帧中继网等传输信息。而任何一台计算机都在以某种形式联网,以实现共享信息或协同工作。

目前,全球以 Internet 为核心的高速计算机互联网络已经形成,Internet 已经成为人类最重要的、最大的知识宝库。

9.1.3 计算机网络的基本功能

计算机网络的实现为用户构造分布式的网络计算机环境提供了基础。计算机网络的主要功能有以下几个方面，其中通信和资源共享是最基本的功能。

1. 通信

通信是计算机网络的基本功能之一，它可以为网络用户提供强有力的通信手段。建设计算机网络的主要目的就是让分布在不同地理位置的计算机用户能够相互通信、交流信息。计算机网络可以传输数据及声音、图像、视频等多媒体信息。利用这一特点，可以将分散在各个地区的单位或部门用计算机网络联系起来，进行统一的调配、控制和管理。例如，可以通过计算机网络实现铁路运输的实时管理与控制，从而提高了铁路的运输能力，还可以实现全国联网售飞机票、火机票等，从而大大提高了工作效率。

在日常社会活动中利用计算机网络的通信功能，可以发送电子邮件、打电话、在网上举行视频会议等，大大丰富了人们的工作和生活内容。

2. 资源共享

"资源"指的是网络中所有的软件、硬件和数据资源。"共享"指的是网络中的用户都能够部分或全部地享受这些资源。计算机网络允许网络上的用户共享网络上各种不同类型的硬件设备，可共享的硬件资源有高性能计算机、大容量存储器、打印机、图形设备、通信线路、通信设备等。共享硬件的好处是提高硬件资源的使用效率、节约开支。现在已经有许多专供网上使用的软件，如数据库管理系统、各种 Internet 信息服务软件等。共享软件允许多个用户同时使用，并能保持数据的完整性和一致性。例如，某些地区或单位的数据库（如飞机机票、饭店客房等）可供全网用户使用；某些单位设计的软件可供需要的地方有偿调用或办理一定手续后调用。

3. 分布式数据处理

计算机网络可以合理管理资源，使得资源主机之间能够分担负荷。例如，当某台计算机负担过重时，或该计算机正在处理某项工作时，网络可以将新任务转交给空闲的计算机去完成，这样处理能均衡各计算机的负荷，提高处理问题的实时性。对于大型综合性问题，可将问题各部分交给不同的计算机分头处理，充分利用网络资源，扩大计算机的处理能力，即增强实用性。对于解决复杂问题，可将多台计算机联合起来使用并构成高性能的计算机体系，这种协同工作、并行处理要比单独购置高性能的大型计算机便宜得多。

4. 提高系统的安全性与可靠性

计算机通过网络中的冗余部件可大大提高可靠性。系统的可靠性对于军事、金融和工业过程控制等部门的应用特别重要。例如，在工作过程中，一台机器出了故障，可以使用网络中的另一台机器；网络中一条通信线路出了故障，可以取道另一条线路，从而提高了网络系统整体的可靠性。

9.1.4 计算机网络的分类

可以从不同的角度对计算机网络进行分类，下面介绍常见的网络分类及其特性。

1. 按网络的作用范围进行分类

（1）广域网（Wide Area Network，WAN）。广域网的作用范围通常为几十到几千公里，有时也称为远程网（Long Haul Network）。广域网是因特网的核心部分，由一些节点交换机及连接这些交换机的链路组成,其任务是通过长距离(如跨越不同的国家)运送主机所发送的数据。连接广域网各节点交换机的链路一般都是高速链路,具有较大的通信容量。

(2)局域网(Local Area Network,LAN)。局域网一般用微型计算机或工作站通过高速线路相连(速率通常在10Mbit/s以上),但地理上则局限在较小的范围(1km左右),常常应用于一个工厂或学校(如企业网或校园网)。局域网比广域网具有较高的数据传输速率、较低的时延和较小的误码率。但随着光纤技术在网域网中的普遍使用,现在广域网也具有较高的数据传输速率和很低的误码率。

(3)城域网(Metropolitan Area Network,MAN)。城域网的作用范围一般是一个城市,可跨越几个街区甚至整个城市,其作用距离为5~50公里。城域网可以为一或几个单位所拥有,但也可以是一种公用设施,用来将多个局域网进行互联。目前很多城域网采用的是以太网技术,因此有时也常并入局域网的范围内进行讨论。

(4)个人区域网(Personal Area Network,PAN)。个人区域网是在个人工作地方把属于个人使用的电子设备(如便携式电脑、掌上电脑等)用无线技术连接起来的网络,也常称为无线个人区域网(Wireless PAN,WPAN),其作用范围大约在10m,可以是一个人使用,也可以是若干人共同使用(例如,一次重要商业会议的小组成员把几米范围内使用的一些电子设备组成一个无线个人区域网)。但是,无线个人区域网和个人区域网并不完全等同,因为PAN不一定都是无线连接的。

2. 按传输介质进行分类

(1)有线网:采用同轴电缆和双绞线来连接的计算机网络。

同轴电缆网是常见的一种联网方式。它比较经济,安装较为便利,数据传输速率和抗干扰能力一般,传输距离较短。

双绞线网是目前最常见的联网方式。它价格便宜、安装方便,但易受干扰,传输率较低,传输距离比同轴电缆要短。

(2)光纤网:光纤网也是有线网的一种,但由于其特殊性而单独列出,光纤网采用光导纤维作为传输介质。光纤传输距离长,数据传输速率高,可达数千兆bit/s,抗干扰性强,不会受到电子监听设备的监听,是高安全性网络的理想选择。不过由于其价格较高,且需要高水平的安装技术,所以现在尚未普及。

(3)无线网:采用空气作为传输介质,用电磁波作为载体来传输数据,目前无线网联网费用较高,还未普及。但由于联网方式灵活方便,是一种很有前途的联网方式。

局域网常采用单一的传输介质,而城域网和广域网采用多种传输介质。

3. 按网络的使用者进行分类

(1)公用网(Public Network),指国家的电信公司(国有或私有)出资建造的大型网络。"公用"的意思就是所有愿意按电信公司的规定缴纳一定费用的人都可以使用这种网络,因此公用网也可以叫作公众网。

(2)专用网(Private Network),指某个部门因本单位的特殊业务工作需要而建造的网络。这种网络不为本单位以外的人提供服务。例如,军队、铁路等系统均有本系统的专用网。

公用网和专用网都可以传送多种业务,如果传送的是计算机数据,则分别是公用计算机网络和专用计算机网络。

4. 按网络的拓扑结构进行分类

网络的拓扑结构是抛开网络物理连接来讨论网络系统的连接方式、网络中通信线路和站点（计算机或设备）的几何排列形式。

（1）星形网络

星形网络是指各站点通过点到点的链路与中心站相连。网络中有中央节点，其他站点（计算机或设备）都与中央节点直接相连，相关站点之间的通信都要通过中央节点，因此又称为集中式网络。星形网络如图9-2所示。

星形网络的特点是很容易在网络中增加新的站点，数据的安全性和优先级容易控制，易实现网络监控。但中心节点的故障会引起整个网络瘫痪，每个站点都通过中央节点相连，需要大量的网线，这样成本较高，可靠性较低，资源共享能力也较差。

（2）环形网络

环形网络由各站点通过通信介质连接成一个封闭的环形，数据在环形路线中单向或双向传输，信息从一个节点传到另一个节点，如图9-3所示。

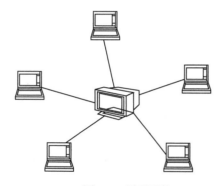

图9-2　星形网络

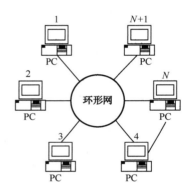

图9-3　环形网络

环形网络的特点是容易安装和监控。由于数据源在环路中串行地穿过各个节点，当环中节点过多时，信息传输速率会受到影响，使网络的响应时间延长；环路是封闭的，不便于扩充；可靠性低，一个节点故障将会造成全网瘫痪；维护难，对分支节点故障的定位也比较困难。

（3）总线形网络

总线形网络指网络中所有的站点共享一条数据通道，各站点地位平等，无中心节点控制，数据源可以沿着两个不同的方向由一个站点传到另一个站点，如同广播电台发射的信息一样，因此又称广播式计算机网络，各工作站节点在接收信息时都会进行地址检查，看是否与自己的站点地址相符，相符则接收网上的信息。总线形网络如图9-4所示。

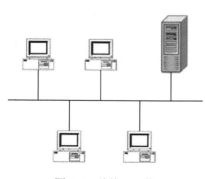

图9-4　总线形网络

总线形网络的特点是安装简单方便，需要敷设的电缆最短，成本低，某个站点的故障一般不会影响整个网络。但介质的故障会导致网络瘫痪，总线形网络安全性低，监控比较困难，增加新站点也不如星形网络容易。

树形网、簇星形网、网状网等其他类型拓扑结构的网络都是以上述3种拓扑结构为基础的，这里就不做介绍了。

9.2 计算机网络系统的组成

计算机网络系统是一个集计算机硬件设备、通信设备、软件系统及数据处理能力为一体的，能够实现资源共享的现代化综合服务系统。计算机网络系统一般分为两个部分：硬件系统和软件系统。

9.2.1 计算机网络的硬件系统

硬件系统是计算机网络的基础，由计算机设备、通信设备、连接设备及辅助设备组成。下面介绍几种网络中常用的硬件设备。

1. 服务器

在网络中，服务器是一台速度快、存储量大的计算机，它是网络系统的核心设备，负责网络资源管理和用户服务。服务器可分为文件服务器、远程访问服务器、数据库服务器、打印服务器。服务器是一台专用或多用途的计算机。在互联网中，服务器之间互通信息，相互服务。服务器需要专门的技术人员来管理和维护，以保证整个网络的正常运行。

2. 工作站

在网络中，工作站是通过网卡连接到网络中的具有独立处理能力的计算机，它是用户向服务器申请服务的终端设备。用户可以在工作站上处理日常工作，也可以对服务器进行访问。另外，工作站之间可以进行通信，以达到共享网络和其他资源的目的。

3. 网卡

网卡又称为网络适配器，它是计算机与计算机之间直接或间接传输介质、相互通信的接口，它插在计算机的扩展槽中。网卡的作用是将计算机与通信设施相连，将计算机的数字信号转换成通信线路能够传送的电子信号或电磁信号。一般情况下，无论是服务器还是工作站，都应安装网卡。目前，常用的网卡有 10Mbit/s、100Mbit/s 和 10Mbit/s/100Mbit/s 自适应网卡。

4. 调制解调器

调制解调器（Modem）是一种信号转换装置。它可以把计算机的数字信号"调制"成通信线路的模拟信号，将通信线路的模拟信号"解调"成计算机的数字信号。调制解调器的作用是将计算机与公用电话相连，使得现有网络系统以外的计算机用户能够通过拨号的方式利用公用电话网访问计算机网络系统。调制解调器的重要性能参数是数据传输速率，单位为 bit/s（比特每秒）。

5. 集线器

集线器（Hub）是局域网中使用的连接设备，它有多个端口，可连接多台计算机，主要功能是对接收到的信号进行再生整形放大，以扩大网络传输距离，同时把所有节点集中在以它为中心的节点上。

6. 网桥

网桥（Bridge）也是局域网使用的连接设备。将两个相似的网络连接起来，并对网络数据的流通进行管理。网桥作用是扩大网络的距离，减轻网络的负载，提高网络的可靠性和安全性。在局域网中每条通信线路的长度和连接的设备都是有最大限度的，如果超载就会降低网络的工作性能。

7. 路由器

路由器是互联网中使用的连接设备，是主要的节点设备。它可以将两个网络连接在一起，组成更大的网络。被连接的网络可以是局域网，也可以是互联网。路由器不仅有网桥的全部功能，还具有路径选择功能。在互联网中，两台计算机之间传送数据的通路有很多条，数据包从一台计算机出发，中途要经过多个站点才能到达另一台计算机。这些中间站通常由路由器组成。路由器的作用就是为数据包选择一条合适的传送路径。

8. 传输介质

传输介质是传送信号的载体，负责将网络中的多种设备连接起来，是连接收发双方的物理通路。传输介质可分为两种：有线介质和无线介质。它们可以支持不同的网络类型，具有不同的传输速率和传输距离。

（1）有线介质

目前常用的有线介质有双绞线、同轴电缆、光纤等，如图 9-5 所示。

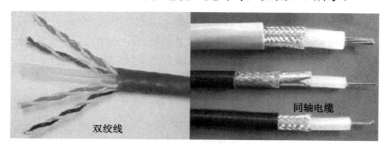

图 9-5　有线介质

双绞线是两条相互绝缘的导线按一定距离绞合若干次，使外部的电磁干扰降到最小，以保护信息和数据。双绞线的优点是组网方便，价格最便宜，应用广泛；缺点是传输距离小于 100m。

同轴电缆的核心部分是一根导线，导线外有一层起绝缘作用的塑性材料，再包上一层金属网，用于屏蔽外界的干扰，最外面是起保护作用的塑性外套。同轴电缆的抗电磁干扰特性强于双绞线，传输速率与双绞线类似，但它价格高，几乎是双绞线的两倍。

光纤的芯线由光导纤维做成，它传输光脉冲数字信号，而不是电脉冲数字信号。包围芯线外围的是一层很厚的保护镀层，以便反射光脉冲，使之继续往下传输。光纤可防止传输过程中被分接偷听，也杜绝了辐射波的窃听，因而是最安全的传输媒体。

（2）无线介质

无线传输指在空间中采用无线频段、红外线、激光等介质进行传输。计算机网络系统中的无线通信主要指微波通信，微波通信分地面微波通信和卫星微波通信两种形式。

地面微波通信就是利用地面微波进行通信。由于微波在空间是直线传播的，而地球表面是个曲面，因此其传播距离受到限制，一般只有 50m 左右。微波线路的成本比同轴电缆和光纤低，但误码率比同轴电缆和光纤高，安全性不高，只要拥有合适的无线接收设备，就可窃取通信数据。此外，大气对微波信号的吸收与反射影响较大。

卫星通信就是利用地球同步卫星作为微波中继站，实现远距离通信。当地球同步卫星位于 36 000km 高空时，其发射角可以覆盖地球上 1/3 的区域。只要在地球赤道上空的同步轨道上等距离地放置三颗卫星，就能实现全球的通信。

随着掌上电脑和笔记本电脑的迅速发展，用户对可移动的无线数字网的需求也日益增加。无线数字网类似于蜂窝电话网，人们可随时将计算机接入网内，组成无线局域网。无线局域网通常采用无线电波和红外线作为传输介质。采用无线电波的通信，速率可达 10Mbit/s，传输范围为 50km。

9.2.2 计算机网络的软件系统

网络软件是实现网络功能不可缺少的软环境。为了协调系统资源，需要通过软件对网络资源进行全面的管理，进行合理的调度和分配，并采取一系列的保密安全措施，防止用户不合理地对数据和信息进行访问，保证数据和信息的安全。计算机网络的软件按照其功能可分为通信软件、网络操作系统和网络应用软件。

（1）通信软件

通信软件是指按照网络协议的要求完成通信功能的软件。

网络协议是计算机网络中各部分必须遵守的规则的集合，是网络软件的重要组成部分。计算机网络体系结构也由协议决定，网络管理软件、网络通信软件及网络应用软件等都要通过网络协议软件才能发挥作用。网络协议软件的种类很多，如 TCP/IP、IEEE 802 系列协议均有各自对应的协议软件。

（2）网络操作系统

网络操作系统是指能够控制和管理网络资源的软件。在服务器上，网络操作系统为在服务器上的任务提供资源管理；在工作站上，网络操作系统主要完成工作站任务的识别和与网络的连接。常用的网络操作系统有 Windows NT 系统、UNIX 系统和 Linux 系统等。

网络操作系统是网络的心脏和灵魂，是用户与网络资源之间的接口。

（3）网络应用软件

网络应用软件是指网络能够为用户提供各种服务的软件，如传输软件、远程登录软件、电子邮件等。

9.3 计算机网络的体系结构

计算机网络系统是一个非常复杂系统。在该系统中，由于计算机类型、通信线路类型、连接方式等不同，使得网络各节点之间的通信十分困难。假设连接在网络上的两台计算机要相互传送文件，有一条能传送数据的通道远远不够，至少还需要考虑发送文件的计算机能否保证数据在该通道上正确传送、接收文件的计算机是否连接在网络中、网络如何识别接收文件的计算机、接收文件的计算机是否可正确接收或转换传送的文件格式等一系列的问题。由此可见，相互通信的计算机必须高度协调和同步才能正常工作。而对于这种协调，分层的方法可以将复杂的问题局部化，从而易于研究和处理。为进行网络中的数据交换而建立的规则、标准和约定也称网络协议，简称协议。

一个网络协议主要由语法、语义和时序 3 个要素组成。计算机网络的各层及其协议的集合称为网络的体系结构。下面对计算机网络中几种常用的协议进行简单的介绍。

9.3.1 计算机网络常用协议

目前在局域网上流行的数据传输协议有 3 种。

1. TCP/IP 协议

TCP/IP 协议为"传输控制协议/网际协议",是计算机网络中最常用的协议。目前,全球最大的网络是因特网(Internet),它所采用的网络协议就是 TCP/IP 协议。它是因特网的核心技术,是因特网赖以存在的基础。

TCP/IP 是目前全世界采用的最广泛的工业标准。通常所说的 TCP/IP 是一个协议族,它包括很多协议,如传输控制协议 TCP、网际协议 IP、文件传送协议 FTP 等,它对 Internet 中主机的寻址方式、主机的命名机制、信息的传输规则及各种服务功能均做了详细约定。

传输控制协议(TCP)负责收集信息包,并将其按适当的次序传送,在接收端,收到后再将其正确地还原,并保证数据包在传送过程中准确无误,即保证被传送信息的完整性。

网际协议(IP)负责将消息从一个主机送到另一个主机。为了安全,消息在传送的过程中被分割成一个个的小包。

IP 和 TCP 这两个协议在功能上不尽相同,可以分开单独使用,但它们是在同一时期作为一个协议来设计的,并且在功能上也是互补的。只有两者的结合,才能保证 Internet 在复杂的环境下正常运行。凡是要连到 Internet 的计算机,都必须同时安装和使用这两个协议,传输控制协议 TCP 和网际协议 IP 是互相配合进行工作的。因此在实际中常把这两个协议称作 TCP/IP 协议。

2. IPX/SPX 协议

IPX/SPX 是 Novell 公司在 Netware 局域网上实现的通信协议。IPX(Internet Packet Exchange Protocol)是在网络层运行的包交换协议。它具有很强的适应性,安装很方便,同时还具有路由功能,可以实现多个网段(就是从一个 IP 到另一个 IP,如从 192.168.0.1 到 192.168.255.255 之间就是一个网段)之间的通信。

IPX 使工作站上的应用程序通过它访问 Netware 网络驱动程序。网络驱动程序直接驱动网卡与互联网内的其他工作站、服务器或设备相连,使得应用程序能够在互联网上发送包和接收包,即负责数据包的传送。

SPX(Sequenced Packet Protocol)为运行在传输层上的顺序包交换协议,它提供了面向连接的传输服务,在通信用户之间建立并使用应答进行差错检测和恢复,即负责数据包传输的完整性。

IPX/SPX 协议一般用于局域网中,用户如果要访问 Internet,必须在网络协议中添加 TCP/IP 协议。

3. NetBEUI 协议

NetBEUI 协议的全称是 NetBIOS Extends User Interface,即"NetBIOS 扩展用户接口",其中 NetBIOS 是指"网络基本输入/输出系统"。NetBEUI 是一种网络通信协议,它主要应用于一些规模较小,无须使用 IPX/SPX 或 TCP/IP 协议的网络。

9.3.2 开放系统互连基本参考模型 OSI/RM

随着计算机网络体系结构的不断发展,每个公司都相继推出了自己的网络体系结构,而全球经济的发展使得不同网络体系结构的用户迫切要求能够相互交换信息，但它们之间互不相容。为此，国际标准化组织（OSI）专门建立了一个分委员会来研究一种用于开放系统互连（Open Systems Interconnection，OSI）的体系结构。

开放系统互连基本参考模型 OSI/RM（Open Systems Interconnection Reference Model）简称开放系统互连（OSI）。其中，"开放"是指非独家垄断的，只要遵循 OSI 标准，一个系统就可以和世界上其他任何遵循这一标准的系统进行通信。"系统"是指现实中所有与互连相关的各部分。

OSI 七层模型通过七个层次化的结构模型使不同的系统和不同的网络之间实现可靠的通信，这七层包括物理层、数据链路层、网络层、传输层、会话层、表示层和应用层，如图 9-6 所示。

各层主要功能及其相应数据单位如下。

（1）应用层（Application Layer）

应用层是体系结构中的最高层。应用层确定进程（指正在运行的程序）之间通信的性质以满足用户的需要。为操作系统或网络应用程序提供访问网络服务的接口。因特网中的应用层协议很多，如支持万维网应用的 HTTP 协议、支持电子邮件的 SMTP 协议、支持文件传送的 FTP 协议等。

图 9-6　OSI 七层模型

（2）表示层

表示层主要用于解决两个通信系统中交换信息的语法表示问题，它将欲交换的数据从适合于某一用户的抽象语法转换为适合于 OSI 系统内部使用的传送语法，包括数据格式转换、数据加密和数据压缩与恢复等功能。

（3）会话层

会话层的主要任务是为会话实体间建立连接，提供包括访问验证和会话管理在内的建立和维护应用之间通信的机制，它不参与具体的传输。会话层及更高层传送数据的基本单位为报文。

（4）传输层

传输层的主要任务是为上层提供端到端（最终用户到最终用户）的、透明的、可靠的数据传输服务。此外传输层还要具备差错恢复、流量控制等功能。它向高层屏蔽下层数据通信的细节，因而是计算机通信体系结构中最关键的一层。传输层传送数据的基本单位是报文。传输层协议的代表包括 TCP、UDP、SPX 等。

（5）网络层

网络层的主要任务是通过路由算法为分组通过通信子网选择最适当的路径。此外，网络层还要实现路由选择、阻塞控制与网络互联等功能。网络层传输数据的基本单位是分组（或包），网络层协议的代表包括 IP、IPX 等，主要设备有路由器。

（6）数据链路层

在物理层提供比特流传输服务的基础上，数据链路层在通信实体之间建立数据链路连接，并采用差错控制、流量控制方法，使有差错的物理线路变成无差错的数据链路。数据链路层传送数据的基本单位是帧。其常见的协议有两类：面向字符的传输控制协议，如 BSC（二级制同步通信协议）；面向比特的传输控制协议，如 HDLC（高级数据链路控制协议）。数据链路层的主要设备有二层交换机和网桥。

(7) 物理层

物理层是整个 OSI 参考模型的底层或第一层,物理层的主要功能是利用物理传输介质(如双绞线、同轴电缆等,它们并不在物理层之内而是在物理层的下面)为数据链路层提供物理链路,实现透明传送比特流。在物理层上所传数据的单位是比特。物理层的主要设备有中继器、集线器等。

通过 OSI 层,信息可以从一台计算机的应用程序传输到另一台的应用程序上。例如,计算机 A 上的应用程序要将信息发送到计算机 B 的应用程序,则计算机 A 中的应用程序需要将信息先发送到其应用层(第七层),然后此层将信息发送到表示层(第六层),如此继续,直至物理层(第一层)。在物理层,数据被放置在物理网络媒介中并被发送至计算机 B。计算机 B 的物理层接收来自物理媒介的数据,然后将信息向上发送至数据链路层(第二层),数据链路层再转送给网络层,依次继续直到信息到达计算机 B 的应用层。最后,计算机 B 的应用层再将信息传送给应用程序接收端,从而完成通信过程。

9.3.3 TCP/IP 模型

OSI 的七层协议体系结构比较复杂,但其概念清楚,体系结构理论比较完整。20 世纪 90 年代初期,Internet 已在世界范围得到了迅速的普及,得到了广泛的支持和应用。而 Internet 所采用的体系结构是 TCP/IP 参考模型,这使得 TCP/IP 成为事实上的工业标准。TCP/IP 的协议现在得到了广泛的应用。

TCP/IP 是一个四层体系结构,它包含应用层、传输层、互联网层和网络接口层。图 9-7 所示是 OSI 七层模型与 TCP/IP 四层模型对比图。TCP/IP 模型比 OSI 模型主要少了表示层和会话层,同时它对于数据链路层和物理层没有做出强制规定,原因是它的设计目标之一就是要做到与具体的物理网络无关。

TCP/IP 模型各层的功能及相应的协议如下。

(1) 应用层:用于各应用程序之间进行沟通。为用户提供所需要的各种服务,如简单电子邮件传输协议(SMTP)、文件传输协议(FTP)、网络远程访问协议(Telnet)等。

(2) 传输层:为应用层实体提供端到端的通信功能,该层定义了两个主要的协议:传输控制协议(TCP)和用户数据报协议(UDP)。TCP 和 UDP 给数据包加入传输数据并把它传输到下一层中。

(3) 互联网层:也称为网际层,主要解决主机到主机的通信问题。该层有 4 个主要协议:网际协议(IP)、地址解析协议(ARP)、互联网组管理协议(IGMP)和互联网控制报文协议(ICMP)。IP 协议是网际互联层最重要的协议,它提供的是一个不可靠、无连接的数据报传递服务。

(4) 网络接口层:从实质上讲,TCP/IP 本身并未定义该层的协议,而由参与互连的各网络使用自己的物理层和数据链路层协议,然后与 TCP/IP 的网络访问层进行连接。

TCP/IP 通信体系中,通信双方均使用 TCP/IP 通信协议及相应的应用程序。客户机应用程序将来自客户机高层的信息代码按一定的标准格式转化,并将其传输到传输控制协议层(TCP)。当信息代码传输至客户机的传输控制协议层后,通过 TCP 协议将应用程序信息分解打包。随后,TCP 程序将这些包发送给处于其下一级的 Internet 协议(IP)层。在 IP 层,IP 程序将收到的数据包装成 IP 包,然后通过 IP 协议、IP 地址及 IP 路由将信息发送给与之通信的另一台计算机。对方 IP 程序收到所传输的 IP 包后,剥去 IP 包头,将包中数据上传给 TCP 协议层，TCP 程序剥去 TCP 包头，取出数据，传送给服务器的应用程序。这样，通过 TCP/IP 就实现了双方的通信。反过来，服务器发送信息给客户机的过程与上述过程类似。TCP/IP 使用客户端/服务器模式进行通信。

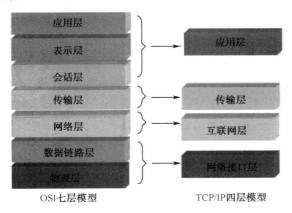

图 9-7　两种网络模型对照图

9.4　Internet 基础及应用

9.4.1　Internet 概述

　　Internet 是 20 世纪 80 年代开始的，最初以 ARPA 网为骨干，后逐步演变和发展而成。它是由成千上万的不同类型、不同规模的计算机网络和计算机主机组成的覆盖世界范围的巨型网络，也被称为国际互联网或因特网。

　　从技术角度来看，Internet 并不是一个单一的计算机网，而是将成千上万种计算机网络互联起来而构成的体系结构，从小型的局域网、城域网到大规模的广域网，计算机主机包括了 PC、专用工作站、小型机、中型机和大型机，这些网络和计算机通过电话线、高速专用线、微波、卫星和光缆连接在一起。从应用角度来看，Internet 是一个世界规模的巨大的信息和服务资源网络，它能够为每个 Internet 用户提供有价值的信息和其他相关的服务。Internet 已经成为当今世界上最大的计算机网络通信系统，是现代人获取信息的一种最有效的途径。

　　作为认识世界的一种方式，我国也逐步踏入了 Internet 时代。1987 年 9 月，CANET 在北京计算机应用技术研究所内正式建成中国第一个国际互联网电子邮件节点，并于 9 月 14 日发出了中国第一封电子邮件"越过长城，通向世界"，揭开了中国人使用 Internet 的序幕。

　　1994 年 5 月，中国科学院高能物理研究所设立了国内第一个 Web 服务器，推出中国第一套网页；国家智能计算机研究开发中心开通中国大陆第一个 BBS 站。这是中国大陆联系国际 Internet 的第一条纽带。从此我国 Internet 步入了高速发展时期。

　　目前国家已有合法的互联单位，这些单位可以通过 Internet 骨干连接接入世界各地，如中国公用计算机互联网（CHINANET）、中国教育科研网（CERNET）、中国科学技术网（CSTNET）和中国金桥信息网（CHINAGBN）等。

9.4.2　Internet 的基本服务

Internet 上不仅有丰富的信息资源，同时提供了多种访问信息资源的服务。Internet 有 4 种基本服务：万维网服务、电子邮件、文件传输和远程登录。

（1）万维网（WWW）服务

WWW（World Wide Web）服务是 Internet 使用最广泛的一种服务。它以超文本标记语言（HyperText Markup Language，HTML）与超文本传输协议（HyperText Transfer Protocol，HTTP）为基础，能够以十分友好的接口提供 Internet 信息查询服务。

信息以 Web 网页的形式传输到客户端的浏览器，其中 Web 网页采用超文本的格式，它除了包含文本、图像、声音、视频等信息外，还含有指向其他 Web 页或页面本身某特定位置的链接。浏览器是漫游 Internet 的主要客户端工具，目前最流行的浏览器首推微软公司的 Internet Explorer（简称 IE）。

（2）电子邮件（E-mail）

电子邮件是 Internet 使用最广泛的服务之一，它是一种快速、高效、廉价地实现计算机用户之间连接的现代化通信手段。它采用存储转发的方式，用户可以不受时间、地点的限制来收发邮件。使用电子邮件的首要条件是拥有一个电子邮箱。有很多免费邮箱的网站，如 www.126.com、www.sina.com、www.yahoo.com.cn 等。每个电子邮箱都有一个唯一的信箱地址，电子邮件地址的格式为：用户名@主机域名。具体使用方法请参考本书配套的实践教材。

（3）文件传输（FTP）

文件传输主要实现远程文件传输，允许 Internet 用户将一台计算机上的文件传输到另一台计算机上，并能提供传输的可靠性。

（4）远程登录（Telnet）

远程登录允许一个用户登录到一台远程计算机上，为用户的计算机与远方主机建立联机连接，使用户的计算机变为远程主机的仿真终端。

9.4.3　IP 地址和域名

1. IP 地址

IP 地址即网络协议地址。连接在 Internet 上的每台主机都有一个在全世界范围唯一的 IP 地址。一个 IP 地址由 4 字节（32 位）的二进制数组成，分为两个部分，第一部分是网络号，第二部分是主机号。网络号标识的是 Internet 上的一个子网，而主机号标识的是子网中的某台主机。在表示 IP 地址时，通常用十进制数标记，分为 4 段，每段 8 位。每段的数字范围是 0～255，段间用圆点"."分开。例如，假设有一个 IP 地址是："11011000 11001010 10001010 11000100"，则该 IP 地址用十进制数表示为："216.202.138.196"。

（1）IP 地址分类

按网络的规模可将 IP 地址分为 5 类，即 A 类至 E 类。其中 A 类、B 类、C 类由 Internet NIC 在全球范围内统一分配，D、E 类为特殊地址，常用的是 B 和 C 两类。A～C 类 IP 地址格式如图 9-8 所示。

A类地址	0	网络ID（7位）	主机ID（24位）	
B类地址	10	网络ID（14位）		主机ID（16位）
C类地址	110	网络ID（21位）		主机ID（8位）

图 9-8　A～C 类 IP 地址格式

A 类 IP 地址的最高位为 0，前 8 位表示网络号，后 24 位是主机号。A 类地址的使用范围为 0.0.0.0～126.255.255.255。每个网络支持的最大主机数为 $256^3-2=16\ 777\ 214$ 台。

B 类 IP 地址的前 2 位为 10，前 16 位表示网络号，后 16 位是主机号。B 类地址的使用范围为 128.0.0.0～191.255.255.255。每个网络支持的最大主机数为 $256^2-2=65\ 534$ 台。

C 类 IP 地址的前 3 位为 110，前 24 位表示网络号，后 8 位是主机号。C 类地址的使用范围为 192.0.0.0～223.255.255.255。每个网络支持的最大主机数为 $256-2=254$ 台。

（2）子网和子网掩码

连接在 Internet 上的每台主机都有唯一的 IP 地址标识，只有在一个网络号下的计算机之间才能"直接"通信，不同网络号的计算机要通过网关才能通信。生活中可以用很形象的例子说明，在上海同学 A 给同在一个城市的同学 B 打电话，直接拨打电话号码便可以通话，如果他要给在武汉的同学 C 打电话，则需要在电话号码前加拨该地区的区号 027。但这样的划分在某些情况下显得并不十分灵活，为此 IP 网络还允许划分成更小的网络，称为子网，这样就产生了子网掩码。

子网掩码是一个 32 位地址，是与 IP 地址结合使用的一种技术。子网掩码由 1 和 0 组成，且 1 和 0 分别连续。标识网络地址和子网地址的部分用"1"表示，主机地址用"0"表示。例如 B 类 IP 地址为 166.266.0.0 的子网掩码为 255.255.192.0。其主要作用有：一是将一个大的 IP 网络划分为若干小的子网；二是用来判断任意两个 IP 地址是否属于同一子网络。如果两个要通信的主机在同一个子网内，就可以直接通信；如果两个需要通信的主机不在同一个子网内，则需要通过网络协议寻找路径进行通信。

子网掩码是用来判断任意两台计算机的 IP 地址是否属于同一子网络的根据，最简单的方法就是将两台计算机各自的 IP 地址与子网掩码进行按位与运算，得出的结果相同，则说明这两台计算机是处于同一个子网络上的，可以进行直接通信；反之，则说明处于不同的子网中，那么在相互通信时，就需要通过路由器转发来实现。例如：网络中的计算机 A 的 IP 地址为 192.168.0.1，子网掩码为 255.255.255.0。计算机 B 的 IP 地址 192.168.0.254，子网掩码为 255.255.255.0。判断这两台计算机是否可以直接通信？首先将计算机 A 的 IP 地址和子网掩码转化为二进制，分别为"11000000.10101000.00000000.00000001"和"11111 111.1111 1111.11111111.00000000"，然后进行与运算，得到的结果为"11000000.10101000.00000000"，最后将结果转化为十进制数为 192.168.0.0。计算机 B 的计算方法如上，最后转化后得出结果为"192.168.0.0"，可以看出它们运算后的结果是一样的，可以将这两台计算机视为是同一子网中的，它们可以直接通信。

（3）新一代 IP 地址——IPv6

随着互联网的发展，IPv4（现行的 IP）定义的有限地址空间将被耗尽，地址空间的不足将影响互联网的进一步发展。IPv4 采用 32 位地址长度，只有大约 43 亿个地址，无法满足更多用户的需要。为了扩大地址空间，采用 IPv6 重新定义地址空间。而 IPv6 采用 128 位地址长度，几乎可以不受限制地提供地址。

IPv6（Internet Protocol Version 6）也被称作下一代互联网协议。它是由 IETF 小组（Internet 工程任务组，Internet Engineering Task Force）设计的用来替代现行 IPv4 协议的一种新的 IP 协议。IPv6 将 IP 地址长度从 32 位扩展到 128 位，支持更多级别的地址层次、更多的可寻址节点数及更简单的地址自动配置。可以让地球上每个人拥有更多的地址，它提供了巨大的网络地址空间，从而从根本上解决了网络地址资源有限的问题，在最大程度上满足用户的需求。

一个 IPv6 的 IP 地址由 8 个地址节组成，每节包含 16 个地址位，以 4 个十六进制数书写，节与节之间用冒号分隔。例如：2001:0db8:85a3:08d3:1319:8a2e:0370:7344 是一个合法的 IPv6 地址。

（4）Ping 命令

Ping 命令是 Windows 系列自带的一个可执行命令。利用它可以检查网络是否能够连通，用好它可以很好地帮助我们分析判定网络故障。Ping 命令的格式为：ping 目的地址 [参数 1] [参数 2] ……其中"目的地址"指被测试计算机的 IP 地址或域名。

本地的 IP 地址可以通过 DOS 命令进行查询，具体的方法（以 Windows XP 用户为例）：执行"开始"→"运行"命令，在打开在窗口的"打开："文本框中输入 cmd，弹出 DOS 命令对话框，然后输入 ipconfig（可用于显示当前的 TCP/IP 配置的设置值），然后按回车键，这时窗口中会显示一系列的信息，其中 IP Address…就是本地 IP 地址。

利用 Ping 工具可以测试 TCP/IP 协议的工作情况，如命令：Ping 127.0.0.1，以确定本机是否正确配置了 TCP/IP；命令：ping 工作站 IP 地址，以验证工作站是否正确加入了网络，并检验 IP 地址是否冲突；命令：Ping 默认网关 IP 地址，以验证默认网关设置是否正确；命令：Ping 远程主机的 IP 地址，以验证能否通过路由器进行通信。

2. 域名

在网络上通常利用 IP 地址识别一台计算机，但是一组 IP 地址的数字很不容易记忆，且看不出拥有该地址的组织的名称或性质。因此，人们为网络上的计算机取了一个有意义又容易记忆的名字，这个名字就叫域名（Domain Name）。域名实际上就是在 Internet 上分配给主机的名称。之所以可以使用域名访问 Internet 上的计算机得益于域名系统。域名系统通常被简称为 DNS（Domain Name System），该系统建立并维护主机的域名与 IP 地址的映射关系，当用户在 Internet 上使用域名表示主机时，DNS 会立即将其转换为 IP 地址。每一个域名都对应着一个 IP 地址，而 IP 地址不一定有域名。

可以通过同样的方法进入 DOS 命令界面，然后通过 ping 命令查询域名的 IP 地址，如：ping www.baidu.com，此时可以获得该域名的 IP；还可以通过 http://www.ip138.com/ 直接查询。

域名由被小数点分隔的几组字符组成，每个字符串称为一个子域，子域个数不定，常用三个或四个子域。位于最右边的子域级别最高，称为顶级域名，越往左，子域级别越低，表示的范围越具体，位于最左边子域的是 Internet 上的主机名字。

根据 Internet 国际特别委员会（IAHC）的最新报告，将顶级域名定义为 3 类。

第一类是通用顶级域名，由三个或四个字母组成，如 com 表示商业机构、net 表示网络机构、edu 表示教育机构，如表 9-1 所示。

表 9-1 通用顶级域名

域 名 代 码	意 义	域 名 代 码	意 义
com	商业组织	org	非营利性组织
edu	教育机构	net	主要网络支持中心
gov	政府部门	int	国际组织
mil	军事部门	info	提供信息服务单位

第二类是国家顶级域名，由两个字母构成，如 cn 表示中国、us 表示美国等，如表 9-2 所示。

表 9-2 国家顶级域名

域 名 代 码	国家和地区	域 名 代 码	国家和地区	域 名 代 码	国家和地区
ca	加拿大	be	比利时	au	澳大利亚
fl	法国	fr	芬兰	hk	中国香港
nl	荷兰	no	挪威	nz	新西兰
ch	瑞士	ie	爱尔兰	ru	俄罗斯
cn	中国	in	印度	se	瑞典
dk	德国	it	意大利	tw	中国台湾
dk	丹麦	jp	日本	uk	英国

第三类是国际联盟、国际组织专用的顶级域名，如 int 国际联盟、国际组织。

例如，清华大学的 WWW 服务器的域名是 http://www.tsinghua.edu.cn。在这个域名中，顶级域名是 cn，表示中国，第二级域名是 edu，表示教育部门，第三级域名是 tsinghua，表示清华大学，最左边的 www 表示某台主机名称。

9.4.4 Internet 接入

普通用户的计算机接入 Internet 的方式通常是这样的：用户计算机通过拨号或其他方式与某台提供服务的 Internet 主机建立连接，然后通过该主机享受 Internet 的各项服务。

提供接入服务的机构称为 Internet 服务供应者（Internet Service Provider，ISP），ISP 是专门提供 Internet 接入服务的商业机构，通过与 ISP 的服务器连接，用户的计算机便能与整个 Internet 相连。

最近几年 Internet 接入技术的发展非常快，接入设备的成本不断下降，而性能不断提高。目前，普通用户可以选择以下多种方式接入 Internet。

1. 电话线/调制解调器方式

家庭用户上网最常用的接入方式就是通过使用调制解调器（Modem），经过电话线与 ISP 相连，如图 9-9 所示。Modem 是用户利用计算机在电话线上接收和发送信息的必需设备，价格相对不高，因而用户的初期经费投入很少。根据调制解调器的不同，连接速度也不同，约在 28.8kbit/s 到 56kbit/s 之间。但是实际使用中受线路的影响，实际传输速率最大为

图 9-9 调制解调器接入方式

40kbit/s 左右。

2. ISDN 方式

ISDN（Integrated Service Digital Network，综合业务数字网）是通过对电话网进行数字化改造，可将电话、传真、数字通信等业务全部通过数字化的方式传输的网络。ISDN 具有连接速率较高、通信费用低（与电话通信费用差不多）、同时支持多种业务（如上网的同时还可以打电话）等优点，国外采用这种方式接入 Internet 非常广泛。通过 ISDN 接入 Internet 的速率可达 128kbit/s。

3. ADSL 方式

ADSL（Asymmetric Digital Subscriber Line，非对称数字用户线）是一种在普通电话线上高速传输数据的技术，它使用了电话线中一直没有被使用过的频率，突破调制解调器的 56kbit/s 速度的极限。ADSL 技术的主要特点是可以充分利用现有的电话线网络，在线路两端加装 ADSL 设备即可为用户提供高速宽带服务。此外，和 ISDN 一样，它允许用户一边打电话一边上网。

4. 有线电视电缆/光纤

有线电视网是指通过 Cable Modem（一种接入设备）连入有线电视环线接入 Internet 的一种方式。

使用混合同轴/光纤有线电视线路的下载速率最高可以达到 6Mbit/s，上传速率可以达到 640kbit/s。用户通过有线电视网络，便可获得高速的 Internet 接入。通过有线电视上网，一般可以提高上网的数据传输速率，成本较低，但由于没有专门的 Internet 服务提供商，而且存在地域限制，所以通过有线电视上网这种方式还没有得到普及。

5. 通过局域网（LAN）连接

通过计算机所在的局域网访问 Internet，网络中的计算机共用 Internet 接入出口。该方法通常用于企业、单位等集团用户。

6. 无线接入方式

无线接入是指从交换节点到用户终端之间部分或全部采用了无线手段。典型的无线接入系统主要由控制器、操作维护中心、基站、固定用户单元和移动终端等几部分组成。

几种常用无线接入应用有：无线局域网 WLAN、宽带无线接入系统（MMDS/LMDS）、无线光纤接入系统 FSO。其中无线局域网由于可移动及高速的数据传输，使其实际中的应用越来越广泛，如大楼之间、企业、医疗领域等。

以上几种是国内用到的接入方式，各有优点和缺点，有自己的适用范围。

9.4.5 浏览器

WWW 的浏览器是用户在网络上使用的一个统一平台，打开浏览器，就可以在网络上遨游了。随着网络的流行，浏览器也在不断增加。目前的浏览器有微软 IE、遨游、世界之窗、火狐等。Internet Explorer（简称 IE）是微软（Microsoft）公司推出的功能强大的浏览器，由于该软件操作简便、使用简单、易学易用，深受用户的喜爱。这里只介绍 IE（以 IE 11 为例）的使用方法。

1. 启动 IE 浏览器

启动 IE 浏览器的常用方法有以下几种，用户可以根据实际情况，选择其中的一种方法来启动 IE。

(1)单击任务栏的"开始"按钮,单击 Internet Explorer 命令。
(2)在桌面双击 Internet Explorer 图标。
(3)在任务栏上的"快速启动图标"处单击 IE 图标。

2．IE 窗口的组成

启动 IE 后,IE 会以默认起始页的方式打开浏览器窗口,一般系统默认的起始页是微软中国公司的网页"http://www.microsoft.com/zh-cn",如图 9-10 所示。

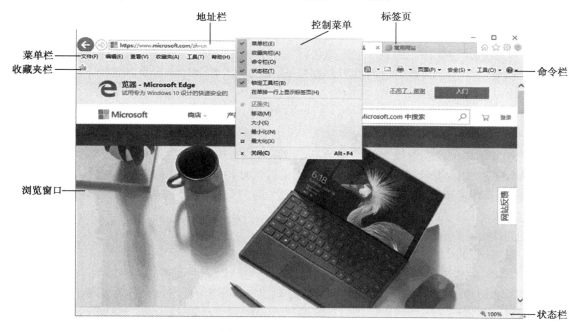

图 9-10　IE 11 的启动窗口

在 Web 页窗口的最上方是空白栏,在任意空白处右击会弹出"控制菜单",空白栏的最右边分别为"最小化"、"还原"/"最大化"和"关闭"3 个按钮。当窗口处于还原状态时,在空白栏处按下鼠标左键拖动鼠标,可以移动窗口。

(1)菜单栏

菜单栏包括"文件"、"编辑"、"查看"、"收藏"、"工具"和"帮助"6 个命令,通过它们可以实现对 Web 文档的编辑、保存、复制等操作,还可获得一些帮助信息。

(2)地址栏

地址栏是一个文本组合框,用来输入浏览 Web 网页的地址,一般显示的是当前的 URL(统一资源定位符)地址,即通常我们说的网址。如果在输入了部分地址后按下 Ctrl+Enter 组合键,IE 会根据情况只补充协议名(如 http:)和扩展名,并尝试转到所输入的 URL 地址处。例如,在地址栏中输入"bai"后按下 Ctrl+Enter 组合键,IE 会尝试打开网页地址"http://www.bai.com/"。地址栏的右端有一个向下的三角形,单击该三角形,会弹出一个下拉列表,在列表中列出了曾经输入的 Web 地址,在该列表框中选择某个地址即可直接访问。

(3)标签页

借助标签页可以快速访问已打开的网页。如果在同一个窗口中打开的多个链接且在新标签中打开链接,则通过单击链接的标签页便可直接访问该链接页面。同时可以通过单击"新建标签页"新建一个空白网页,在地址栏上输入网址便可以打开新的网页。

(4)收藏夹栏

收藏夹栏是以前版本的 Internet Explorer 中链接工具栏的新名称。可以将收藏夹中文件名为"收藏夹栏"中的网页以网页名称形式显示出来,方便用户直接访问。

(5)命令栏

在命令栏中有一些快速访问的功能按钮,如"主页"、"阅读邮件"、"打印"等。其中"安全"下拉菜单增强了页面浏览的安全性考量,如删除浏览历史记录、InPrivate 浏览、网页隐私策略等功能按钮。

除以上描述的功能外,还有一些快速访问的工具按钮,如" "("后退"和"前进"按钮)分别表示打开上次查看过的网页和打开下一个网页;" 收藏夹 "显示常用的网页列表。

(6)浏览窗口

浏览窗口即 IE 的工作区,显示了浏览的网页信息。

(7)状态栏

状态栏显示浏览器当前操作的状态信息。当输入或选择某个站点的地址后,状态栏首先显示"正在连接站点",表示正在查找选择地址的主机。如果已经找到了指定的主机,则显示"已找到站点",开始连接到 Web 服务器主机,显示"正在打开网页"及表示连接情况的进度等信息。当连接成功后,则显示"完成"。

3. IE 浏览器的应用

(1)设置 IE 的主页

IE 的主页是 IE 每次启动后自动访问的页面。它与网站的主页不同,网站的主页是指网站的起始页,即用户通过 Web 地址访问网站时看到的第一个页面,而 IE 主页则是用户启动 IE 时看到的第一个页面。

默认情况下,每次打开 IE 时,自动显示的第一个网页常常是微软公司的主页。而用户对于自己关心和喜爱的网站或页面,每次在浏览时都需要重复输入相同的网址。因此,可以将这样的网址设为 IE 的主页,每当启动 IE 或在用户单击"主页"按钮时,该站点就会立即显示出来。设置主页的具体步骤如下。

首先启动 IE 浏览器,在菜单栏中的"工具"菜单中单击"Internet 选项",弹出"Internet 选项"对话框,如图 9-11 所示。

图 9-11　设置 IE 主页

默认打开的是"常规"选项卡。在"主页"区域，只需要在"地址"后的文本框中删掉原来的地址，重新输入新的地址，如"www.hao123.com"，即把"hao123"作为 IE 的默认主页。在主页区域下有 3 个选项按钮。

- "使用当前页"，把现在用户正在浏览的这个页面作为启动时的主页。
- "使用默认页"，把微软公司的中文站点作为主页。
- "使用空白页"，让 IE 启动时显示空白的页面。

用户修改或选择后，最后单击"确定"按钮，修改完成。

（2）清除上网信息

在使用 IE 的过程中会遇到这样一种情况：用户在网页的文本框中输入一个文字，结果会发现 IE 自动记住了输入过的内容，用户只要用向下的方向键进行选择即可。这一功能在 IE 中称为"自动完成"，它虽然给用户带来了一定的方便，但也给用户带来了潜在的泄密危险。

如果要清除自动完成里的内容，通过上述方法打开"Internet 选项"对话框，在单击"内容"选项卡，再单击"自动完成"栏中的"设置"按钮，会弹出"自动完成设置"对话框，在对话框中用户可以选择应用自动完成功能的场合，也可以清除表单和密码列表里保存的信息，如图 9-12 所示。

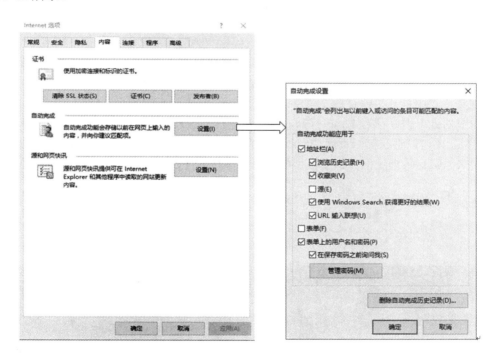

图 9-12　清除上网信息

（3）查看历史网页

如果需要重新访问最近查看过的网页，可按以下步骤进行操作。

首先在菜单栏中单击"查看"→"浏览器栏"→"历史记录"命令，如图 9-13 所示。浏览窗口的左边显示文件夹列表，包含最近几天或几周前访问过的 Web 站点的链接，然后单击某个文件夹或网页以显示网页。

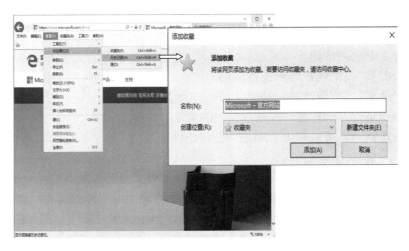

图 9-13　查看历史记录

（4）使用和设置收藏夹

为了帮助用户记忆和管理网址，IE 专门为用户提供了"收藏夹"功能。收藏夹是一个文件夹，其中存放的文件都是用户经常访问的网站或网页的快捷方式（即其网址）。在收藏夹中添加网页地址的具体步骤如下。

首先打开需要添加到收藏夹的目标网页，如果将微软中国公司的网页"http://www.microsoft.com/zh-cn"添加到收藏夹，则先打开微软中国公司的网页。

接着在菜单栏中打开"收藏夹"菜单，选择"添加到收藏夹"命令，如图 9-14 所示。或者在目标页面空白处单击鼠标右键，在打开的菜单中选择"添加到收藏夹"命令，打开"添加收藏"对话框。另外，还可以将目标网页添加到收藏夹栏文件中。收藏夹栏文件夹是收藏夹下的一个文件，也是用来收藏目标地址的，该文件夹收藏的目标网页可以直接呈现在窗口的收藏栏上。

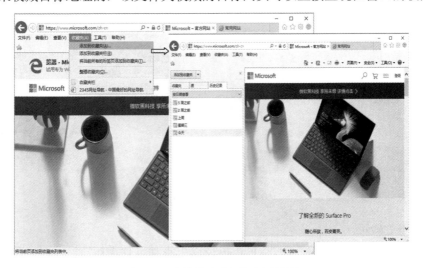

图 9-14　在收藏夹中添加网页地址

最后确认网页的"名称"（也可以是用户自己输入的新名称）和"创建位置"（默认位置是收藏夹，用户可以通过该组合框中的下拉按钮选择要存放这一网页的文件夹，也可以通过"新建文件夹"按钮新建一个文件夹），单击"添加"按钮即将该网页添加到收藏夹中。

随着用户的需要，收藏的网站或网页会越来越多，如果将所有的收藏都直接放在收藏夹下，用户在使用起来会很不方便，为了有效地管理用户的收藏，IE 还提供了整理文件夹的功能。选择"收藏夹"菜单中的"整理收藏夹"命令，弹出"整理收藏夹"对话框，如图 9-15 所示。用户可以根据自己的实际情况对收藏的网页进行调整和分类。

以上只介绍了 IE 浏览器最基本、最常用的功能及其使用方法。目前，IE 浏览器功能仍在不断开发与完善中。

9.4.6 搜索引擎

搜索引擎是 Internet 上具有查询功能的网页的统称，是获取网络知识信息的工具。随着网络技术的飞速发展，搜索技术日臻完善，中外搜索引擎已广为人们熟知和使用。例如全球最大中文搜索引擎——百度。

图 9-15 "整理收藏夹"对话框

1. 搜索引擎的工作原理

任何搜索引擎的设计都有其特定的数据库索引范围、独特的功能和使用方法，以及预期的用户指向。搜索引擎是一些服务商为网络用户提供的检索站点，它收集了网上的各种资源，然后根据某种固定的规律进行分类，提供给用户进行检索。

搜索引擎的工作过程如下。

（1）获取网页。每个独立的搜索引擎都有自己的网页获取程序。获取程序顺着网页中的超链接连续地获取网页。被获取的网页称为网页快照。由于互联网中超链接的应用很普遍，从理论上说，从一定范围的网页出发就能搜集到绝大多数的网页。

（2）处理网页。搜索引擎获取网页后，还要做大量的预处理工作才能提供检索服务。其中，最重要的就是提取关键词，建立索引文件，还包括去除重复网页、分词（中文）、判断网页类型、分析超链接、计算网页的重要度/丰富度等。

（3）提供检索服务。用户输入关键词进行检索，搜索引擎从索引数据库中找到匹配该关键词的网页。为了便于用户判断，除了网页标题和 URL 外，还会提供一段来自网页的摘要及其他信息。

2. 搜索引擎功能简介

搜索引擎一般具有以下功能。

简单搜索：指输入一个关键字，提交搜索引擎查询，这是最基本的搜索方式。

词组搜索：指输入两个以上的词组（短语）作为关键字，提交搜索引擎查询，现有搜索引擎一般都约定把词组或短语放在引号内表示。

语句搜索：指输入一个多词的任意语句，提交搜索引擎查询，这种方式叫任意查询。不同搜索引擎对语句中词与词之间的关系的处理方式不同。

目录搜索：指按搜索引擎提供的分类目录逐级查询，用户一般不需要输入查询词，而是按照查询系统所提供的分类项目选择类别进行搜索，因此也称为分类搜索。

高级搜索：指用布尔逻辑组配方式查询。

在所有的搜索方式中，还可使用通配符，通配符用于指代一串字符，不过每个搜索引擎使用的通配符不完全相同。

3. 搜索引擎的类型

按照信息搜索方法和提供服务的方式的不同，搜索引擎主要分为以下几种类型。

（1）检索式搜索引擎

由检索器根据用户的输入信息，按照关键词检索索引数据库。这种方式其实是大多数搜索引擎最主要的功能。在主页上有一个检索框，在检索框中输入要查询的关键词，单击"检索"（或者"搜索"、"search"、"go"等）按钮。如果是多个关键词，搜索引擎就会在自己的信息库中搜索含有输入关键字的信息条目。用户可以通过分析选择所需的网页链接，直接访问要找的网页，如Lycos搜索引擎。

（2）目录式搜索引擎

目录式搜索引擎按目录分类的网站链接列表搜索。用户完全可以按照分类目录找到所需要的信息，不依靠关键词进行查询。目录索引中最具代表性的莫过于Yahoo、新浪分类目录搜索。

（3）元搜索引擎

检索时，元搜索引擎接受用户查询请求后，同时在多个搜索引擎上搜索，并对搜索结果进行汇集、筛选等优化处理，以统一的格式在统一界面集中显示。著名的元搜索引擎有InfoSpace、Dogpile、Vivisimo等，中文元搜索引擎中最具代表性的是搜星搜索引擎。

（4）智能搜索引擎

此类引擎除了提供传统的全网快速检索、相关度排序等功能外，还提供用户等级、内容的语义理解、智能信息化过滤等功能，为用户提供了一个真正个性化、智能化的网络工具。例如全球最大中文搜索引擎百度。

4. 使用搜索引擎的注意事项

为提高检索效率，使用搜索引擎时应注意如下几项。

（1）注意阅读引擎的帮助信息。

（2）选择适当的搜索引擎。

（3）检索关键词要恰当，选择搜索关键词要做到"精"和"准"，同时要具有"代表性"，不要输入错别字或使用过于频繁的词。

9.5 网络安全

随着计算机网络的发展，网络中的安全问题日趋严重。当网络的用户来自社会各个阶层和部门时，大量的网络中存储和传输的数据都需要保护。下面对计算机网络安全问题的基本内容进行简单的介绍。

9.5.1 网络安全概述

网络安全是指网络系统的硬件、软件及其数据受到保护，不因偶然的或恶意的原因而遭受到破坏、更改、泄露，系统连续可靠正常地运行，网络服务不中断。其特点包括：保密性、完整性、可用性、可控性、可审查性。

从网络运行和管理者角度说，他们希望对本地网络信息的访问、读写等操作受到保护和控制，避免出现"缺陷门"、病毒、非法存取、拒绝服务和网络资源非法占用和非法控制等威胁，制止和防御网络黑客（利用系统安全漏洞对网络进行攻击破坏或窃取资料的人）的攻击；对安全保密部门来说，他们希望对非法的、有害的或涉及国家机密的信息进行过滤和防堵，避免机要信息泄露，避免对社会产生危害，对国家造成巨大损失；从社会教育和意识形态角度来讲，网络上不健康的内容会对社会的稳定和人类的发展造成阻碍，必须对其进行控制。

网络不安全的原因是多方面的，主要有以下一些。

（1）来自外部的不安全因素，即网络上存在的攻击。

（2）来自网络系统本身的不安全因素，如网络中存在着硬件、软件、通信、操作系统和其他方面的缺陷和漏洞，它们会给网络攻击者以可乘之机。

（3）网络应用安全管理方面的原因，网络管理者缺乏网络安全的警惕性，忽视网络安全并对网络安全技术缺乏了解，没有制定切实可行的网络安全策略和措施。

（4）网络安全协议的原因。TCP/IP 协议的 IPv4 版在设计之初没有考虑网络安全问题，在根本上缺乏安全机制，这是互联网存在安全威胁的主要原因。

针对这些不安全因素，计算机网络安全主要面临以下 4 种威胁。

（1）截取：非授权用户通过某种手段获得对系统资源的访问。

（2）中断：攻击者有意破坏系统资源，使网络服务中断。

（3）修改：非授权用户不仅获得访问而且对数据进行修改。

（4）伪造：非授权用户将伪造的数据在网络上传送。

上述 4 种威胁可以归纳成两类：被动攻击和主动攻击。截取信息的攻击称为被动攻击，而更改信息和拒绝用户使用资源的攻击称为主动攻击，即包括中断、修改、伪造。一种比较特殊的主动攻击就是恶意程序的攻击，这种恶意程序即人们常说的病毒等。

9.5.2　计算机网络安全措施与防范

1. 计算机网络安全措施

计算机网络安全措施主要包括保护网络安全、保护应用服务安全和保护系统安全三个方面，各个方面都要结合考虑安全防护的物理安全、防火墙、信息安全、Web 安全、媒体安全等。作为全方位的、整体的网络安全防范体系，网络安全措施也是分层次的，不同层次反映了不同的安全问题，根据网络的应用现状和网络结构，我们将安全防范体系的层次划分为物理环境的安全性、操作系统的安全性、网络的安全性、应用的安全性和管理的安全性。

（1）物理环境的安全性（物理层安全）

该层次的安全包括通信线路的安全、物理设备的安全、机房的安全等。物理层的安全主要体现在通信线路的可靠性（线路备份、网管软件、传输介质）、软/硬件设备安全性（替换设备、拆卸设备、增加设备）、设备的备份、防灾害能力和防干扰能力、设备的运行环境（温度、湿度、烟尘）、不间断电源保障等方面。

（2）操作系统的安全性（系统层安全）

该层次的安全问题来自网络内使用的操作系统的安全，如 Windows NT、Windows 2000 等。主要表现在三方面：一是操作系统本身的缺陷带来的不安全因素，主要包括身份认证、访问控制、系统漏洞等；二是对操作系统的安全配置问题；三是病毒对操作系统的威胁。

（3）网络的安全性（网络层安全）

该层次的安全问题主要体现在网络方面，包括网络层身份认证、网络资源的访问控制、数据传输的保密与完整性、远程接入的安全、域名系统的安全、路由系统的安全、入侵检测的手段、网络设施防病毒等。

（4）应用的安全性（应用层安全）

该层次的安全问题主要由提供服务所采用的应用软件和数据的安全性产生，包括 Web 服务、电子邮件系统、DNS 等。此外，还包括病毒对系统的威胁。

（5）管理的安全性（管理层安全）

安全管理包括安全技术和设备的管理、安全管理制度、部门与人员的组织规则等。管理的制度化极大地影响着整个网络的安全，严格的安全管理制度、明确的部门安全职责划分、合理的人员角色配置可以在很大程度上减少其他层次的安全漏洞。

2. 网络安全防范

在网络中，正确设置和使用网络可以使用网络处于安全的运行状态中。下面对网络防范的两个最基本的方面进行阐述。

（1）操作系统安全使用

操作系统是对网络管理和控制的系统软件，是使用网络的入口点，因此操作系统的安全使用对于网络安全至关重要。网络的漏洞大多数都是由操作系统引起的，网络安全问题也大多数是由操作系统没有正确地配置和使用引起的。

正确使用操作系统应该注意以下几点。

① 设置好超级用户 administrator 的密码，密码字符个数不少于 6 个，采用大小写字母、数字与符号混合的方式设置密码，并且要保护好超级用户密码。

② 服务器采用 NTFS 文件系统，通过设置 NTFS 权限和共享文件夹双重权限对资源进行访问。

③ 关闭不需要的服务程序、端口等。

④ 尽量不用操作系统的新版本。

⑤ 关闭 Guest 用户。

⑥ 降低 Everyone 的权限。

⑦ 正确设置文件夹、文件等资源访问的权限。

另外，Windows 操作系统在刚刚发布时存在许多漏洞，因此在使用操作系统的时候，应经常进行安全检测、查找漏洞，及时下载补丁程序。

（2）防火墙技术

在汽车中，利用防火墙把乘客和引擎隔开，汽车引擎一旦着火，防火墙不但能保护乘客安全，还能让司机继续控制引擎。在计算机网络中，借用这个概念以防止网络受到来自外面的攻击。防火墙是内部网络在与不安全的外部网络进行连接时，在内部网络与外部网络之间设置的一种用于保证内部网络安全的、由硬件或软件设施组成的系统。它实际上是一种隔离技术，在某个机构的网络和不安全的网络（如 Internet）之间设置屏障，阻止对信息资源的非法访问，也可以使用防火墙阻止重要信息从企业的网络上被非法输出。

防火墙有以下 5 个基本功能：

① 过滤进出网络的数据包；

② 管理进出网络的访问行为；
③ 禁止某些网络的访问行为；
④ 对网络攻击进行检测并警告；
⑤ 对通过防火墙的受限信息进行记录。

在具体应用防火墙技术时，还要考虑到两个方面：一是防火墙是不能防病毒的，尽管有不少防火墙产品声称其具有这个功能；二是数据在防火墙之间的更新是一个难题，如果延迟太大将无法支持实时服务请求。

总之，防火墙是企业网安全问题的流行方案，即把公共数据和服务置于防火墙外，使其对防火墙内部资源的访问受到限制。作为一种网络安全技术，防火墙具有简单实用的特点，并且透明度高，可以在不修改原有网络应用系统的情况下满足一定的安全要求。作为 Internet 网的安全性保护软件，防火墙已经得到广泛的应用。

除了以上两种有效防范外，为用户提供安全可靠的保密通信也是计算机网络安全极为重要的内容，因此，除了网络需要进行安全防护外，对网络传送的信息本身进行安全防护也是有必要的。信息安全主要包括以下五方面的内容，即需保证信息的保密性、真实性、完整性、未授权复制和所寄生系统的安全性。信息安全本身的范围很大，其中包括如何防范商业企业机密泄露、防范青少年对不良信息的浏览、个人信息的泄露等。网络环境下的信息安全体系是保证信息安全的关键，包括计算机安全操作系统、各种安全协议、安全机制（数字签名、消息认证、数据加密等），直至安全系统，如 UniNAC、DLP 等，只要存在安全漏洞便可以威胁全局安全。

信息安全行业中的主流技术有：病毒检测与清除技术、安全防护技术、安全审计技术、安全检测与监控技术、解密加密技术、身份认证技术等。例如，接入控制中登录密码的设计、安全通信协议的设计及数字签名的设计等，都离不开密码机制，常用的手段有公开密钥、数字签名、报文鉴别等。密码体制是一个较为复杂的技术，本章不做具体介绍。

9.5.3 计算机病毒

计算机病毒指编制者在计算机程序中插入的破坏计算机功能或破坏数据，从而影响计算机使用并且能够自我复制的一组计算机指令或程序代码。它能通过某种途径潜伏在计算机的存储介质（或程序）里，当具备某种条件时即被激活，通过修改其他程序的方法将自己的精确副本或可能演化的形式放入其他程序中。从而感染其他程序，对计算机资源进行破坏。所谓的病毒就是人为造成的，对其他用户的危害性很大。计算机病毒具有以下几种特性。

（1）繁殖性：当正常程序运行的时候，它进行自身复制，是否具有繁殖、感染的特征是判断某段程序是否为计算机病毒的首要条件。

（2）破坏性：通常表现为增、删、改、移。

（3）传染性：是病毒的基本特征。计算机病毒可通过各种可能的渠道（如软盘、硬盘、移动硬盘、计算机网络）传染其他计算机。

（4）潜伏性：触发条件一旦得到满足，有的在屏幕上显示信息、图形或特殊标识，有的则执行破坏系统的操作，如格式化磁盘、删除磁盘文件、对数据文件加密、锁死键盘及使系统死锁等。

（5）隐蔽性：有的病毒可以通过病毒检测软件检查出来，有的根本就查不出来，有的时隐时现、变化无常，这类病毒处理起来通常很困难。

（6）可触发性：指病毒因某个事件或数值的出现，诱使病毒实施感染或进行攻击的特性。这些条件可能是时间、日期、文件类型或某些特定数据等。

常见的计算机病毒有蠕虫病毒、木马。

例如，2017年5月12日，WannaCry蠕虫通过MS17-010漏洞在全球范围大爆发，感染了大量的计算机，该蠕虫感染计算机后会向计算机中植入敲诈者病毒，导致计算机中的大量文件被加密。受害者计算机被黑客锁定后，病毒会提示支付价值相当于300美元（约合人民币2069元）的比特币才可解锁。

在计算机网络应用过程中，如何防范病毒也是人们不得不考虑的问题。提高系统的安全性是防病毒的一个重要方面，但完美的系统是不存在的，过于强调提高系统的安全性将使系统多数时间用于病毒检查，系统失去了可用性、实用性和易用性。另外，信息保密的要求让人们在泄密和查杀病毒之间无法选择。加强内部网络管理人员及使用人员的安全意识，如很多计算机系统常用密码来控制对系统资源的访问，这是防病毒进程中最容易和最经济的方法之一。安装杀毒软件并定期更新也是预防病毒的重中之重。

习题九

1. 单选题

（1）计算机网络的安全是指（　　）。
A．网络中设备设置环境的安全　　B．网络中信息的安全
C．网络中使用者的安全　　　　　D．网络中财产的安全

（2）（　　）方法是针对互联网安全的最有效的方法。
A．严格机房管理制度　　　　　　B．使用防火墙
C．安装防病毒软件　　　　　　　D．实行内部网和互联网之间的物理隔离

（3）如果杀毒时发现内存有病毒，恰当的做法是（　　）。
A．格式化硬盘，重装系统　　　　B．立即运行硬盘上的杀毒软件
C．再杀一次毒　　　　　　　　　D．重新启动，用杀毒软盘引导并杀毒

（4）防止计算机病毒传染的方法是（　　）。
A．不使用有病毒的软盘　　　　　B．在机房中喷洒药品
C．使用UPS　　　　　　　　　　D．联机操作

（5）网页病毒多是利用操作系统和浏览器的漏洞，使用（　　）技术来实现的。
A．Java和HTML　　　　　　　　B．Activex和Java
C．ActiveX和JavaScript　　　　　D．Javascript和HTML

（6）下面关于个人防火墙特点的说法中，错误的是（　　）。
A．个人防火墙可以抵挡外部攻击
B．个人防火墙能够隐蔽个人计算机的IP地址等信息
C．个人防火墙既可以对单机提供保护，也可以对网络提供保护
D．个人防火墙占用一定的系统资源

（7）对防火墙的描述中，不正确的是（　　）。
A．使用防火墙后，内部网主机则无法被外部网访问

B．使用防火墙可限制对 Internet 特殊站点的访问

C．使用防火墙可为监视 Internet 安全提供方便

D．使用防火墙可过滤掉不安全的服务

（8）信息的保密性是指（　　）。

A．信息不被他人所接收　　　　　　　　B．信息内容不被指定人以外的人所知悉

C．信息不被篡改、延迟和遗漏　　　　　D．信息在传递过程中不被中转

（9）你是一个公司的网络管理员，经常在远程不同的地点管理你的网络（如家里），你公司使用 Windows 2000 操作系统，为了方便远程管理，在一台服务器上安装并启用了终端服务。最近，你发现你的服务器有被控制的迹象，经过检查，发现你的服务器上多了一个不熟悉的账户，你将其删除，但第二天却总是有同样的事发生，应该（　　）。

A．停用终端服务

B．添加防火墙规则，除了自己家里的 IP 地址，拒绝所有 3389 的端口连入

C．打安全补丁 sp4

D．启用账户审核事件，然后查其来源，予以追究

（10）假如你向一台远程主机发送特定的数据包，却不想远程主机响应你的数据包。这时你使用（　　）类型的进攻手段。

A．缓冲区溢出　　　　　　　　　　　　B．地址欺骗

C．拒绝服务　　　　　　　　　　　　　D．暴力攻击

（11）当在计算机上发现病毒时，最彻底的清除方法为（　　）。

A．格式化硬盘　　　　　　　　　　　　B．用防病毒软件清除病毒

C．删除感染病毒的文件　　　　　　　　D．删除磁盘上所有的文件

（12）木马与病毒的最大区别是（　　）。

A．木马不破坏文件，而病毒会破坏文件

B．木马无法自我复制，而病毒能够自我复制

C．木马无法使数据丢失，而病毒会使数据丢失

D．木马不具有潜伏性，而病毒具有潜伏性

（13）经常与黑客软件配合使用的是（　　）。

A．病毒　　　　　　B．蠕虫　　　　　　C．木马　　　　　　D．间谍软件

（14）目前使用的防杀病毒软件的作用是（　　）。

A．检查计算机是否感染病毒，并消除已感染的任何病毒

B．杜绝病毒对计算机的侵害

C．检查计算机是否感染病毒，并清除部分已感染的病毒

D．查出已感染的所有病毒，清除部分已感染的病毒

（15）病毒的运行特征和过程是（　　）。

A．入侵、运行、驻留、传播、激活、破坏

B．传播、运行、驻留、激活、破坏、自毁

C．入侵、运行、传播、扫描、窃取、破坏

D．复制、运行、撤退、检查、记录、破坏

2．填空题

（1）保证计算机网络的安全，就是要保护网络信息在存储和传输过程中的_____、

_____、_____、_____和_____。

（2）信息安全的大致内容包括三部分：_____、_____和_____。

（3）防火墙一般部署在_____和_____之间。

（4）物理安全在整个计算机网络安全中占有重要地位，主要包括机房环境安全、通信线路安全和_____。

（5）一份好的计算机网络安全解决方案，不仅要考虑到技术因素，还要考虑的因素是_____和_____。

（6）防范计算机病毒主要从管理和_____两方面着手。

（7）包过滤防火墙工作在安全防范体系的层次的_____。

（8）防火墙对进出网络的数据进行过滤，主要考虑的是_____。

（9）用户通过 Web 地址访问网站时看到的第一个页面是_____，而 IE 主页则是用户启动 IE 时看到的第一个页面。

（10）用户经常访问的网站或网页的快捷方式（即其网址）存放在_____中。

3. 简单题

（1）简述计算机网络的分类及特点。

（2）试将 TCP/IP 和 OSI 的体系结构进行比较，讨论其异同。

（3）计算机网络由哪几部分组成？

（4）自定义浏览器主页的方法是什么？

（5）怎样清除上网记录信息，从而保护自己的隐私？

（6）简述下一代互联网的概念和特点。

（7）简述网络安全的主要威胁和基本防范方法。

（8）描述利用 Google 搜索下列资料的过程。

① 检索有关"计算机网络安全基础"的 PDF 文档。

② 检索有关"世博会"的资料。

第10章 常用办公设备的使用与维护

本章主要内容
- 打印机、扫描仪、刻录机和投影仪的使用。
- 打印机、扫描仪、刻录机和投影仪的维护。
- 传真机的使用、常见故障及其排除。

打印机、扫描仪、刻录机、传真机及投影仪都是常用办公设备,本章介绍这5种办公设备的基础知识、驱动程序的安装、设备的使用方法及常见故障的维修与日常维护。

10.1 打印机的使用与维护

10.1.1 打印机的基础知识

1. 打印机的分类

按照工作方式分,目前办公使用的打印机有激光打印机、针式打印机及喷墨打印机;按照打印机与计算机的连接接口分,打印机主要有 USB 接口打印机、并行接口打印机及 IEEE 1394 接口打印机等;按照用途分,打印机可分为通用打印机、专用打印机、商用打印机、便携打印机、网络打印机等。

2. 打印机的主要技术指标

一般从以下几方面衡量打印机的性能指标。

(1)分辨率

分辨率是一项主要的性能指标,分辨率的大小是采用每英寸能打印点数(DPI)来描述的。

(2)打印速度

对于串式打印机,打印速度用每秒钟能打印的字符数(Character Per Second,CPS)来表示;对于页式打印机,打印速度用每分钟能打印的页数(Pages Per Minute,PPM)来表示;对于行式打印机,打印速度用每分钟能打印的行数(Line Per Minute,LPM)来表示。

(3)单向打印和双向打印

单向打印机的打印头只有从左至右移动时才打印一行;双向打印机的打印头从左至右移动及从右至左移动时,均可以打印一行。对于针式打印机,分为单向打印机和双向打印机。

(4)打印幅度

一般激光打印机及喷墨打印机打印的最大幅面是 A4,针式打印机可以打印 A3 幅面,专业的工程打印机可以打印更大的幅面。

10.1.2 打印机的使用

在没有接通打印机电源的情况下,将打印机与计算机正确连接后才能打开打印机的电源。

如果连接打印机之后,计算机没有检测到新硬件,可以按照以下步骤安装打印机的驱动程序。

(1)单击"开始"按钮,从弹出的菜单中选择"控制面板"选项,打开"控制面板"窗口,然后双击"打印机和传真"选项,如图 10-1 所示。

(2)打开"打印机和传真"窗口,如图 10-2 所示,单击"添加打印机"按钮,即可打开"添加打印机向导"对话框。

图 10-1 "控制面板"窗口

图 10-2 "打印机和传真"窗口

(3)单击"下一步"按钮,选择"连接到此计算机的本地打印机"单选按钮,如果打印机没有连接在本地计算机上,而是连接在其他计算机上(本地计算机通过网络使用其他计算机上的打印机),则选择"网络打印机或连接到其他计算机的打印机"单选按钮,如图 10-3 所示。

(4)单击"下一步"按钮,选择默认端口,如果安装多台打印机,用户则需要创建多个端口。然后,单击"下一步"按钮,在"厂商"列表中选择打印机的厂商名称,在"打印机"列表中选择打印机的驱动程序。如果有打印机的驱动光盘,则可以单击"从磁盘安装"按钮,从弹出的对话框中选择磁盘中的驱动程序安装。

(5)单击"下一步"按钮,在打开的命名打印机界面中输入打印机的名称,如这里输入"我的打印机",然后单击"下一步"按钮,如图 10-4 所示。

(6)单击"下一步"按钮,打开打印机共享界面,这里选择"不共享这台打印机"单选按钮,如图 10-5 所示。

（7）单击"下一步"按钮，打开打印测试页界面，选择"否"单选按钮。接着单击"下一步"按钮，完成添加打印机向导，如图10-6所示。

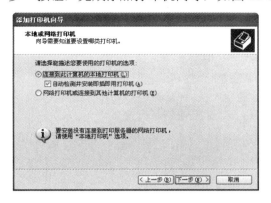

图10-3　选择打印机界面

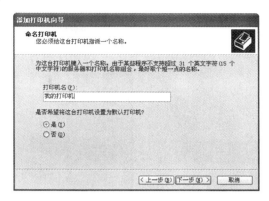

图10-4　命名打印机界面

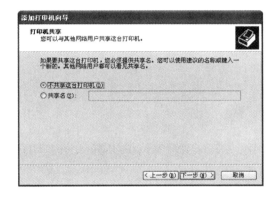

图10-5　打印机共享界面

图10-6　完成添加打印机

（8）单击"完成"按钮，系统开始自动复制文件，如图10-7所示。

添加打印机操作完成之后，用户即可看到添加的打印机，随后就可以打印文件了，如图10-8所示。

图10-7　复制文件

图10-8　添加的打印机

检查打印机驱动程序是否安装成功，可以将编辑好的Word文档打印输出，具体操作步骤如下。

启动 Word 程序，选择"文件"→"打开"命令，打开 Word 文档，可以首先选择"打印预览"命令，检查文档是否符合打印规范，然后打开"打印"对话框，如图 10-9 所示。

在"打印机"选项区中，单击"名称"右侧的下拉按钮，在弹出的下拉列表中选择一个需要执行打印输出的打印机，然后单击"属性"按钮，在弹出的对话框中可以设置所选打印机的一些属性，单击"确定"按钮即可开始打印，如图 10-10 所示。

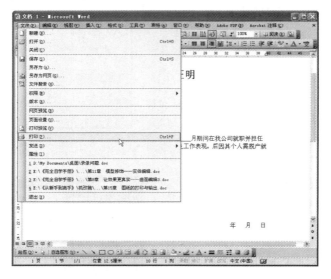

图 10-9 "打印"菜单命令

在通知区域将自动跳出一个打印机图标，该图标就是打印管理器，双击即可打开打印管理器窗口，如果选择"文档"→"暂停"命令，则可暂停文稿的打印，如图 10-11 所示。选择"文档"→"继续"命令，则可继续文稿的打印。

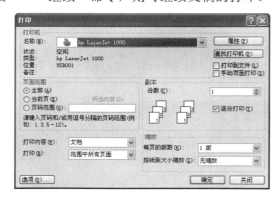

图 10-10 "打印"对话框　　　　　　　　　图 10-11 "暂停"命令

10.1.3　打印机的维护

1．维护与保养

打印机的类型很多，如针式打印机、喷墨打印机及激光打印机等。但是，无论用户使用哪种类型的打印机，都必须注意以下几点。

(1) 不要将打印机放在地上，放置要平稳，以免打印机晃动而影响打印质量、增加噪声，甚至损坏打印机。

(2) 不使用打印机时，要将打印机盖上，以防灰尘或其他脏东西进入。

(3) 不要将任何东西放置在打印机上，尤其是液体。

(4) 在拔插电源线或信号线前，应先关闭打印机电源，以免电流过大损坏打印机。

(5) 不使用质量太差的纸张，如太薄、有纸屑的纸张。

(6) 开启激光打印机电源开关后，在预热状态下，不要盲目操作。

2．激光打印机的典型故障排除

激光打印机典型故障现象、可能的原因及排除方法如表 10-1 所示。

表 10-1 激光打印机的典型故障及排除表

故障现象	可能原因	解决方法
卡纸	(1) 纸张未正确装入。 (2) 纸张输入盒过满。 (3) 导纸板未调整到正确位置。 (4) 在未清空并重新对齐纸盒中介质的情况下，添加了更多的纸张。 (5) 打印时调整了送纸道手柄。 (6) 打印时打开打印机端盖。 (7) 使用的纸张不符合规格。 (8) 在打印时电源断电	(1) 进纸区域的卡纸，可以用手小心地将卡塞的纸张竖直向上拉出，重新对齐纸张并装入。 (2) 内部区域的卡纸，清除步骤如下： ● 打开打印机端盖，取出硒鼓； ● 将绿色送纸手柄向后推； ● 用手小心地拉出卡塞的纸张； ● 清除可能掉下的纸张碎片； ● 重新装入硒鼓，合上打印机盖
不进纸	(1) 纸张未正确装入	从输入盒中取出纸张，重新对齐，再装入盒中，注意，确保导纸板松紧合适
	(2) 可能有卡纸	取出硒鼓，检查是否有卡纸
打印输出颜色浅或有垂直的白色条纹	(1) 碳粉不足或启用了"经济方式"	补充碳粉、更换新硒鼓或取消"经济方式"
	(2) 打印机内置光学器件被污染	清洁充电组件
打印输出有纵向或横向的黑色条纹或不规则的污点或全黑	(1) 硒鼓受损或未正确安装	更换或重新安装硒鼓
	(2) 打印机需要清洁	清洁打印机
	(3) 纸张太潮或不符合规格	更换纸张

10.2 扫描仪的使用与维护

10.2.1 扫描仪的基础知识与使用

1．扫描仪的种类

常见的扫描仪有 3 种：手持式扫描仪、小滚筒式扫描仪及平台式扫描仪。

平台式扫描仪是现在的主流扫描仪，其光学分辨率为 300～8000DPI，色彩位数从 24 位到 48 位，扫描幅面一般是 A4 或 A3。平板式扫描仪使用方便，扫描效果好。

其他类型扫描仪有大幅面扫描仪、笔式扫描仪、条码扫描仪、底片扫描仪、实物扫描仪及用于印刷排版领域的滚筒式扫描仪等。

2. 扫描仪的工作原理

扫描仪首先扫描原稿，并将光学图像传送到光电转换器中，转变成模拟的电信号，再将模拟的电信号转变成对应的数字信号，最后通过计算机接口，由计算机读入和处理。

平台式扫描仪扫描图像的步骤如下。

（1）将原稿正面朝下铺放在扫描仪的玻璃板上，原稿可以是文字稿、图纸、照片等。

（2）启动扫描仪驱动程序，安装在扫描仪内部的可移动光源开始扫描原稿。扫描仪光源为长条形的，沿横向扫过整个原稿。

（3）照射到原稿上的光线经反射后，穿过一个很窄的缝隙，形成沿原稿横向的光带，并经过一组反光镜，由光学透镜聚焦并进入分光镜，经过棱镜和红绿蓝三色滤色镜得到的 RGB 三条彩色光带，彩色光带被转变成模拟电信号，再由模/数转换器转变成计算机能够接收的数字信号，由软件处理后送计算机显示。

3. 扫描仪的使用

使用扫描仪时，用户可以将稿件上的图像或文字输入到计算机中。一般情况下，扫描仪的接口分为两种类型：USB（通用串行总线）接口和 EPP（增强型并行）接口。图 10-12 所示是平台式扫描仪。

（1）USB 接口的扫描仪

在使用 USB 接口的扫描仪时，用户需要在"设备管理器"中查看 USB 装置是否工作正常，然后再安装扫描仪的驱动程序，之后重新启动计算机。用 USB 连线连接计算机和扫描仪，计算机就会自动检测到新硬件。

图 10-12　平台式扫描仪

查看 USB 装置是否工作正常的操作步骤如下。

在桌面上选择"我的电脑"图标并用鼠标右键单击，在弹出的快捷菜单中选择"属性"菜单命令，弹出"系统属性"对话框，选择"硬件"选项卡，如图 10-13 所示。

单击"设备管理器"按钮，打开"设备管理器"窗口，单击"通用串行总线控制器"右侧的⊞按钮，在打开的下拉列表中查看 USB 设备是否正常工作，如果有问号或感叹号则是不能正常工作的提示，如图 10-14 所示。

（2）EPP 接口扫描仪

使用 EPP 接口扫描仪前必须首先进入 BIOS，在【I/O Device Configuration】选项中把并口的模式设为 EPP。然后连接扫描仪，并安装驱动程序，安装扫描仪驱动的方法可以参考安装打印机驱动程序的方法。

扫描仪的操作：首先将要扫描的文件放入扫描仪中，然后运行扫描仪程序。

如果需要修改扫描文件区域，可通过扫描仪和照相机向导界面中虚框的大小来改变扫描区域，拖动 4 个角设置好扫描区域，并且单击"下一步"按钮，便可开始文件扫描，如图 10-15 所示。

第 10 章　常用办公设备的使用与维护

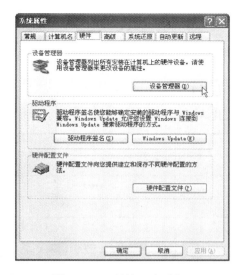

图 10-13　"硬件"选项卡

图 10-14　"设备管理器"窗口

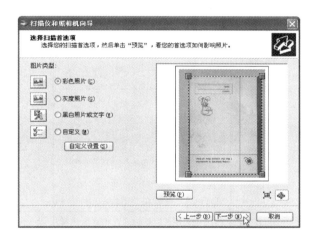

图 10-15　设置扫描区域

10.2.2　扫描仪的日常维护与保养

扫描仪的日常维护和保养主要包括如下几方面。

（1）定期做好保洁工作

扫描仪中的玻璃平板及反光镜片、镜头如果落上灰尘或其他杂质，会使扫描仪的反射光线变弱，从而影响图片的扫描质量，因此一定要在无尘或灰尘尽量少的环境下使用扫描仪。使用完后，切记要用防尘罩把扫描仪遮盖起来，以防灰尘侵袭。如果长时间不使用，还要定期对其进行清洁。

（2）保护好光学部件

扫描仪的光电转换部件非常精密，光学镜头和反射镜头的位置都对扫描质量有很大的影响，因此，在使用过程中，不要轻易地改动光学装置的位置，尽量避免大的震动。

（3）不要擅自拆修

当扫描仪出现故障时，一定要送到厂家或指定的维修站维修。同时在运送扫描仪时，一定要锁上扫描仪背面的安全锁,以避免改变光学配件的位置。

10.2.3 扫描仪的常见故障及其排除

扫描仪的常见故障、可能的原因及排除方法如表 10-2 所示。

表 10-2 扫描仪的常见故障及排除表

故障现象		可能原因	解决方法
一般故障	扫描软件找不到扫描仪、扫描仪不工作	扫描仪电源未接通	检查电源
		计算机与扫描仪未连接好	检查连线是否接通
		扫描软件与驱动安装不正确	重新安装扫描软件与驱动程序
	面板上按钮操作失灵	扫描仪属性设置不正确	在控制面板中,正确设置扫描属性
一般故障	扫描仪发出噪声	扫描仪上锁或内部部件故障	使扫描仪锁处于开启位置
	扫描件被扭曲	原件倾斜度大于 10°	摆正原件,重新扫描
	扫描件打印不正常	打印机属性或输出类型设置不正确	检查打印机属性,或更改输出类型
有关图片与照片扫描的故障	获取图像的色彩与原件不同	不同的操作系统扫描原件,色彩可能不同	为打印机更换墨盒,或在图像编辑程序中修改色彩
	扫描件图像模糊或在应用程序中编辑时图像变形	可能是喷墨打印机无墨	扫描照片或彩色图形时,最好在更改输出尺寸对话框中更改尺寸
	扫描的图片文件用于网页时,效果差或调用速度太慢	关于图片扫描的设置不正确	分辨率设置为 75DPI,在扫描时使用 GIF、JPG 或 FPX 文件格式保存,且要使用正常彩色照片输出类型
有关文字扫描转换和 OCR 技术的故障	文字处理程序中转换后文字的字体与原件字体不相同	OCR(Optical Character Recognition)技术转换并不总是保留字体、字体大小,通常使用文字处理程序的默认字体	可以从文字处理程序中重新将文字格式化
	在文字处理程序中无法编辑扫描文字	扫描软件可能把扫描件识别为图形或照片	在图像窗口中将输出类型更改为文字,重新将扫描件输送到目的地
	文字处理程序中转换文字包含错误	OCR 转换过程有时会出错	扫描清洁的原件,同时可使用文字处理程序的拼写检查程序纠正剩余错误
	扫描软件把文字看作照片	有背景的文字、与图形重叠的文字或颠倒的文字常常被识别为照片	在文字处理程序中将文字用作照片或在文字处理程序中重新输入文字

10.3 刻录机的使用与维护

10.3.1 刻录机简介

1. 光盘

光盘技术是一项激光信息存储技术,光盘是用聚碳酸酯材料制成的圆盘,通常直径是 120mm,厚度是 1.2mm,中间圆孔直径是 15mm,在圆基片上涂了一层薄膜用于记录数据,在薄膜上涂塑料聚碳酸酯作为保护层。

常说的 CD、VCD、DVD 等光盘是经过压制而成的 CD-ROM 和 DVD-ROM，用户只能用来播放。而新购的 CD-R、CD-RW、DVD-R、DVD+R、DVD-RW 等光盘则要在刻录机上写入信息后才能使用。

2. 刻录机的分类

按照刻录采用的技术分，刻录机可分为 CD 刻录机和 DVD 刻录机。

按照外形分，刻录机可分为内置式刻录机和外置式刻录机。

按照与计算机的接口分，刻录机可分为 IDE 接口刻录机、SCSI 接口刻录机、USB 接口刻录机等。

10.3.2 刻录机的使用

刻录机是一种可以读写光盘数据的设备，比较主流的类型是 DVD 刻录机，外形如图 10-16 所示。大多数台式计算机与刻录机的连接接口都是 IDE 接口，硬件安装比较简单，在安装时只需将刻录机前半部分推入空的驱动器扩展槽内，接上电源线，再拧上螺钉将其固定即可。

图 10-16　DVD 刻录机

安装好光盘驱动器后，还必须安装一款刻录软件。

下面以 Nero 7 软件为例，介绍刻录 DVD 光盘的操作步骤。

（1）安装并启动 Nero 7 软件，即可打开"欢迎使用 Nero！"主界面。将光标放置在"数据"图标上，窗口展示程序的各种刻录功能，如图 10-17 所示。

（2）单击"制作数据 DVD"按钮，即可打开"Nero Express"窗口，如图 10-18 所示。

图 10-17　Nero 的各种刻录功能

图 10-18　Nero Express 窗口

（3）单击"添加"按钮，即可打开"添加文件和文件夹"对话框，在其中指定要刻录到光盘的内容（按住 Ctrl 或 Shift 键可选择多个文件或文件夹），如图 10-19 所示。

（4）单击"添加"按钮，即可将所选内容添加到"光盘内容"对话框中，单击"关闭"按钮，返回到"光盘内容"界面，可以看到添加的文件已经占用的空间，如图 10-20 所示。

（5）单击"下一步"按钮，即可打开"最终刻录设置"界面。在"光盘名称"文本框中输入光盘的名称，这里输入"我的光盘"，如图 10-21 所示。然后，把一张全新的刻录盘放进刻录机中，最后单击"刻录"按钮，即可开始刻录，系统自动显示刻录过程。刻录完成之后，将显示刻录完毕提示对话框，如图 10-22 所示。

图 10-19 "添加文件和文件夹"对话框

图 10-20 "光盘内容"界面

图 10-21 "最终刻录设置"界面

图 10-22 刻录完毕提示对话框

（6）单击"确定"按钮，返回到上一个界面，此时"停止"按钮变成"下一步"按钮，如图 10-23 所示。

（7）单击"下一步"按钮，用户可以刻录新的数据光盘或制作光盘封面、保存已刻录项目。如果不想进行其他操作，则可单击"关闭"按钮，如图 10-24 所示。

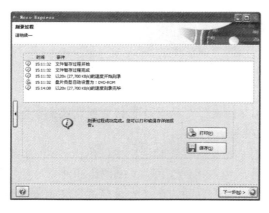

图 10-23 显示"下一步"按钮

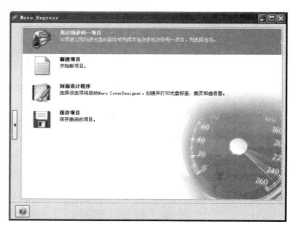

图 10-24 关闭对话框

10.3.3 刻录机的维护

1. 刻录过程中的注意事项
（1）尽量避免多任务操作，最好关闭无关的运行程序。
（2）在使用刻录机时，要注意刻录机的散热问题，尽量避免连续长时间使用刻录机。
（3）避免在刻录时产生震动，否则会造成刻录失败，甚至会损坏刻录机。
（4）开始刻录时尽量先使用慢速刻录。
（5）要使用质量好的空盘片，最好先测试一下空盘。
（6）根据所刻录数据容量大小来选取不同的光盘，容量在700MB以下则可以利用CD刻录机刻录，否则使用DVD刻录机刻录。

2. 日常维护
保持刻录机水平放置；尽量保持刻录机清洁，不要将弹出的光驱托盘长时间滞留在外部，以免灰尘进入机身内部；尽量避免进行读取操作，刻录机的读取功能相对比较弱，其内部结构决定了它不宜进行读取操作。

10.4 传真机的使用与维护

10.4.1 传真机的基础知识

1. 传真机的主要类型
目前市场上常见的传真机（fax machine）可以分为4大类：
- 热敏纸传真机（也称为卷筒纸传真机）；
- 热转印式普通纸传真机；
- 激光式普通纸传真机（也称为激光一体机）；
- 喷墨式普通纸传真机（也称为喷墨/激光一体机）。

而市场上最常见的就是热敏纸传真机和喷墨式普通纸传真机，两种传真机的外形如图10-25和图10-26所示。

图10-25 热敏纸传真机

图10-26 喷墨式普通纸传真机

（1）热敏纸传真机
热敏纸传真机（thermal paper fax machine）的历史最长，价格也比较便宜，它的优点还有弹性打印和自动剪裁功能，还可以自己设定手动接收和自动接收两种接收方式。与喷墨/激光一体机相比还有一个比较大的优点，就是自动识别模式。当传真机被设定为自动识别模式时，传真机在响铃2声后会停几秒钟，自动检测对方是普通话机打过来的还是传真机面板上拨号键打过来的。如果检测对方信号为传真信号，就自动接收传真；如果只检测到语音信号，就会自动识别这是通话信号而继续响铃，直到没有人接听再给出一个接收传真信号。这样的接收模式，比起自动接收方式更智能一些，可以尽量减少在误设为自动接收方式时丢失来电。另外，热敏纸传真机在复杂或较差的电信环境中兼容性相当好，传真成功率比较高。

热敏纸传真机最大的缺点就是功能单一，仅有传真功能，有些也兼有复印功能，也不能连接到计算机，相比喷墨/激光一体机无法实现计算机到传真机的打印功能和传真机到计算机的扫描功能。另外，硬件设计简单，分页功能比较差，一般只能一页一页地传。这类传真机在菜单设计上也比较简单，在传真特殊稿件时很难手动调整深浅度、对比度等参数。

（2）喷墨式普通纸传真机

喷墨/激光一体机具有多种功能。除了普通的传真和复印功能外，一体机都可以连接计算机进行打印和扫描操作，有些可以实现传真并保存到计算机中，这样更能节省纸张和墨水。通过安装相关软件就可以实现计算机发送传真和打印到传真的功能。在菜单设计上，在喷墨/激光一体机的面板上可以很方便地设定要传真稿件的各种参数，还可以实现彩色复印和彩色传真等功能。在自动分页功能上，喷墨/激光一体机可以自动地一页一页进纸，使得传真发送方便快捷。

喷墨/激光一体机支持的传真接收方式有自动接收方式和手动接收方式两种，不支持自动识别功能，在机身上一般也没有设置话筒。另外，喷墨/激光一体机对线路的要求很高，一般需要直接连接到电话局的进线端。

2. 传真机的功能

传真机利用扫描和光电变换技术，从发送端将文字、图像、照片等静态图像通过有线或无线信道传送到接收端，并在接收端以记录的形式重现原图像内容。传真机具有以下主要功能。

（1）复印

将文件放入传真机，按START和COPY键即能复印文件，某些型号的传真机可调节复印件颜色深浅。

（2）快速拨号

可用单触式、登记编码快速拨号及分组拨号等方式进行快速拨号。

（3）顺序同文

用户可以将同一文件顺序自动地发往不同地点。

（4）定时发送

可以在指定的日期和时间自动发送文件。

（5）中间色调

传送和接收具有一定灰度层次的中间色调（半色调）图像。

（6）打印各种管理报告

能监控其执行的各类操作，打印出这些操作的有关报告，以便查证正确的通信日期和时间、已处理稿件的数量及其他重要信息。

（7）保密通信

为需要保密的传真用户在机内设置信箱。发送端根据预知的保密信箱号码，把需要保密的稿件发送到接收端的保密信箱中，只有持有保密信箱密钥的人员才能打开信箱，令传真机将保密文件打印出来。

（8）代行通信

当传真机内记录纸用完，接收到传真文件时，先将文件存储在存储器中，待安放好记录纸后，即将存储器中的文件打印出来。代行通信可以防止在未及时安放记录纸时导致的文件丢失。

（9）轮询

轮询又称作查询，使用该项功能，用户可自动启动对方传真机，查询该机是否有文件要传送过来。具有该功能的传真机须具有相互配合的查询识别码。

（10）用作计算机的输入/输出设备

传真机通过 RS-232 接口与计算机连接，可以作为计算机的输入/输出设备。

3. 传真机的技术指标

（1）分辨率

分辨率又称扫描密度，目前大多数传真机的扫描密度为 7.7 线/毫米，只能传送大字体的文件。如果传真机经常发送很小的字体，建议使用 15.4 线/毫米的传真机。

（2）灰度级

灰度级是反映图像亮度层次、黑白对比变化的技术指标。可分为 16、32、64 级三种。一般调整为 16 级即可，数字表格适合 16 级或 32 级，图片或照片应首选 64 级。

（3）传真速度

大多数传真机的速率都是 9600bit/s，一般 15s 左右传真发送或接收一页 A4 页面。如果是大量的国际业务传真，那么选择传真速度为 14400bit/s，即每传送一页 A4 页面只需 6s 的高速传真机。

（4）传真机幅面

大多数传真机传送的都是 A4 幅面，但很多文件会因幅面的限制而无法传送。如果要经常发送宽幅文稿，就需要选择 B4 的传真机。当然传真纸也要与传真机的接收宽度及型号相对应，如 A4 适合 210mm×30mm 或 216mm×30mm，B4 适合 257mm×30mm。

（5）附加功能

传真机的许多附加功能也应列入其技术指标，如存储发送、定时接收、无纸接收、自动重拨、语音答录和自动切纸等。

4. 传真机的维护

传真机的使用比较简单，重点是维护与保养。

（1）使用环境

传真机不宜在高温、强磁、强腐蚀性气体的环境中使用。高温、强腐蚀性气体不但影响传真机的打印质量，而且会对电子线路造成不良影响。强磁场不仅会干扰通话，还会使传送的图像失真。同时，要防止水或化学液体流入传真机，以免损坏电子线路及器件。为了安全，在遇有闪电、雷雨时，应暂停使用传真机，并拔去电源及电话线。

（2）不适宜发送的物品

有装订针、大头针之类硬物的图文资料，以及墨迹或胶水未干的稿件不宜用传真机发送。因为上述硬物容易划伤扫描玻璃或其他装置，引起传真机故障。而稿件上的墨迹或胶水未干则易弄脏扫描玻璃，造成传真机发送质量下降。

（3）尽量不要把传真机当复印机使用

传真机完成复印功能的主要部件是感热记录头，它是传真机最重要的部件之一，靠自身发热工作,因此应尽量减少其工作时间,以延长传真机的使用寿命。另外,传真纸记录的文件不宜长期保存。这是因为传真纸上的化学染料不稳定,时间长了或受阳光照射后,传真纸上的字会逐渐褪色。因此,对于重要的、需要长期保存的文件,最好使用复印机。

（4）放置位置

传真机应当放置在室内平台上,左右两边和其他物品保持一定的距离,以免造成干扰并有利于通风,前后方保持 30cm 的距离,以防止元器件发生冷热变化,而频繁的冷热变化容易导致机内元器件提前老化,每次开机的冲击电流也会缩短传真机的使用寿命。经常通电其实是传真机最好的保养方法。

（5）尽量使用标准的传真纸

劣质传真纸的光洁度不够,使用时会对感热记录头和输纸辊造成磨损。记录纸上的化学染料配方不合理,会造成打印质量不佳,保存时间短。而且记录纸不要长期暴露在阳光下,以免记录纸逐渐褪色,造成复印或接收的文件不清晰。

（6）请勿乱按传真机操作键

功能设置时,谨防关闭或打开某些已设置好的功能。

（7）不要随意更换电源线

传真机原机所带电源线的插头都是 3 针式插头,中间 1 针起保护接地作用。若将其拔掉或改用两针插头,则对安全不利。

（8）不要在打印过程中打开合纸舱盖

打印中请不要打开纸卷上面的合纸舱盖,如果需要必须先按停止键以避免危险。打开或关闭合纸舱盖的动作不宜过猛。因为传真机的感热记录头大多装在纸舱盖的下面,合上纸舱盖时动作过猛,轻则使纸舱盖变形,重则造成感热记录头的破裂和损坏。

（9）定期清洁

要经常使用柔软的干布清洁传真机,保持其外部的清洁。对于传真机内部,除了定期将合纸舱盖打开,使用干净柔软的布或使用纱布沾酒精擦拭打印头外,还要清洁滚筒与扫描仪等。

10.4.2 传真机的常见故障及其排除

1. 传真机屏幕英文提示及其中文对照

尽管目前中文显示的传真机越来越多,但是许多单位使用的还是用英文提示信息的传真机。表 10-3 归纳了使用传真机时常见故障的英文提示和中文对照。

表 10-3 传真机常见故障的英文提示和中文对照表

英文提示信息	中文对照及解决方法
AUTO REDIAL	占线,等待重拨号
CHECK DOCUMENT	输稿器中卡纸,取出稿件
ERROR CODE PRINT OUT	打印错误代码
CLEAN UP SCANNER	扫描头脏,需清洗扫描头
DISCONNETED	传真线路中断,打其他的电话以检查线路
LOAD PAPER	缺记录纸,请装入纸

续表

英文提示信息	中文对照及解决方法
PLEASE WAIT	正在暖机，请等待结束再开始使用
CHECK PAPER SIZE	供纸器中纸尺寸与设定不符合，请重新设定尺寸或换纸
RECORD IN MEMORY	稿件存到储存器中，请补充纸或更换墨盒打出稿件
CLEAR PAPER JAM	供纸器缺纸或卡纸，请补充纸或清除卡纸
SCANNER ERROR	扫描错误，清洗扫描头
COVER OPEN	机器的前盖没有盖好，须盖好
CUTTER JAM	传真纸卡在切刀处，取出传真纸，重新装
UNIT OVERHEATED	本机过热
DOC TOO LONG	发送和接收时间过长，请分开打印或复印
TOTAL ERRORS	总错误数（文件太长）
HANG UP PHONE	挂上电话
HANGE CARTRIDGE	墨盒空了，更换墨盒或拨点后取出摇动再试（可维持一段时间）
JUNK MAIL PROHIBITOR	禁止垃圾邮件编程
REMOVE DOCUMENT	清除文件夹纸
MEMORY CLEARED	清除存储器
MEMORY RULL	储存器满载，请打印储存稿件
NO ANSWER	对方无应答，请重拨电话
NO DOCUMENT	没有稿件
RECORDING PAPER JAM	记录纸堵塞
NO RX PAPER	对方纸用完或储存器已满，请通知对方补充纸和清除存储器
PRINTER OVERHEATED	打印机过热
PAPER ROLL EMPTY	传真纸用完
OVER TEMPER ATURE	传真机温度高
DOCUMENT JAM	文件被卡住，可能是文件没有放对或文件太长。打开盖，取出文件后盖好盖，重新放入文件并调整位置重新发
NO RESPONSE/BUSY/NO ANS GREETING	被叫号码不对或占线，检查号码并重试
COMM.（COMMUNICATION）ERROR	通信错误，传输信号不好，可以重试一次

2．常见故障及其排除方法

如今的传真机功能越来越全面，内部构造也越来越复杂，因此在日常使用过程中难免会出现许多问题。下面列举传真机常见故障及相应的排除方法。

（1）传真或打印时纸张无输出

如果传真机为热感式传真机，则有可能是记录纸正反面安装出错，热感式传真机所使用的传真纸只有一面涂有化学药剂，如果安装错了，在接收传真时不会印出任何文字或图片。排除办法是将记录纸反面旋转后重新操作。

（2）接收到的传真字体变小

一般传真机会有压缩功能，可以将字体缩小以节省纸张，但会与原稿版面不同，将"省纸功能"关闭或恢复出厂默认值即可。

（3）卡纸

卡纸是传真机很容易出现的故障。如果发生卡纸，在取纸时要注意，只可扳动传真机说明书上允许动的部件，不要盲目拉扯上盖。而且尽可能一次将整纸取出，注意不要把破碎的纸片留在传真机内。

如果传真机为喷墨式传真机，则有可能是喷嘴头堵住，请清洁喷墨头或更换墨盒。

（4）传真或打印时纸张出现黑线

当对方发送的文件或自己在复印时文件出现一条或数条黑线，如果是CCD传真机，可能是反射镜头脏了；如果是CIS传真机，可能是透光玻璃脏了，使用棉球或软布蘸酒精擦清洁即可。

（5）传真或打印时纸张出现白线

通常这是由于热敏头（TPH）断丝或沾有污物。如果是断丝，则应更换相同型号的热敏头；如果有污物可用棉球清除。

（6）接通电源后连续发出报警声

出现报警声通常是主电路板检测到整机有异常情况，可按下列步骤处理：检查纸仓里是否有记录纸，且记录纸是否放置到位；纸仓盖、前盖等是否打开或合上时不到位；各个传感器是否完好；主控电路板是否有短路等异常情况。

（7）传真机功能键无效

如果传真机出现功能键无效的现象。首先检查按键是否被锁定，然后检查电源，并重新开机，让传真机再一次进行复位检测，以清除某些死循环程序。

（8）电话使用正常但无法收发传真

如果电话与传真机共享一条电话线，请检查电话线是否连接。请将电信局电话线插入传真机标示"LINE"插孔，将电话分机插入传真机标示"TEL"插孔。

（9）更换耗材后传真或打印效果差

如果更换感光体或铁粉后，传真或打印效果没有原来的好，检查磁棒两旁的磁棒滑轮是不是使用超过15万张还没更换过，使磁刷摩擦感光体，从而导致传真或打印效果及寿命减弱。建议每次更换铁粉及感光体时，一起更换磁棒滑轮，以延长感光体寿命。如果更换上热或下热后寿命没有原来的长。请检查是否因为分离爪、硅油棒及轴承老化而致使上热或下热寿命缩短。

（10）纸张无法正常馈出

应检查进纸器部分有无异物阻塞、原稿位置扫描传感器是否失效、进纸滚轴间隙是否过大等。另外，应检查发送电机是否转动，如不转动则需检查与电机有关的电路及电机本身是否损坏。

10.5 投影仪的使用与维护

10.5.1 投影仪的基础知识

1. 投影仪

投影仪又称投影机（见图10-27），是一种可以将图像或视频投射到屏幕上的设备，可以通过不同的接口同计算机、影音光碟（Video Compact Disc，VCD）、高密度数字视频光盘（Digital Video Disc，DVD）、蓝光光碟（Blue-ray Disc，BD）、数字视频（Digital Video，DV，在绝大多数场合DV代表数码摄像机）及游戏机等相连，播放相应的视频信号。投影仪广泛应用于办公室、学校、娱乐场所和家庭中。

2. 按照投影仪应用环境分类

（1）家庭影院型

其特点是亮度都在2000lm左右，对比度较高，投影画面的宽高比多为16∶9，各种视频端口齐全，适合播放电影和高清晰电视。

图10-27　投影仪

（2）便携商务型投影仪

一般把重量低于2kg的投影仪定义为商务便携型投影仪，这个重量与轻薄型笔记本电脑不相上下。商务便携型投影仪的优点有体积小、重量轻、移动性强，是传统的幻灯机和大中型投影仪的替代品，轻薄型笔记本电脑与商务便携型投影仪是移动商务用户的首选搭配。

（3）主流的普通投影仪

一般定位于学校和企业应用，采用主流分辨率，亮度在2000～3000lm，重量适中，散热和防尘效果比较好，适合安装和短距离移动，功能接口比较齐全，容易维护，性价比相对较高。

（4）工程型投影仪

相比主流的普通投影仪来讲，工程型投影仪的投影面积更大、距离更远、光亮度很高，而且一般还支持多灯泡模式，能更好地应付大型多变的安装环境，对于教育、媒体和政府等领域都很适用。

（5）专业剧院型投影仪

这类投影仪在稳定性、低故障率、散热性能、网络功能、使用的便捷性等方面都做得很强，最主要的特点还是高亮度，一般可达500lm以上。通常用在剧院、博物馆、大会堂、公共区域等环境中。

3. 按照投影仪接口类别分类

按照投影仪与其控制设备视频信号格式的匹配方式分，主要有以下三种。

（1）VGA接口投影仪

VGA（Video Graphics Array）是随PS/2微型计算机一起推出的一种视频传输标准。VGA接口电缆如图10-28所示，

图10-28　VGA接口电缆

VGA接口投影仪具有分辨率高、显示速率快、颜色丰富等优点，大多数计算机采用VGA接口与显示器相连，因此，VGA接口投影仪和大多数微型计算机可以直接相连，支持热插拔，不支持音频传输。

（2）HDMI接口投影仪

高清晰多媒体接口（High Definition Multimedia Interface，HDMI）电缆如图10-29所示。能高品质地传输未经压缩的高清视频和多声道音频数据，最高数据传输速率为5Gbps，同时无须在信号传送之前进行数/模或模/数转换，可以保证最高质量的影音信号传送，最远可

传输 30m，足以应付一个 1080p 的视频和一个 8 声道的音频信号。

（3）带网络接口的投影仪

网络接口如今已经成为教育、工程投影仪的标配接口，它的作用主要有两个：其一是通过专用软件实现网络化集中管理，可同时控制多台投影仪；其二是网络投影功能，投影仪在接入网络后，可以直接访问指定计算机的 IP 地址，将计算机画面通过网络直接投影出来。目前，已经有很多投影仪配备了网络接口，是用作网络控制还是网络投影，根据产品说明书来定。

4. 按照工作方式分类

（1）CRT 投影仪

阴极射线管（Cathode Ray Tube，CRT）作为成像器件，是实现最早、应用最为广泛的一种投影仪。这种投影仪把输入信号源分解到 R（红）、G（绿）、B（蓝）三个 CRT 管的荧光屏上，荧光粉在高压作用下，由发光系统进行放大和会聚等处理，最后在大屏幕上显示出彩色图像（见图 10-30）。通常所说的三枪投影仪就是由三个投影管组成的投影仪，由于使用内光源，也叫主动式投影方式。CRT 技术成熟，显示的图像色彩丰富，还原性好，具有丰富的几何失真调整能力。缺点有：图像分辨率与亮度相互制约，从而影响 CRT 投影仪的亮度值，操作复杂，会聚调整烦琐，机身体积大等。

图 10-29　HDMI 接口电缆

图 10-30　CRT 三枪投影仪

（2）LCD 投影仪

LCD（Liquid Crystal Display）投影仪可以分成液晶板投影仪和液晶光阀投影仪，前者是投影仪市场上的主流产品，液晶是介于液体和固体之间的物质，本身不发光，工作性质受温度影响很大，其工作温度范围为-55℃～+77℃。投影仪利用液晶的光电效应，即液晶分子的排列在电场作用下发生变化，影响其液晶单元投影仪的透光率或反射率，从而影响它的光学性质，产生具有不同灰度层次及颜色的图像。

LCD 投影仪色彩还原较好，分辨率可达到 SXGA 标准，亮度均匀，体积小，重量轻，携带非常方便。

（3）DLP 投影仪

DLP（Digital Light Processor）投影仪称作数字光处理器投影仪。DLP 以数字微反射器（Digital Micromirror Device，DMD）为光阀成像器件。一个 DLP 电脑板由模数解码器、内存芯片、一个影像处理器及几个数字信号处理器（DSP）芯片组成，所有文字图像都经过这块板产生一个数字信号，经过处理，数字信号转到 DLP 系统的心脏 DMD。而光束通过一高速旋转的三色透镜后被投射在 DMD 上，然后通过光学透镜投射在大屏幕上，完成图像的投影。

5. 投影仪主要性能指标

投影仪的性能指标是区别投影仪档次高低的标志，主要有以下几个指标。

(1) 投影仪光输出

投影仪光输出是指投影仪输出的光能量，单位为"流明"（lm）。与光输出有关的一个物理量是亮度，是指屏幕表面受到光照射发出的光能量与屏幕面积之比，亮度常用的单位是"勒克斯"（lx，$1lx=1lm/m^2$）。当投影仪输出一定的光能量时，投射面积越大，亮度越低，反之则亮度越高。决定投影仪光输出的因素有投影及荧光屏的面积、投影及荧光屏的性能及镜头的性能，通常荧光屏面积大，光输出的能量就多。

(2) 水平扫描频率

电子在屏幕上从左至右的运动叫作水平扫描，也叫行扫描。每秒扫描次数叫作水平扫描频率，它是指每秒扫过和回扫过完整水平线的数量，单位是 kHz。

每种信号源都对扫描频率有特定的要求，例如：

① 普通视频信号的行扫描频率为 15.7kHz；

② VGA（640×480）的行扫描频率为 31.5kHz；

③ SVGA（800×600）的行扫描频率为 37.8kHz；

④ XGA（1024×768）行扫描频率为 48.4kHz；

⑤ SXGA（1280×1024）的行扫描频率为 64.5kHz；

⑥ 1600×1200 的行扫描频率为 75kHz。

在购买投影仪时，应了解该投影仪行扫描频率的范围，看其是否与信号源的行扫描频率相匹配。

(3) 投影仪垂直扫描频率

电子束在水平扫描的同时又从上向下运动，这一过程叫垂直扫描。每扫描一次形成一幅图像，每秒扫描的次数叫作垂直扫描频率，垂直扫描频率也叫刷新频率，它表示每秒刷新一幅图像的次数。垂直扫描频率一般不低于 50Hz，否则图像会有闪烁感。

(4) 分辨率

投影仪分辨率是指一幅图像所含的像素数目，像素数目越多，分辨率越高，显示的图形细节更丰富，使画面更完美。

例如几种分辨率的表示：VGA=640×480，SVGA=800×600，XGA=1024×768，SXGA=1280×1024 等。

有些投影仪上写着"真正 SVGA，可压缩至（或兼容）XGA"，其意思是投影仪真正的分辨率是 SVGA（800×600），但也可以通过压缩技术，使投影仪可以显示 XGA（1024×768）图像，当然这会丢失一些数据而导致图像模糊。

(5) 投影仪 CRT 管的聚焦性能

图形的最小单元是像素，像素越小，图形分辨率越高。在 CRT 管中，最小像素是由聚焦性能决定的，最小像素的数目越多，可寻址的分辨率越高，聚焦性能越好，画面越清晰。

(6) 会聚

会聚是指 RGB 三种颜色在屏幕上的重合。对 CRT 投影仪来说，会聚的控制性显得格外重要，因为它有 R、G、B 三种 CRT 管平行安装在支架上，要想做到图像完全会聚，必须能人工调整与校正图像的各种失真。

(7) 投影距离

投影距离是由厂商推荐的，在此距离范围内保证图像显示的质量和清晰度。

(8)灯泡寿命

LCD、DLP 投影仪都有外光源，其寿命直接关系到投影仪的使用成本。因此，在购买时要了解清楚灯泡的寿命和更换成本。LCD 投影仪的灯泡成本平均为 1.5～2 元/小时。

10.5.2 投影仪的使用与维护方法

本节介绍投影仪的常规使用方法、视频分配器的相关知识及投影仪的维护。

1. 投影仪的启动、调试及关机

（1）将电源线插入投影仪和壁上的 220V 交流电源插座，电源插座应该有屏蔽接地端。

（2）把计算机的视频输出端连接到投影仪的视频输入端。

（3）按投影仪的电源开关或遥控器上的电源按钮，启动投影仪，投影仪上的电源灯开始闪烁，指示灯闪烁说明设备处于启动状态，当指示灯不再闪烁时，方可进行下一步操作。接通电源后常亮红色，再打开计算机的电源开关，顺序不要颠倒。

（4）如果计算机无法将视频信号连接到投影仪，多半是因为计算机没有把屏幕内容切换到投影仪，这时在键盘上同时按下 Fn+F8 组合键，计算机的视频信号则可以传送到投影仪，有些计算机则需要同时按下 Fn+F5 组合键，而不是按下 Fn+F8 组合键。

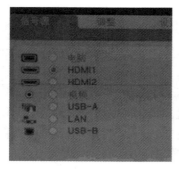

图 10-31　投影仪搜索输入信号

（5）由于投影仪放置位置的关系，我们有时还需要对投影的图像进行对焦，对焦如果还不能达到效果，可以考虑移动一下投影仪的位置，调整的时候以图像适合投影布为准。

（6）投影仪搜索输入信号。屏幕上显示当前扫描的输入信号，若投影仪未检测到有效信号，屏幕上将一直显示未发现信号的信息，直至检测到输入信号。也可以按投影仪或遥控器上的"信号源"按钮选择所需输入信号，参考图 10-31。

（7）关闭投影仪。用遥控器关机后不能马上断开电源，要等投影仪的风扇不再转动、闪烁的灯不再闪烁后，让机器散热完成后自动停机，大约需要 5 分钟。

2. 投影仪的常规、简单使用举例

（1）首先是投影仪的安装，包括倒吊装或桌面放置，必须精确安装在幕布的中线位置，否则将可能出现画面梯形失真。

（2）水平调整和仰角调整：普通多媒体投影仪改变安装吊架角度（倒吊装）或调整支撑脚高度（桌面放置）；高档工程机可以通过电动镜头调整画面。

（3）频率同步范围调整包括水平方向的调整和垂直方向的调整。

（4）水波纹调整。

（5）亮度和对比度调整。

（6）图像位置调整。

（7）视频输入/输出线路连接。

视频输入：计算机 RGB、复合视频 video、s-video、计算机数字输入 dvi-d。

视频输出：计算机 RGB、复合视频 video。

其他：线路遥控、USB 接口、网络接口。

（8）投影仪遥控器的使用方法，在使用投影仪前，要将计算机、功放的电源接上并打开计算机。对遥控器的操作如下。

① 按下 power 按钮，稍后投影仪指示灯呈绿色，并会显示投影仪画面。

② 输入信号（输入、视频、RGB）选择键，投影仪画面根据用户所选择的输入信号而定。

③ auto setup（自动设置）键。

按下 auto setup 键开始自动定位。投影仪会对倾斜角度和输入信号进行检测，并对梯形失真和图像位置进行校正（有些机型不能自动实现梯形校正）。

④ menu（菜单）键。

用此键显示屏幕菜单，当显示屏幕菜单时，按此键可返回原来的屏幕或清除屏幕。

⑤ 箭头（↑ ↓ ← →）键：用这些键来选择和调整屏幕菜单。

⑥ enter（执行）键：此键用来接受并激活在屏幕菜单上所选择的项目。

⑦ freeze（定格）键：按此键可以暂时锁定投影图像，用于投影定格。再次按下此键可取消画面定格。

⑧ shutter（关闭）键：暂时关闭图像和声音，用此键临时关闭图像和声音。

⑨ volume +/-（音量调整）键：用此键调整投影仪内置扬声器音量输出，按"+"按钮提高音量、按"-"按钮降低音量。

3. 笔记本电脑作为投影仪的信号源

下面讨论笔记本电脑作为投影仪信号源的两个问题。

（1）笔记本电脑的视频端口

许多笔记本电脑在连接到投影仪时并未打开其外接视频端口，只有打开外接视频端口才能和投影仪连接。通常，按组合键 Fn+F3 或 Fn+CRT/LCD 可接通/关闭显示器。

（2）值得注意的是，超薄型笔记本电脑（超级本）没有 VGA 接口，但带有 HDMI 高清接口，可以直接与 HDMI 接口投影仪相连，如果要和 VGA 接口投影仪连接使用，则必须连接转换线，见图 10-32。

图 10-32 是一款新技术的 HDMI 转 VGA/Audio 转换线，传统的 VGA 输出时本身不带音频信号，这款转换线解决了 HDMI 转换 VGA 时不带音频输出的困扰，同时可直接替代传统的 HDMI 转换盒，将 HDMI 转换信号压缩到单个芯片内，方便携带。

图 10-32　HDMI 转换成 VGA 接口的电缆

4. 视频分配器

在投影仪应用系统中，通常只有一个视频信号源，但具有多个视频终端，这时可采用视频分配器来满足多个视频输出装置的实际需要。

（1）VGA 分配器

VGA 分配器用于将计算机或其他 VGA 输出信号分配至多个 VGA 显示设备或投影仪。

VGA 分配器有实现一路视频输入、多路视频输出的功能，使之可在无扭曲或无清晰度损失的情况下观察视频输出。通常 VGA 视频分配器除提供多路独立视频输出外，兼具视频信号放大功能，故也称为视频分配放大器。

VGA 分配器分为单路 VGA 分配器和多路 VGA 分配器。

单路 VGA 分配器将一路 VGA 视频信号分配为多路视频信号输出，分配输出的每一路视频信号的带宽、峰-峰值电压和输出阻抗与输入信号的技术参数相一致，可以把一路视频输入信号分配为二路、四路、八路、十二路或十六路且与输入信号完全相同的视频输出信号，供其他视频处理设备使用。

单路 VGA 分配器分配为八路视频输出信号的示意图及实物图见图 10-33。

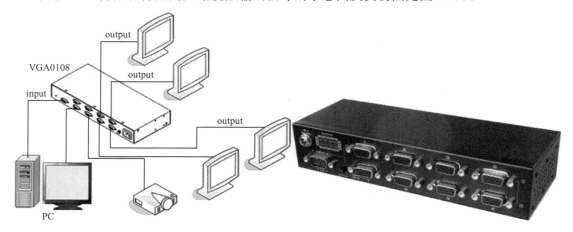

图 10-33　单路 VGA 分配器分配为八路视频输出信号

多路输入包括四路、八路和十六路 VGA 视频输入，分配器将每一路输入分配为相同数量的若干路输出。例如，四路 VGA 视频分配器将四路视频信号均匀分配为八路或十二路或十六路视频信号输出，即能将四路中的每一路视频输入分配为二路、三路、四路与输入完全相同的视频输出，供其他多个视频处理设备使用。

（2）HDMI 分配器

HDMI 分配器将 HDMI 输出信号通过一根标配的 HDMI 线引接到 HDMI 分配器的 input 端，将输入的 HDMI 信号分配成多路一致、同步的 HDMI 信号输出，并且具有信号缓冲、放大功能。图 10-34 是一路输入十六路输出的 HDMI 分配器。

图 10-34　一路输入十六路输出的 HDMI 分配器

5．投影仪的日常维护与注意事项

（1）电器部分的保护。

① 在使用过程中，如出现意外断电却仍需启动投影仪的情况时，要等投影仪冷却 5～10 分钟后，再次启动。在开机状态下断电造成的损坏是投影仪最常见的故障之一。

② 连续使用时间不宜过长，一般控制在 4 小时以内，夏季高温环境中，使用时间应再短一些。

③ 电源部分要严禁带电插拔电缆；信号源与投影仪设备都要有接地线；投影仪闲置时，一定要完全切断电源。

④ 开机后，要不断切换画面以保护投影仪灯泡，不然会使 LCD 板或 DMD 板内部局部过热，造成永久性损坏。例如，长时间中止放映（固定一个标题或一幅图像投影在大屏幕上）是不正确的做法，同时，使用结束后不要忘记关闭投影仪。

⑤ 保护好灯源部分，大部分投影仪使用金属卤素灯，在点亮状态时，灯泡两端电压在 60～80V，灯泡内气体压力大于 10kg/cm，温度则有上千摄氏度，灯丝处于半熔状态。因此，在开机状态下严禁震动和搬移投影仪，防止灯泡炸裂。

（2）光学系统的保护，注意使用环境的防尘和通风散热。使用的多晶硅 LCD 板早已只有 1.3 英寸，有的甚至只有 0.9 英寸，而分辨率已达 1024×768 或 800×600，也就是说，每个像素只有 0.02mm，灰尘颗粒足够把它阻挡。而由于投影仪 LCD 板充分散热一般都有专门的风扇，以每分钟几十升空气的流量对其进行送风冷却，高速气流经过滤尘网后还有可能夹带微小尘粒，它们相互摩擦产生静电而吸附于散热系统中，这将对投影画面产生影响。因此，在投影仪使用环境中防尘非常重要，一定要严禁吸烟，因为烟尘微粒更容易吸附在光学系统中。因此要经常或定期清洗进风口处的滤尘网。

（3）机械方面要严防强烈的冲击、挤压和震动。因为强震能造成液晶片的位移，影响放映时三片 LCD 的会聚，出现 RGB 颜色不重合的现象，而光学系统中的透镜、反射镜也会产生变形或损坏，影响图像投影效果，而变焦镜头在冲击下会使轨道损坏，造成镜头卡死，甚至镜头破裂。

习题十

简答题

（1）简述打印机的主要技术指标及其含义。
（2）激光打印机的故障有哪些？如何排除？
（3）如何使用激光打印机打印 Word 文档？
（4）扫描仪的种类有哪些？
（5）如何使用 USB 接口的扫描仪？
（6）光盘分为那几种？
（7）刻录机分为那几种？
（8）用光盘刻录机刻录光盘时，应注意哪些事项？
（9）传真机的技术指标有哪些？
（10）传真机主要分为哪几类？
（11）传真机的常见故障有哪些？如何排除？
（12）传真或打印时，纸张为全白，其故障原因是什么？如何排除？
（13）台式计算机和笔记本电脑输出的视频信号与投影仪连接不通,这两种问题如何解决？
（14）投影仪的日常维护与注意事项主要有哪些？

附录 A

部分习题参考答案

习题一参考答案

1．计算题

（1）① 65.5=(01100101.0101)BCD　② 129.25=(000100101001.00100101)BCD

（2）① 11011010B=332O=DAH　② 10110101.1011B=265.54O=B5.BH

（3）①$(126)_8$ =1010110B=56H　②$(356.05)_8$=11010110.000101B=D6.14H

（4）①$(1A6)_{16}$=110100110B=646O　②$(BD.0F)_{16}$=10111101.00001111B=275.036O

（5）①[x]原=11001110　　　[x]反=10110001　　[x]补=10110010

　　②[y]原=[y]反=[y]补=00100011

（6）① 42H　　　　② 62H　　　　③ 0DH　　　　④ 00H

　　⑤ 38H　　　　⑥ 32H　　　　⑦ 64H　　　　⑧ 46H

（7）分别是 32 字节、72 字节、128 字节

（8）1024×32=32768 字节

（9）512×128=65536 字节

（10）国际码=4276H，内码=C2F6H

（11）内码是 EFB2H

2．单选题

（1）D	（2）C	（3）A	（4）B	（5）A	（6）B	（7）C	（8）A
（9）B	（10）C	（11）A	（12）C	（13）A	（14）B	（15）B	（16）D
（17）B	（18）C	（19）B	（20）A	（21）D	（22）C	（23）A	（24）C
（25）D	（26）A	（27）A	（28）B	（29）D	（30）B	（31）C	（32）A
（33）C	（34）B	（35）C	（36）C	（37）C	（38）C	（39）B	（40）D
（41）B	（42）C	（43）B	（44）C	（45）C	（46）A	（47）C	（48）B

3. 简答题（略）

习题二参考答案

1. 单选题

（1）D　　（2）B　　（3）A　　（4）A　　（5）B　　（6）A　　（7）A　　（8）A
（9）B　　（10）D　　（11）D　　（12）A　　（13）B　　（14）C　　（15）D　　（16）A
（17）C　　（18）D　　（19）B　　（20）B　　（21）D　　（22）A　　（23）A　　（24）C
（25）D　　（26）D　　（27）C　　（28）D　　（29）D　　（30）D　　（31）D　　（32）B
（33）A　　（34）B　　（35）A　　（36）B　　（37）A　　（38）B

2. 简答题（略）

习题三参考答案

1. 单选题

（1）C　　（2）D　　（3）A　　（4）C　　（5）B　　（6）C　　（7）B　　（8）B
（9）B　　（10）C

2. 判断题（如果正确就在圆括号内打√，否则打×）

（1）√　　（2）×　　（3）√　　（4）√　　（5）×

3. 简答题（略）

习题四参考答案

1. 单选题

（1）B　　（2）B　　（3）A　　（4）C　　（5）A　　（6）B　　（7）D　　（8）A
（9）A　　（10）A　　（11）B　　（12）D　　（13）C　　（14）A　　（15）D　　（16）A
（17）B　　（18）A　　（19）B　　（20）D　　（21）C　　（22）D　　（23）D　　（24）A
（25）B　　（26）B　　（27）A　　（28）D　　（29）A　　（30）D　　（31）A　　（32）C
（33）D　　（34）A　　（35）B　　（36）C　　（37）B　　（38）A

2. 填空题

（1）复制格式

（2）草稿视图、页面视图、Web 版式视图

（3）页边距+缩进距离

（4）"Ctrl+Shift"

（5）"插入"、"特殊符号"、"符号"

（6）"Insert"

（7）"Home"

（8）"Ctrl+X"、"Ctrl+C"、"Ctrl+V"

（9）自动分页

（10）快速访问工具栏

（11）n、m

（12）"2."、"（2）"、"B"

3. 简答题（略）

4. 操作题（略）

习题五参考答案

1. 单选题

（1）C　　　（2）C　　　（3）D　　　（4）B　　　（5）A　　　（6）B　　　（7）D　　　（8）A

（9）A　　　（10）D　　（11）A　　（12）A　　（13）D　　（14）B　　（15）B　　（16）D

（17）B　　（18）A　　（19）A　　（20）A　　（21）D　　（22）B　　（23）B　　（24）B

（25）C　　（26）C　　（27）B　　（28）C　　（29）D　　（30）B

2. 填空题

（1）绝对引用

（2）填充柄

（3）上方　　左侧

（4）=B2+$B$1

（5）计算 C2 到 F2 单元格数据的和，然后减去 G2

（6）'080427

（7）=5/9　　分数

（8）$E$6　　　　　E6

（9）右对齐

（10）左　　　右

（11）行号　　　列号

（12）Ctrl

（13）Ctrl

（14）批注

（15）(A1+A2+A3)/3

3. 判断题

（1）√　　（2）×　　（3）×　　（4）√　　（5）√　　（6）×　　（7）×　　（8）√

（9）×　　（10）×　　（11）√　　（12）√　　（13）×　　（14）√　　（15）×

4. 简答题（略）

习题六参考答案

1. 单选题

（1）B　　（2）A　　（3）C　　（4）D　　（5）C　　（6）C　　（7）B　　（8）B

（9）C　　（10）A

2. 判断题

(1) √　　　(2) √　　　(3) ×　　　(4) ×　　　(5) ×

3. 简答题（略）

习题七参考答案

1. 单选题

(1) A　　(2) A　　(3) A　　(4) A　　(5) D　　(6) D　　(7) C　　(8) A
(9) D　　(10) B　　(11) B　　(12) B　　(13) A　　(14) D　　(15) B　　(16) B
(17) A

2. 填空题

(1) 一对一、一对多、多对多

(2) .accdb

(3) 记录、多、一

(4) 设计、数据表

(5) 简单查询、交叉表查询、重复项查询、不匹配项查询

(6) 人工管理、文件管理、数据库管理

(7) 纵栏式报表、表格式报表、图表报表、标签报表

3. 简答题（略）

习题八参考答案

1. 单选题

(1) A　　(2) B　　(3) C　　(4) D　　(5) C　　(6) D　　(7) D　　(8) D
(9) B　　(10) B

2. 简答题（略）

习题九参考答案

1. 单选题

(1) B　　(2) D　　(3) D　　(4) A　　(5) C　　(6) C　　(7) A　　(8) C
(9) C　　(10) B　　(11) A　　(12) B　　(13) C　　(14) C　　(15) C

2. 填空题

(1) 可用性、机密性、完整性、可控性和不可抵赖性

(2) 物理安全、网络安全和操作系统安全

(3) 内部网络和外部网络

(4) 电源安全

(5) 策略和管理

(6) 技术

(7) 网络层

（8）内部网络的安全性
（9）主页
（10）收藏夹
3. 简答题（略）

习题十参考答案

简答题（略）